westermann

W0364335

FiNALE Prüfungstraining

Zentralabitur 2019

Biologie

Nordrhein-Westfalen

Thomas Bremer
Dieter Feldermann
Anna Lena Peckrun
Tessa Rautenberg
Ulrich Stauch

sowie
Philipp Klein
Dr. Rüdiger Lutz Klein
Dr. Karl Pollmann
Dr. Ursula Wollring

FiNALEonline.de

Liebe Abiturientin, lieber Abiturient,

FiNALEonline.de ist die optimale Ergänzung zu diesem Abiturtrainer. Hier finden Sie:

- die Original-Prüfungsaufgaben 2017 sowie die Lösungen der Original-Prüfungsaufgaben 2018 nach Eingabe des Codes: **BI2H9A5**
- eine Abi-Checkliste für die effektive Zeitplanung
- allgemeine Tipps zur Prüfungsvorbereitung

Einfach mal reinschauen: www.finaleonline.de

Bildquellenverzeichnis:
Feldermann, D., Münster: 142, 143. |juniors@wildlife Bildagentur GmbH, Hamburg: HPH 170. |Max-Planck-Institut für Stoffwechselforschung, Köln: 136. |Naturfotografie Niepagenkemper, Münster: 163. |Oxford University Press, Kettering/Northamptonshire: Authors: Nobuyuki Okamura, Shozo, Furumoto, Michelle T. Fodero-Tavoletti, Rachel S. Mulligan, Ryuichi Harada,Paul Yates, Svetlana Pejoska, Yukitsuka Kudo, Colin L. Masters, Kazuhiko Yanai, Christopher C. Rowe, Victor L. Villemagne; Title: Non-invasive assessment of Alzheimer's disease neurofibrillary pathology using 18F-THK5105 PET, Publication: Brain; 2014; Volume number: 137; Issue number: 6 135. |Picture-Alliance GmbH, Frankfurt/M.: NHPA/photoshot 85. |Roberson, D., Pacific Grove CA: 171. |Science Photo Library, München: SPL/Dr. Robert Friedland 135. |wikimedia.commons: 141, 141; Desmodus 170; Ilme Parik 144.

westermann GRUPPE

www.westermanngruppe.de

Druck A[1]/Jahr 2018
Alle Drucke der Serie A sind im Unterricht parallel verwendbar.

Redaktion: Sabine Klonk
Kontakt: finale@westermanngruppe.de
Layout: Druckreif! Sandra Grünberg, Braunschweig
Umschlaggestaltung: Janssen Kahlert Design & Kommunikation, Hannover
Umschlagfoto: Peter Wirtz, Dormagen
Illustrationen: Karin Mall, Brigitte Karnath
Druck und Bindung: westermann druck GmbH, Braunschweig

ISBN 978-3-7426-**1919**-8

Inhaltsverzeichnis

Inhaltsfeld Evolution

4 Übungsaufgaben

1 Arbeiten mit *Finale*

Liebe Abiturientin, lieber Abiturient,

2019 wird bereits zum zwölften Mal in NRW das Abitur als zentrale Abschlussprüfung durchgeführt. Vor dem Hintergrund der Erfahrungen aus den vorausgegangenen Jahren sowie unter exakter Beachtung der offiziellen Vorgaben für das Abitur 2019 im Fach Biologie wurde *Finale* passgenau für die Vorbereitung auf diese Prüfung entwickelt.

Zur gezielten Vorbereitung auf das Zentralabitur bietet Ihnen *Finale*:

- präzise und übersichtlich angeordnete Informationen zu den Vorgaben für das Abitur 2019 im Fach Biologie sowie zum Aufbau, zur Gestaltung und zu den Bewertungskriterien der schriftlichen Abiturprüfungsaufgaben;
- zahlreiche Aufgabenbeispiele mit vielfältigen, unterschiedlich gestalteten Materialien und Aufgabenformulierungen, die nur die Operatoren enthalten, die in den einheitlichen Prüfungsanforderungen für das Abitur definiert und vorgeschrieben sind, sowie die dazugehörigen ausformulierten Musterlösungen;
- Selbstdiagnosebögen am Ende jeder Übungsaufgabe, die Ihre individuellen Stärken und Schwächen aufdecken, sodass Sie eine direkte Hilfe zum passgenauen Lernen der biologischen Inhalte und Methoden erhalten und diese wiederholen und vertiefen können;
- Hinweise zum strukturierten Umgang mit den Abituraufgaben, vor allem den Materialien, sodass Sie zusätzliche Handlungssicherheit in Ihrem Vorgehen beim Lösen der Aufgaben erwerben;
- Tipps zum Sammeln von Sonderpunkten;
- deutliche Hinweise (blauer Balken am Rand) auf Inhalte und Methoden, die für Ihre Abiturprüfung 2019 aufgrund der Vorgaben besonders wichtig sind;
- ausformulierte Lösungen der Original-Prüfungsaufgaben aus den Jahren 2017 und 2018 zu Grund- und Leistungskursen sowie zusätzliche Lösungstipps auf **www.finaleonline.de** (Zugangscode siehe Hinweis S. 2)
- eine Checkliste auf **www.finaleonline.de** zur eigenen Bearbeitung und Absicherung ihres Kenntnisstandes.

Finale ermöglicht eine individuelle Vorbereitung. Je nach persönlichen Stärken und Schwächen in den verschiedenen Lern- und Kompetenzbereichen, z. B. Neurobiologie, Planen und Auswerten von Experimenten, Umgang mit Grafiken oder Stammbäumen, können einzelne Kapitel und Teilkapitel nachgeschlagen und gezielt durchgearbeitet werden. Inhalts- und Stichwortverzeichnis sowie zahlreiche Querverweise erleichtern dabei die Orientierung. Der systematische Aufbau und die komprimierte Form fördern eine zeitökonomische und effektive Abiturvorbereitung, auch in Ergänzung des Fachunterrichts.

Tipps zum Umgang mit *Finale*

Sowohl Kapitel 3 (Basiskompetenzen) als auch Kapitel 4 (Übungsaufgaben) sind streng nach den inhaltlichen Schwerpunkten der offiziellen Vorgaben für das Zentralabitur strukturiert. Daher wäre es nützlich, sich zunächst einen Überblick über die inhaltlichen Schwerpunkte in Kapitel 2 zu verschaffen und diese parallel dazu mit dem ausgewählten Basiskompetenzen in Kapitel 3 zu vergleichen. Bei diesem Vorgehen können Sie leicht feststellen, in welchen Lernbereichen Sie noch Defizite aufweisen.

Sodann suchen Sie sich passend zu diesem Lernbereich eine Übungsaufgabe heraus und bearbeiten diese.

Gemäß dem ausführlichen Lösungsschlüssel notieren Sie sich dann im Selbstdiagnosebogen, den Sie am Ende einer jeden Übungsaufgabe finden, die entsprechende Punktzahl zu den Teilaufgaben. Anmerkung: Der Umgang mit dem Selbstdiagnosebogen wird Ihnen ausführlich im nächsten Abschnitt vorgestellt.

Beim Vergleich Ihrer erreichten Punktzahl mit der Höchstpunktzahl ergeben sich möglicherweise größere Abweichungen. Dies kann verschiedene Ursachen haben. Danach richtet sich Ihr weiteres Vorgehen:

- Haben Sie die Teilaufgabe aufgrund des Operators (im Aufgabentext fett hervorgehoben) nicht verstanden, so schlagen Sie im Kapitel 2.2 „Operatoren“ die Definition für den entsprechenden Operator nach und prägen sie sich ein.
- Liegen Ihre Schwierigkeiten im methodischen oder inhaltlichen Bereich, so finden Sie in der Spalte Förderung im Selbstdiagnosebogen Stichworte und Verweise zu Kapitel 3 Basiskompetenzen. Dort arbeiten Sie dann die entsprechenden Abschnitte durch, um so Ihre Lücken zu füllen.

Nachdem Sie auf diese Weise möglichst ökonomisch gelernt haben, beschäftigen Sie sich mit den Originalarbeiten (auf www.finaleonline.de). Beachten sie zudem die im Kasten hervorgehobenen Punktesammeltipps und die deutlichen Hinweise zum offiziellen Vorgabenbezug 2019 (s. Hinweis am Außenrand).

Beschreibung der verschiedenen Kapitel

1 **Arbeiten mit Finale:** Hier erhalten Sie Tipps, wie Sie aufgrund Ihrer persönlichen Stärken und Schwächen möglichst ökonomisch mit dem Buch arbeiten können. In diesem Kapitel wird Ihnen auch der Selbstdiagnosebogen vorgestellt, der bei der Bearbeitung der Übungsaufgaben nicht nur Ihre Stärken und Schwächen diagnostiziert, sondern Ihnen auch gleichzeitig zielgenaue Hilfen für die Auswahl weiterer Teilkapitel und Abschnitte zur Verfügung stellt.

2 **Unterrichtsvoraussetzungen:** Inhaltliche Vorgaben: An der strukturierten Übersicht der Schwerpunkte können Sie sich beim Wiederholen der Basiskompetenzen orientieren.
Operatoren: Die Bedeutung der Operatoren wird Ihnen in Erinnerung gerufen, damit keine Fehldeutungen der Aufgabenstellung unterlaufen.

3 **Basiskompetenzen**: Hier finden Sie in einer Kurzfassung die im Biologieunterricht für das Abitur vermittelten Inhalte, z. T. mit Definition wichtiger Fachbegriffe. Die Inhalte werden miteinander vernetzt und sind durch dieses Ordnungsprinzip

leichter zu lernen. Zudem werden sie mit den Fachmethoden wie Diagramme lesen und erstellen, Experimente planen und Auswerten verknüpfen und mithilfe von Aufgabenbeispielen trainiert. Dazu erhalten Sie Tipps, wie Sie möglichst schnell die Aussagen der Materialien erfassen und zu einer Lösung führen. Weiterhin erhalten Sie Tipps zum Erreichen von Zusatzpunkten.

4 **Übungsaufgaben:** Die Übungsaufgaben mit ihren Musterlösungen ermöglichen Ihnen aufgrund der beigefügten Selbstdiagnosebögen die Einschätzung Ihrer Stärken und Schwächen und leiten Sie dazu an, mit den für Sie relevanten Aufgaben und Kapitelabschnitten weiterzuarbeiten. So lernen Sie individuell und zielgenau.

Umgang mit dem Selbstdiagnosebogen

Am Ende einer jeden Übungsaufgabe finden Sie einen Selbstdiagnosebogen. Dieser Bogen hilft Ihnen, Ihre ganz persönlichen Stärken und Schwächen zu identifizieren, um sich so zielgerichtet und effizient auf das Zentralabitur im Fach Biologie vorbereiten zu können. Neben dem Wissen, in welchen Bereichen Sie besonders stark sind, ist es wichtig, herauszufinden ob und warum Sie einzelne Aufgaben nur teilweise gelöst haben. Liegt es eher daran, dass Ihnen Fachwissen oder Fachmethoden fehlen, lesen Sie die entsprechenden Abschnitte in Kapitel 3 Basiskompetenzen oder Ihrem Biologiebuch nach. Vielleicht erkennen Sie aber auch, dass Sie bei der Lösung einer Aufgabe Schwierigkeiten im Verständnis der Operatoren hatten. In diesem Fall hilft Ihnen im Kapitel 2 das Unterkapitel *Operatoren*, Sicherheit darüber zu gewinnen, was z. B. unter skizzieren zu verstehen ist. Wo auch immer Ihr Förderbedarf liegt, mit dem Selbstdiagnosebogen finden Sie es heraus. Die folgende Abbildung zeigt den Selbstdiagnosebogen einer Aufgabe zu *Krebs*:

Selbstdiagnosebogen

Aufgabe Nr.	Kernkompetenzen	AFB	Punkte	erreichte Punkte	Förderung
1	Beschreiben von Mutationen aufgrund einer Abbildung Definition Mutation Benennen der Mutationen Beschreibung der Folgen	II I I III	4 3 4 2		S. 51 Umgang mit Abbildungen Kap. 3, S. 23
2	Abläufe in den Zellzyklusphasen Dauer der Interphase	I II	8 3		Kap. 3, S. 29

3	Funktion des *Ras-Gens* aufgrund einer Abbildung Hypothese Bedeutung des *Ras-Gens*	II III	6 2		S. 51 Umgang mit Abbildungen S. 68 f. Umgang mit Hypothesen
4	p 53 Wirkmechanismus, Begründung der Funktion	II III	6 2		S. 51 Umgang mit Abbildungen
5	Antagonismus p53- und Ras-Proteine	II	4		S. 51 Umgang mit Abbildungen
6	Hypothesen Krebsentstehung über *Ras-Gen*-Mutation, *p53-Gen*-Mutation	III II	4 2		S. 68 Umgang mit Hypothesen S. 13 Zeichnen
7	Epigenetische Mechanismen aufgrund einer Abbildung Hypothesen Krebsentstehung durch Epigenetik				Kap. 3, S. 26 S. 68 f. Umgang mit Hypothesen

Gesamtpunkte:, davon AFB I: 15 Punkte (30 %); AFB II: 25 Punkte (50 %); AFB III: 10 Punkte (20 %)

Nachdem Sie die Übungsaufgabe zum Thema Krebs in Kapitel 4 gelöst haben, vergleichen Sie Ihre Ausführungen mit der Musterlösung. Sie können direkt in die fünfte Spalte im Diagnosebogen Ihre erreichte Punktzahl eintragen. In der zweiten Spalte finden Sie die Kernkompetenz der entsprechenden Aufgabe. Die Aufgaben sind noch einmal in kleinere Bausteine zerlegt, sodass für Sie erkennbar ist, welche Kernkompetenzen zur Lösung der gesamten Aufgabe nachgewiesen werden müssen. Anhand der Kernkompetenzen können Sie auch nachvollziehen, ob die Aufgabe eher einen fachwissenschaftlichen oder methodischen Schwerpunkt hat. In der dritten Spalte des Diagnosebogens sehen Sie, welchem Anforderungsbereich die Lösung der Teilaufgaben zugeordnet werden kann; in der vierten Spalte finden Sie die Punkte, die für die korrekte Lösung einer Teilaufgabe erreicht werden können. Nachdem Sie die Punkte, die Sie in den verschiedenen Teilaufgaben gesammelt haben, in die fünfte Spalte des Diagnosebogens eingetragen haben, können Sie Ihre Stärken und Schwächen analysieren und damit beginnen, ausgehend von Ihren Stärken, die Lücken systematisch aufzuarbeiten.

Haben Sie zum Beispiel in der ersten Aufgabe 4 Punkte für die zutreffende Beschreibung der Mutationen bekommen, so können Sie daraus ableiten, dass Sie einfache grafische Darstellungen beschreiben können. Im zweiten Teil der Aufgabe wird gefordert, Kenntnisse über die Definition einer Mutation oder auch über Bezeichnungen verschiedener Mutationstypen nachzuweisen.

Falls Sie Schwierigkeiten mit dem zweiten Teil dieser Aufgabe hatten, folgen Sie dem Vorschlag in der 6. Spalte und eignen sich das benötigte Fachwissen in Kapitel 3 an.
Im dritten Teil sollen Sie Aussagen machen über Folgen einer solchen Mutation. Hinweise darauf, wie Sie diese Aufgabe lösen, finden Sie sowohl im Kapitel 3 als auch in ähnlichen Übungsaufgaben (s. z. B. ÜA 3 Amish) und Originalaufgaben (www.finaleonline.de).
Anschließend suchen Sie sich mithilfe der Aufgabenstellungen oder Selbstdiagnosebögen Aufgaben heraus, mit deren Hilfe Sie Ihre neu erworbenen Kompetenzen unter Beweis stellen können. Durch die Analyse ihrer ganz persönlichen Stärken und Schwächen können Sie sich viel effizienter auf die Abiturprüfung vorbereiten.

Unter dem Selbstdiagnosebogen sehen Sie, für welche Bereiche Sie viele Punkte und für welche Sie weniger erhalten haben.
Die Anforderungsbereiche werden in den Prüfungen des Zentralabiturs in folgender Weise gewichtet: AFB I 30 %, AFB II 50 %, AFB III 20 %.

Tipp

Für Leistungen im anspruchsvollen AFB III erhalten Sie nur 20 % der vorgesehenen Gesamtpunktzahl. Daher sollten Sie sich auch bei einfachen Aufgaben bzw. bei den Anforderungsbereichen I und II Mühe geben. Häufig erhält man schon für einfache Beschreibungen und Textzusammenfassungen relativ viele Punkte.

2 Unterrichtsvoraussetzungen

2.1 Inhaltliche Vorgaben

Warum sollten Sie sich mit den „Inhaltlichen Vorgaben" beschäftigen?

Grundlage für die schriftlichen Aufgaben der zentralen Abiturprüfung in Biologie sind die verbindlichen Kernlehrpläne für die gymnasiale Oberstufe für Nordrhein-Westfalen (Kernlehrplan für die Sekundarstufe II – Gymnasium/Gesamtschule in Nordrhein-Westfalen Biologie, herausgegeben vom Ministerium für Schule und Weiterbildung des Landes Nordrhein-Westfalen, Düsseldorf 2014, Heft 4722). In der Abiturprüfung werden grundsätzlich alle Kompetenzerwartungen vorausgesetzt, die der Lehrplan für das Ende der Qualifikationsphase der gymnasialen Oberstufe vorsieht.
Darüber hinaus werden für das Zentralabitur 2019 in Biologie Fokussierungen in Bezug auf die inhaltlichen Schwerpunkte vorgenommen. Diese vorgegebenen Schwerpunkte sind daher eine besonders gute Orientierungsgrundlage für die Wiederholung der fachlichen Inhalte vor der Prüfung. So ist in diesem Buch das Kapitel Basiskompetenzen (S. 15 ff.) um diese Schwerpunktsetzung erweitert und enthält zudem darauf abgestimmte Übungsaufgaben (S. 92 ff.), auf die weiter unten gesondert verwiesen wird.

Inhaltliche Schwerpunkte des Lehrplans mit den Fokussierungen (blau)

Inhaltsfeld Genetik

- Meiose und Rekombination
- Analyse von Familienstammbäumen
- Proteinbiosynthese
- Genregulation
  - ein Modell zur Wechselwirkung von Proto-Onkogenen und Tumor-Suppressorgenen im Hinblick auf die Regulation des Zellzyklus (ÜA 4 Krebs, S. 107)
    - Entwicklung eines Modells auf der Grundlage/mithilfe von p53 und Ras (ÜA 4 Krebs, S. 109)
  - ein Modell zur epigenetischen Regelung des Zellstoffwechsels (Kap. 3, epigenetische Mechanismen, S. 26)
    - DNA-Methylierung (S. 26, ÜA4 S. 111); im LK zusätzlich Histon-Acetylierung (S. 27)
- Gentechnik (im Leistungskurs Gentechnologie)
  - Molekulargenetische Werkzeuge:
    - Restriktionsenzyme (S. 29, ÜA4 S. 111)
    - Vektoren (S. 30)
    - Bioethik (S. 33)

Inhaltsfeld Neurobiologie

- Aufbau und Funktion von Neuronen
  - degenerative Erscheinungen bei der Alzheimer-Krankheit (ÜA 8 S. 133)
- Neuronale Informationsverarbeitung und Grundlagen der Wahrnehmung
- Leistungen der Netzhaut (nur LK)
- Plastizität und Lernen
  - zeitliche und funktionale Gedächtnismodelle nach Markowitsch (S. 42)
- Methoden der Neurobiologie
  - fMRT (ÜA 8 S. 133)

Inhaltsfeld Ökologie

- Umweltfaktoren und ökologische Potenz
- Dynamik von Populationen
- Stoffkreislauf und Energiefluss
  - Stickstoffkreislauf (S. 56)
- Fotosynthese (nur LK)
- Mensch und Ökosysteme
  - Schädlingsbekämpfung (S. 71, ÜA 10 S. 148, ÜA 11 S. 156)

Inhaltsfeld Evolution

- Entwicklung der Evolutionstheorie (nur LK)
- Grundlagen evolutiver Veränderung
  - Grippeviren (S. 78 f.)
- Art und Artbildung
- Evolution und Verhalten
- Stammbäume
- Evolution des Menschen

2.2 Operatoren

In den Klausuren der Oberstufe werden gemäß der einheitlichen Prüfungsvorschriften für das Abitur definierte Arbeitsvorschriften verwendet. Dadurch werden Sie schon in der Qualifikationsphase mit den Operatoren vertraut und somit auf das Abitur vorbereitet. Da sie schon im Unterricht in ihrer Bedeutung an verschiedenen Beispielen geübt werden, können Fehldeutungen von Aufgabenstellungen im Zentralabitur vermieden werden. So erfolgen Bewertung und Beurteilung objektiv, gerecht und landesweit vergleichbar. Bei der Formulierung der Arbeitsanweisungen von Prüfungsaufgaben werden in der Regel nur die folgenden festgelegten Operatoren benutzt, die Ihnen damit in Erinnerung gerufen werden.

Die Operatoren schließen zwar nicht den Anforderungsbereich mit ein, je nach Schwierigkeitsgrad der Aufgabe kann ein Operator auch einen anderen Anforderungsbereich betreffen. Dennoch wurden die Anforderungsbereiche (AFB I – III) grob zugeordnet.

Operatoren	AFB	Definition	Beispiele	Verweise (S.)
ableiten	II–III	auf der Grundlage wesentlicher Merkmale sachgerechte Schlüsse ziehen	Leiten Sie eine Hypothese aus dem Arbeitsmaterial ab.	68
analysieren / untersuchen	II–III	wichtige Bestandteile oder Eigenschaften auf eine bestimmte Fragestellung hin herausarbeiten, untersuchen beinhaltet ggf. zusätzlich praktische Anteile	Analysieren Sie die Abbildung zur Cytoplasma-Hypothese.	148, 169, 175
angeben / nennen	I	Elemente, Sachverhalte, Daten ohne Erläuterung aufzählen	Benennen Sie die mit Pfeilen gekennzeichneten Bauteile des Neurons.	96, 102, 109, 122, 140, 156
auswerten	II	Daten, Einzelergebnisse oder andere Elemente in einen Zusammenhang stellen und ggf. zu einer Gesamtaussage zusammenführen	Werten Sie die Versuchsergebnisse aus.	96, 133
begründen	II–III	Sachverhalte auf Regeln und Gesetzmäßigkeiten bzw. kausale Beziehungen von Ursachen und Wirkung zurückführen	Begründen Sie, welches der angegebenen Restriktionsenzyme für die gestellte Aufgabe geeignet ist.	92, 96, 102, 109, 116, 140, 162, 175
beschreiben	I	Strukturen, Sachverhalte oder Zusammenhänge strukturiert und fachspezifisch richtig mit eigenen Worten wiedergeben	Beschreiben Sie die Versuchsdurchführung.	92, 96, 102, 109, 122, 140, 169, 175, 183
beurteilen	III	zu einem Sachverhalt ein selbstständiges Urteil unter Verwendung von Fachwissen und Fachmethoden formulieren und begründen	Beurteilen Sie die Effizienz der durchgeführten Abwasserreinigungsmethode.	102, 122, 133
bewerten	III	einen Gegenstand an erkennbaren Wertkategorien oder an bekannten Beurteilungskriterien messen	Bewerten Sie die Vor- und Nachteile der angewandten Methode der Gentechnologie.	169

Operatoren	AFB	Definition	Beispiele	Verweise (S.)
darstellen	I	Sachverhalte, Zusammenhänge, Methoden etc. strukturiert und gegebenenfalls fachsprachlich wiedergeben	Stellen Sie die angegebenen Messergebnisse grafisch dar.	96, 102, 109, 116, 122, 175, 183
diskutieren / erörtern	II	Argumente und Beispiele zu einer Aussage oder These einander gegenüberstellen und abwägen	Diskutieren Sie die Möglichkeiten und Grenzen der Pränataldiagnostik.	183
erklären	II	einen Sachverhalt mithilfe eigener Kenntnisse in einen Zusammenhang einordnen sowie ihn nachvollziehbar und verständlich machen	Erklären Sie auf neuronaler Ebene, wie aus einem leichten Räuspern im Hals ein Husten entsteht.	102, 106
erläutern	I–II	einen Sachverhalt veranschaulichend darstellen und durch zusätzliche Informationen verständlich machen	Erläutern Sie auf molekularer Basis, wie durch Behandlung mit salpetriger Säure aus einer Kultur eines Wildtypstammes von *E. coli* Mangelmutanten entstehen können.	92, 96, 102, 109, 116, 122, 127, 134, 140, 148
ermitteln	II	einen Zusammenhang oder eine Lösung finden und das Ergebnis formulieren	Ermitteln Sie aufgrund des Stammbaums der Familie X den Erbgang der Bluterkrankheit.	92, 102
Hypothesen entwickeln / aufstellen / herausarbeiten	III	begründete Vermutung auf der Grundlage von Beobachtungen, Untersuchungen, Experimenten oder Aussagen formulieren	Arbeiten Sie anhand der Federlinge eine Hypothese aus, die die Entwicklung zum heutigen Zustand des Parasitenbefalls der Ibisse erklärt.	102, 109, 116, 127, 133, 140, 148, 162
skizzieren	I	Sachverhalte, Strukturen oder Ergebnisse auf das Wesentliche reduziert übersichtlich grafisch darstellen	Skizzieren Sie einen Versuchsaufbau.	122
Stellung nehmen	II	zu einem Gegenstand, der an sich nicht eindeutig ist, nach kritischer Prüfung und sorgfältiger Abwägung ein begründetes Urteil abgeben	Nehmen Sie Stellung zu der Aussage, dass Schlachttiertransporte mit dem Tierschutzgesetz nicht vereinbar sind.	122, 148

Operatoren	AFB	Definition	Beispiele	Verweise (S.)
vergleichen	I–II	Gemeinsamkeiten, Ähnlichkeiten und Unterschiede ermitteln	Vergleichen Sie die Abbildungen 1 und 2 miteinander und stellen Sie Gemeinsamkeiten und Unterschiede heraus.	116, 122, 169, 175
zeichnen	I–II	eine möglichst exakte grafische Darstellung beobachtbarer oder gegebener Strukturen anfertigen	Zeichnen Sie anhand der Messwerttabelle einen Grafen.	109
zusammenfassen	I	das Wesentliche in konprimierter Form herausstellen	Fassen Sie die Aussagen der Abbildung in einem kurzen Text zusammen.	183

Mit AFB sind die Anforderungsbereiche gemeint:

Anforderungsbereich I betrifft die Reproduktion, also die Wiedergabe von Kenntnissen über fachliche und fachmethodische Sachverhalte.

Anforderungsbereich II umfasst die Reorganisation, im Wesentlichen selbstständiges Erklären und Anwenden des Gelernten und Verstandenen.

Anforderungsbereich III betrifft Transfer und Problemlösen, im Wesentlichen also problembezogenes Denken, Begründen und Urteilen.

Die Anforderungsbereiche werden in den Prüfungen des Zentralabiturs in folgender Weise gewichtet: AFB I 30 %, AFB II 50 %, AFB III 20 %.

Tipp

Für Leistungen im AFB III erhalten Sie nur 20 % der vorgesehenen Gesamtpunktzahl. Daher sollten Sie sich auch bei einfachen Aufgaben bzw. bei den Anforderungsbereichen I und II Mühe geben. Häufig erhält man schon für einfache Beschreibungen und Textzusammenfassungen relativ viele Punkte.

3 Basiskompetenzen

Einleitung

Im Kapitel Basiskompetenzen können Sie sich einen Überblick verschaffen über abitur- und klausurrelevante Inhalte sowie über fachmethodische Fertigkeiten. Im Vordergrund steht grundlegendes Fachwissen, das an prüfungsrelevanten Stellen schwerpunktmäßig erweitert und inhaltsbezogen ergänzt wird. Dabei werden z. B. der Umgang mit Hypothesen, die Planung von Experimenten und die Auswertung gewonnener Daten wiederholt. Auch wird die Erfassung von Textinhalten, die Analyse und das Aufstellen von Stammbäumen sowie der Umgang mit Grafiken und Diagrammen vorgestellt. Abweichungen und Grenzen bestimmter Gesetzmäßigkeiten (z. B. LOTKA-VOLTERRA, BERGMANNsche Regel) werden erläutert. All diese von Ihnen in den Prüfungen erwarteten Fähigkeiten können Sie zudem in den Übungsaufgaben (Kap. 4) und in den Originalabiturarbeiten (auf www.finaleonline.de) anwenden. Anhand der beispielhaften Lösungen können Sie Ihre erworbenen Kompetenzen überprüfen. Verstehen Sie beim Durcharbeiten alle angesprochenen Sachverhalte, dürfen Sie sicher sein, die wesentlichen Schwerpunkte zu beherrschen. Andererseits können Sie so Ihre inhaltlichen und methodischen Lücken aufspüren, die Sie dann mithilfe eines Schulbuchs (z. B. Linder Biologie oder Biologie heute) schließen können. Die Komprimierung des biologischen Fachwissens auf ca. 90 Seiten, wie es im folgenden Kapitel versucht wird, kann ja nicht die gleiche Vollständigkeit haben wie ein 500-seitiges Schulbuch für die Oberstufe.

Genetik

Meiose und Rekombination

Eltern und ihre leiblichen Kinder können sich sehr ähneln, können aber auch ganz verschieden sein. Das liegt daran, dass die Gene der Eltern völlig neu zusammengestellt, also rekombiniert wurden, und jeweils nur die Hälfte der väterlichen bzw. mütterlichen Gene im Kind vorhanden sind. Bei der Bereitstellung der Keimzellen (Gameten = Samenzellen bzw. Eizellen) für die Befruchtung muss der doppelte Chromosomensatz der diploiden Körperzellen auf den einfachen, haploiden Chromosomensatz reduziert werden. Diese Reduktion findet in der ersten Reifeteilung der Meiose statt. Dabei paaren homologe Chromosomen, d.h. strukturgleiche Chromosomen väterlicher und mütterlicher Herkunft spiralisieren sich in der Prophase, legen sich während der Metaphase der Meiose nebeneinander und werden dann in der Anaphase von Zugfasern des Spindelapparates auseinandergezogen. Jede Tochterzelle erhält so jeweils ein Chromosom eines jeden Chromosomenpaares und ist deshalb haploid. In der sich anschließenden zweiten Reifeteilung werden die Chromosomen in Chromatiden gespalten. Die dadurch entstehenden Keimzellen bleiben haploid.

Bei der Paarung der homologen Chromosomen liegen die beiden Chromosomen sehr eng zusammen, verschiedene Proteine vermitteln diese Paarung. Bei der Bildung der Tetraden der gepaarten Chromosomen kommt es gelegentlich vor, dass die nicht besonders stabilen DNA/Histon-Komplexe der Chromosomen an bestimmten Stellen aufbrechen und dann wieder von besonderen Enzymen verknüpft werden. Brechen homologe Stellen der Chromatiden einer Tetrade auf, kann es vorkommen, dass nicht die ursprünglichen DNA-Stücke einer Chromatide wieder miteinander verknüpft werden, sondern homologe Stücke von Nichtschwesterchromatiden. Dadurch kommt es zum Austausch unterschiedlicher Gene zwischen homologen Chromosomen. Die zugrundeliegenden Vorgänge bezeichnet man als Crossing-over. Natürlich können auch homologe DNA-Stücke von Schwesterchromatiden ausgetauscht werden. Doch das ist für eine Rekombination unbedeutend, da Schwesterchromatiden identisches Genmaterial besitzen.
Man unterscheidet somit zwei Möglichkeiten, Erbinformationen neu zu kombinieren:
Bei der **interchromosomalen Rekombination** entscheidet in der 1. Reifeteilung der Meiose der Zufall darüber, welches der homologen Chromosomen, also entweder väterliches oder mütterliches, in die Keimzelle gelangt.
Bei der **intrachromosomalen Rekombination** können am Ende der Prophase der 1. Reifeteilung Genabschnitte zwischen Nichtschwesterchromosomen durch **Crossing-over** ausgetauscht und somit innerhalb eines Chromosoms neu kombiniert werden.

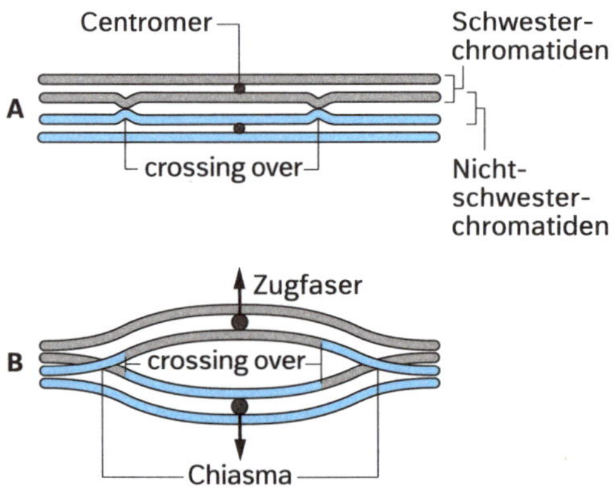

Intrachromosomale Rekombination (schematisch):

A Crossing-over zwischen Nichtschwesterchromatiden homologer Chromosomen am Ende der Prophase I, also der 1. Reifeteilung der Meiose.

B Beim Auseinanderrücken der homologen Chromosomen werden Chiasmata als Folge des Crossing-over im Lichtmikroskop als Chromatidenüberkreuzungen sichtbar

Analyse von Familienstammbäumen

a. Familienstammbäume (ÜA 3)

In der Genetik geben Stammbaumschemata nicht nur das Verwandtschaftsverhältnis der erfassten Personen wieder, sondern zeigen auch das Vorkommen bestimmter Merkmale, meistens Krankheiten, in der Generationenfolge. Immer gilt: Männliche Personen werden durch die Symbole ♂♂ oder durch Quadrate, weibliche durch ♀♀ oder durch Kreise symbolisiert. Sind die Symbole gefüllt, handelt es sich um Merkmalsträger. Geschwister werden gemäß ihrem Alter

von links nach rechts angeordnet. Bei der Analyse von Stammbäumen wird in der Regel von Phänotypen auf Genotypen geschlossen, z. B. vom Phänotyp der Nachkommen auf den Genotyp der Eltern und weiterer Verwandten oder vom Phänotyp der Eltern auf mögliche Genotypen des Kindes.
In der humangenetischen Beratung zielen Erstellung und Analyse von Stammbäumen meistens darauf, eine Prognose für das Auftreten einer bestimmten Erbkrankheit bei der ratsuchenden Person und deren Kinder abzugeben. Die so erstellten Stammbäume orientieren sich häufig nur am Phänotyp, weil die Genotypen für Familienmitglieder aus vorangegangenen Generationen meist nicht mehr bekannt oder zu ermitteln sind. Der Genotyp von Ratsuchenden wird häufig über molekulargenetische Verfahren abgeklärt. Auch aufgrund von Kenntnissen über die Erblichkeit einer bestimmten Erkrankung kann ein Stammbaum mit Angabe der Genotypen erstellt werden.
Um auf Basis eines Familienstammbaums den Erbgang eines veränderten Merkmals zu ermitteln, muss gezielt nach aussagekräftigen Konstellationen im Stammbaum gesucht werden. Für Erbgänge, die den MENDELschen Regeln folgen, können eine Reihe von Analysekriterien aufgestellt werden, die Ihnen helfen, alle Informationen zu erkennen, die in einem Stammbaum enthalten sind.

METHODISCHE HINWEISE ZUR ANALYSE VON FAMILIENSTAMMBÄUMEN

Kriterien für autosomal-dominante Erbgänge:

1) Jede von dem Merkmal (meist: Krankheit) betroffene Person hat mindestens einen betroffenen Elternteil.
2) Für jedes Kind eines heterozygot betroffenen Elternteils besteht eine 50%ige Wahrscheinlichkeit, ebenfalls von dem Merkmal betroffen zu sein.
3) Personen, die das Merkmal phänotypisch nicht zeigen, geben das merkmalsbedingende bzw. krankmachende Gen nicht weiter. Die Krankheit kann keine Generation überspringen.
4) Weibliche und männliche Personen sind statistisch gesehen phänotypisch und genotypisch gleich häufig betroffen.

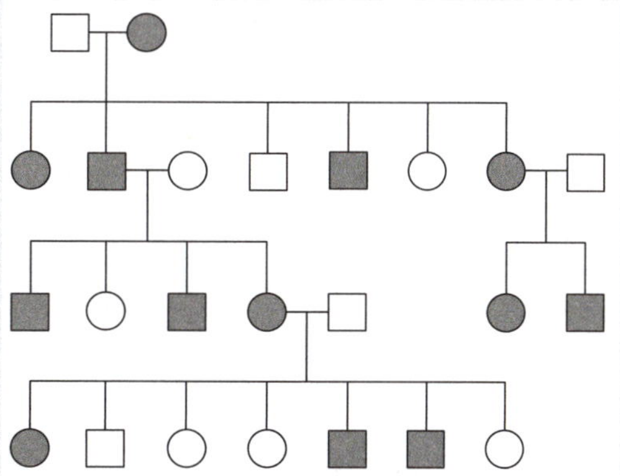

Beispiel eines Stammbaums für Kurzfingrigkeit (autosomal-dominant)

Kriterien für autosomal-rezessive Erbgänge:

1) Personen, die das Merkmal bzw. die Krankheit phänotypisch aufweisen, kommen selten in aufeinanderfolgenden Generationen vor. Ausnahme: Vereinzelt kann es vorkommen, dass zwei nicht verwandte Überträger (Heterozygote) aufeinandertreffen und aus ihrer Verbindung homozygot kranke Kinder hervorgehen. Diese Möglichkeit ist bei Verwandtenehen leichter gegeben.
2) Autosomal-rezessive Krankheiten treten statistisch gehäuft bei Familien mit Verwandtenehen auf, da bei diesen die Wahrscheinlichkeit des „Aufeinandertreffens" krankmachender rezessiver Gene höher ist.
3) Die Erkrankungswahrscheinlichkeit für ein Kind von phänotypisch gesunden, aber heterozygoten Eltern ist 25 %.
4) Weibliche und männliche Personen sind statistisch gesehen phänotypisch und genotypisch gleich häufig betroffen.

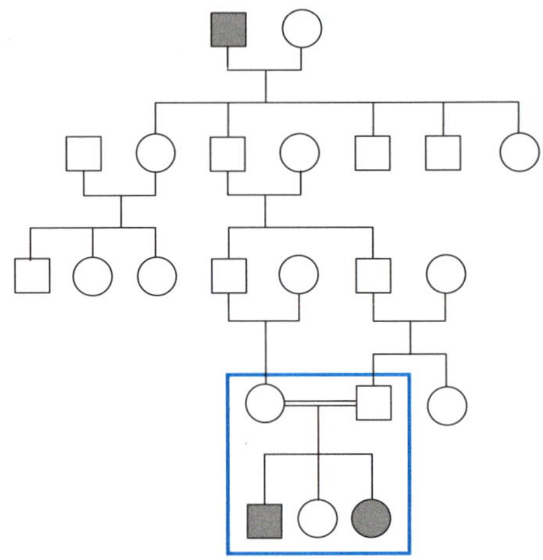

Beispiel eines Stammbaums mit erblicher Taubstummheit (autosomal-rezessiv); Verwandtenehe

Kriterien für gonosomal (X-chromosomal) gebundene rezessive Erbgänge:

1) Merkmalsträger sind statistisch gesehen zumeist männliche Personen.
2) Frauen können nur dann Merkmalsträger sein, wenn der Vater phänotypisch betroffen und die Mutter Überträgerin (Konduktorin) oder ebenfalls betroffen ist.
3) Alle Töchter von betroffenen Vätern und homozygot nicht betroffenen Müttern sind auf jeden Fall Konduktorinnen und können das Gen für das Merkmal an ihre Kinder weitergeben.
4) Söhne von Konduktorinnen, also heterozygoten Müttern, die phänotypisch gesund sind, (und nicht betroffener Väter) sind mit einer Wahrscheinlichkeit von 50 % betroffen.
5) Töchter von Konduktorinnen und nicht betroffenen Vätern können nie das Erscheinungsbild entwickeln und sind mit einer Wahrscheinlichkeit von 50 % auch genotypisch gesund.
6) Eine Vererbung des Merkmals von Vätern auf Söhne ist nicht möglich, da die Söhne von den Vätern nur das Y-Chromosom erhalten.

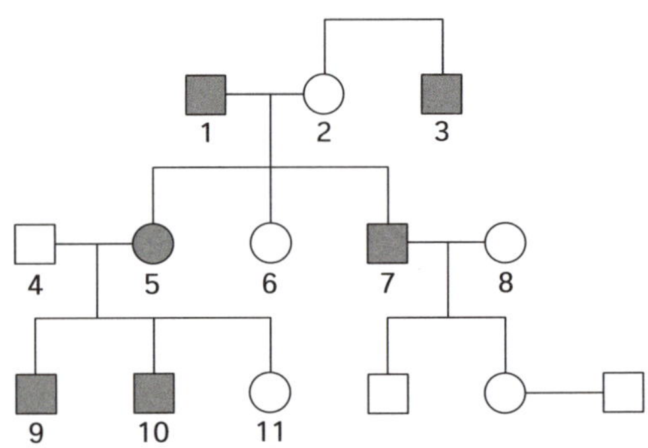

Beispiel eines Stammbaums mit Rot-Grün-Sehschwäche (gonosomal-rezessiv)

Punktesammeltipp

Y-chromosomal gebundene Erbgänge gibt es kaum (das Y-Chromosom enthält fast keine Information), trotzdem sollte ein solcher Erbgang ausgeschlossen werden, da es dafür eventuell einen Punkt geben kann.

Mögliche Aufgabenstellung:
Bestimmen Sie die Genotypen der Personen 1 bis 11 der Abb. Seite 18 unten.
Lösung: Gen für die Sehschwäche f (rezessiv), Gen eines Gesunden F (dominant); Genotyp f0 bei Person 1, 3, 7, 9 und 10 (0 steht dafür, dass auf dem zweiten Gonosom, also dem Y-Chromosom, kein Gen für das Merkmal vorhanden ist, Männer sind also bezüglich des Gens für die Farbtüchtigkeit hemizygot), Person 2 Ff (die Frau muss Konduktorin sein, weil ihr Sohn 7 die Sehschwäche zeigt), 5 ff, 6 Ff (die Frau muss Konduktorin sein, weil ihr Vater die Sehschwäche hat), 8 FF oder Ff (mit geringerer Wahrscheinlichkeit gegenüber FF, weil in der Bevölkerung die Genfrequenz für f kleiner ist als die für F), 11 Ff (die Frau muss Konduktorin sein, weil ihre Mutter betroffen ist und sie selbst bzw. ihr Vater nicht).

Abweichungen von den Kriterien
Ausnahmen von den genannten Kriterien sind durch Neumutationen, Spätmanifestationen (wenn die Krankheit erst im fortgeschrittenen Alter wie bei Chorea Huntington auftritt) und Penetranzunterschiede möglich. Als Penetranz bezeichnet man die Wahrscheinlichkeit, mit der ein Genotyp im Phänotyp ausgebildet wird. Eine unvollständige Penetranz kann durch modifizierende Gene oder auch durch Umwelteinflüsse zustande kommen.

b. Beurteilung von Familienkonstellationen und Bewertungen von Entscheidungssituationen in der humangenetischen Beratung

Für die Bewertung eines Sachverhalts, eines Dilemmas oder zur ethischen Einordnung von Alternativen bei einer Entscheidungssituation gibt es gängige Verfahren, die unterschiedlich intensiv angewendet werden. Sowohl eine Stammbaumanalyse wie auch die humangenetische Beratung dienen der Abschätzung von Risiken und Chancen für alle Beteiligten.
Dabei ist eine rein utilitaristische Kalkulation in ihrer Argumentation wenig geeignet, denn handlungsorientierte Versionen des Utilitarismus machen keinen Unterschied zwischen negativen und positiven Pflichten, zwischen Unterlassen und Tun. Wenn nur die Folgen und die Gesamtnutzensteigerung zählten, dann ist einzig die Nutzenmaximierung maßgeblich. Kantische Ansätze und Ansätze der Tugendethik differenzieren dagegen.

Bei der Bewertung eines Sachverhaltes sollten also deontologische Ansätze und konsequenzialistische Argumentationen unterschieden werden. Während deontologische Begründungsmuster und Argumentationsreihen „letzte Wahrheiten“, also tiefste Überzeugungen und Glaubenssätze, absolut gesetzte Werte und Normen eine Handlung unabhängig von ihren Folgen beurteilen, orientiert sich eine konsequenzialistische Argumentation an den Folgen einer Handlung. Sie entspricht einer sogenannten „Verantwortungsethik“ wie sie von dem Philosophen Hans Jonas insbesondere für die Gentechnologie und die Informations- und Kommunikationstechnologien entworfen wurde.
Für die ethische Bewertung wird häufig eine Abfolge von 6 methodischen Schritten empfohlen:

1. Definieren des Dilemmas oder der Problematik
2. Aufzählen möglicher Handlungsoptionen
3. Sammeln von Pro- und Contra-Argumenten zu den Handlungsoptionen
4. Zuordnen von Werten, die hinter den jeweiligen Argumenten stehen
5. Formulieren eines persönlichen und begründeten Urteils; ggf. Diskussion andersartiger Urteile
6. Feststellen der Folgen, die das eigene Urteil und andere Urteile nach sich ziehen; ggf. Revision des eigenen Urteils.

Proteinbiosynthese

a. Aufbau und Replikation der DNA

Um die Proteinbiosynthese erläutern zu können, muss der Aufbau der DNA bekannt sein. Sollten die Kenntnisse über den Aufbau zur Erläuterung der unteren Abbildung nicht mehr ausreichen, müssen diese zuerst erlangt werden. Wichtig ist hier, dass die Nukleotide in der DNA miteinander zu einem Strang verbunden sind, indem Phosphatgruppe und Desoxyribose jeweils miteinander verknüpft werden. Dabei sind diese Bausteine, die sich in der Nukleinbase voneinander

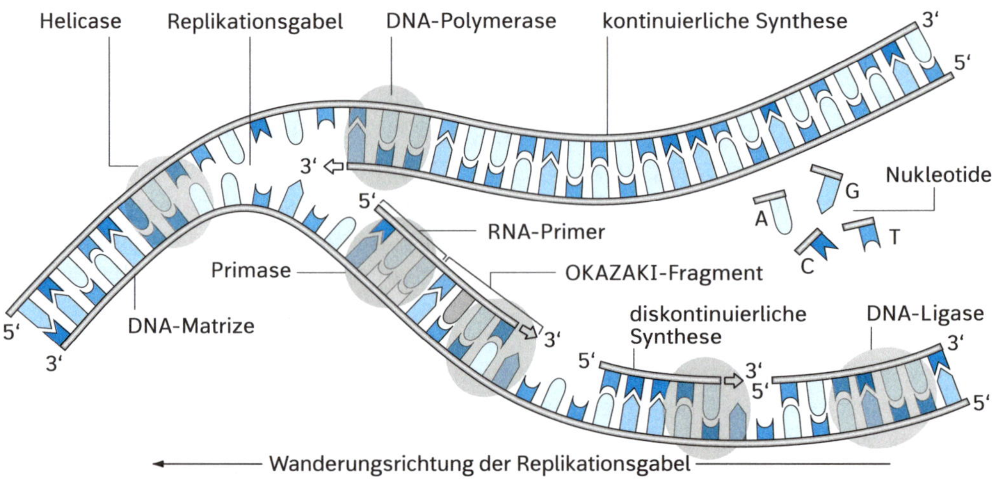

Schema der DNA-Replikation

unterscheiden können, frei kombinierbar und gewährleisten somit die Fähigkeit, Informationen zu speichern. Dieser Einzelstrang ist mit einem weiteren über die Wasserstoffbrücken zwischen den korrespondierenden Nukleinbasen beider Stränge zu einem Doppelstrang verbunden. Die Basen A und T paaren mit zwei, G und C mit drei Wasserstoffbrücken. Dadurch ist die identische Verdopplung möglich. Sie findet in der S-Phase statt und wird in der G2-Phase des Zellzyklus u. a. durch Bereitstellung von benötigten Enzymen und der Proteine für den Spindelapparat vorbereitet.

Nach Öffnung des DNA-Strangs lagern sich an beide offenen Einzelstränge die passenden Nukleotide an. Somit enthält jeder Doppelstrang einen elterlichen Strang und einen Strang aus Einzelnukleotiden, die aus dem Cytoplasma stammen (semikonservative Replikation). Da die Synthese des neuen Einzelstrangs nur in 5'›3' Richtung möglich ist, kann nur einer der Einzelstränge kontinuierlich gebildet werden, die Synthese des anderen muss diskontinuierlich erfolgen. Die so entstehenden Teilstücke werden OKAZAKI-Fragmente genannt und durch das Enzym Ligase zusammengefügt.

b. Abläufe der Proteinbiosynthese

Die Umsetzung der Information der DNA in Lebensvorgänge steuernde Proteine (z. B. Enzyme, Carrier, Tunnelproteine, Myofibrillen usw.) wird **Proteinbiosynthese** genannt. In diesem Verfahren werden entsprechend der Basensequenz der DNA spezifische Aminosäuren zu einer Kette verknüpft. Dabei entspricht ein bestimmtes Basentriplett (eine Folge dreier Basen) einer bestimmten Aminosäure in der zu bildenden Kette. Dieser Zusammenhang wird **genetischer Code** genannt (s. Übungsaufgabe 2: Entschlüsselung des genetischen Codes, S. 94). Er gilt für fast alle Lebewesen und ist somit universell. Da bei vier verschiedenen Basen und einer Informationseinheit aus insgesamt drei Basen insgesamt $4^3 = 64$ Kombinationsmöglichkeiten bei nur 20 existierenden Aminosäuren zur Verfügung stehen, codieren teilweise mehrere Tripletts für die gleiche Aminosäure: „Der Code ist degeneriert".

Die Proteinbiosynthese läuft bei den Prokaryoten (Zellen ohne Zellkern, z. B. Bakterien) einfacher ab als bei den Eukaryoten (Zellen mit Zellkern). Bei den Prokaryoten geschieht die Umsetzung der Information der DNA in den Aufbau von Proteinen in zwei Schritten: der Transkription, also dem Überschreiben der Information von der DNA in die der mRNA und der Translation, d. h. der „Übersetzung" der mRNA-Information in die entsprechende Aminosäuresequenz, die dann z. B. als Katalysator (Enzym) oder als Baustein für Zell- und Gewebestrukturen (z. B. Actin, Keratin) fungiert.

DNA → [Transkription] → m-RNA → [Translation] → Protein

Schematische Darstellung der Proteinbiosynthese bei Prokaryoten

Transkription

Die DNA öffnet sich nach Bindung der RNA-Polymerase an dem Promotor (Abschnitt mit einer spezifischen Nukleotidsequenz), die Doppelhelixstränge liegen jetzt getrennt vor. An einem der beiden Stränge (codogener Strang) werden die zu diesem Strang komplementären Nukleotide in 5'›3' Richtung angelagert. Danach löst sich der neugebildete Nukleotidstrang (mRNA) von der DNA und wandert zu den Ribosomen.

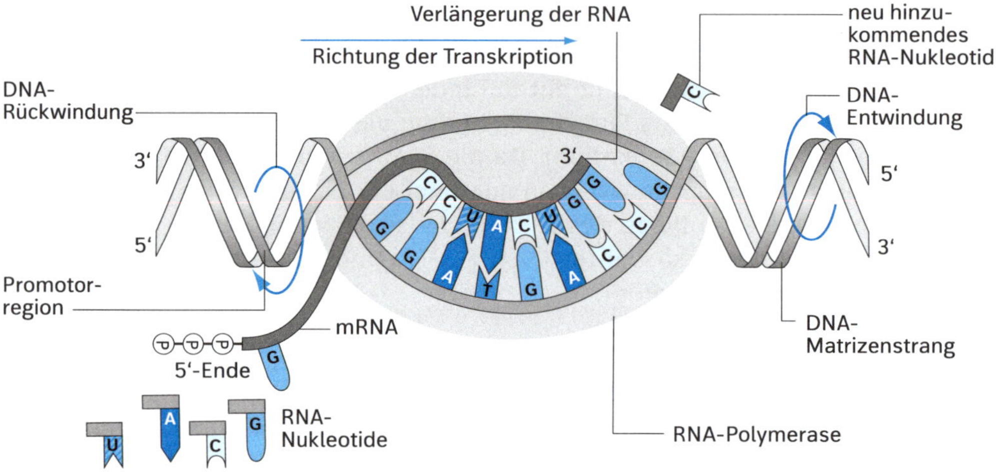

Transkription

Translation

Die Translation findet an den aus einer kleineren und einer größeren Einheit bestehenden Ribosomen statt. Nachdem durch ein Erkennungstriplett die Anlagerung der mRNA gesichert wurde, wandert die kleinere Einheit des Ribosoms in Richtung 3'-Ende der mRNA. Am Startcodon (AUG) beginnt die Synthese des Proteins (stets

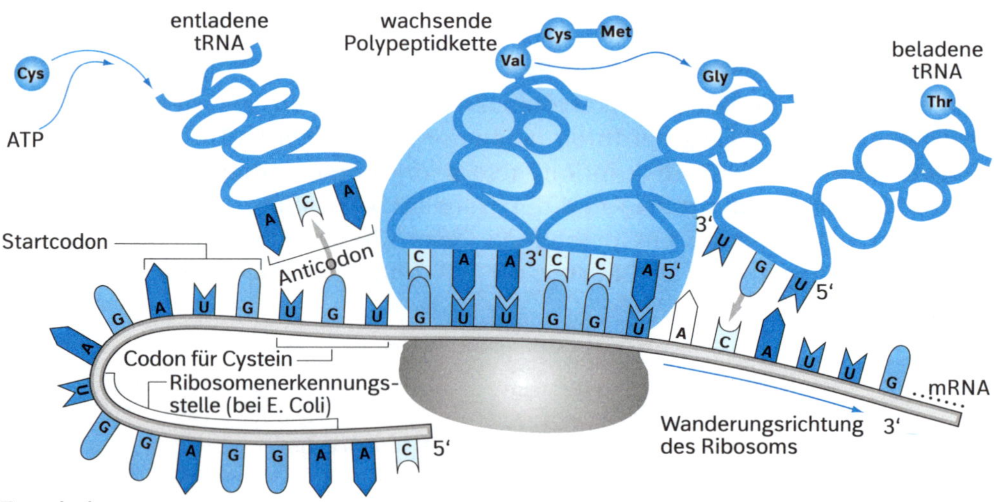

Translation

mit der Aminosäure Methionin), hier kommt die größere Einheit des Ribosoms hinzu. Als Lieferanten der Aminosäuren und Übersetzer der Nukleotidkette in die Aminosäurekette dienen aktivierte tRNA-Moleküle. Diese besitzen an einer Stelle ein spezifisches Basentriplett (Anticodon) und auf der gegenüberliegenden Seite des Moleküls eine Bindestelle für eine spezifische Aminosäure. Spezifische Enzyme des Ribosoms bewirken die Bindung des Anticodons mit dem entsprechenden Triplett der mRNA (Codon) und die Ablösung der Aminosäure von der tRNA sowie die Verknüpfung der Aminosäure mit der vorherigen Aminosäure entsprechend der Codierung auf der DNA.

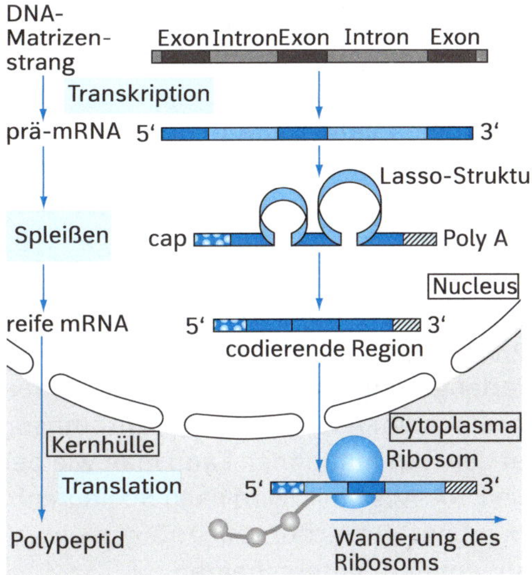

Proteinbiosynthese bei Eukaryoten

Unterscheidung bei Pro- und Eukaryoten

Die Proteinbiosynthese bei Eukaryoten unterscheidet sich von der bei Prokaryoten im Wesentlichen durch einen zusätzlichen Prozess, nämlich den des Spleißens, der zwischen der Transkription (im Zellkern) und der Translation (im Cytoplasma) an der Zellkernmembran abläuft.
Die DNA der Eukaryoten enthält für die Codierung eines Enzyms eine wesentlich längere Nukleotidkette, als sie eigentlich notwendig wäre. Die prä-mRNA enthält nicht nur die Information für die Realisierung eines Proteinmoleküls, sondern zusätzlich eine Reihe von mRNA-Abschnitten, die z. B. für Regulierungsvorgänge verwendet werden. Dann folgt der Prozess des Spleißens, bei dem die für die Translation nicht benötigten Abschnitte (Introns) durch Bildung von Schleifen herausgeschnitten werden. Folglich verlassen nur die Exons als reife mRNA den Zellkern. Weil beim Spleißen nicht immer dieselben Abschnitte herausgeschnitten werden, können bei Eukaryoten unterschiedliche Proteine vom gleichen DNA-Abschnitt gebildet werden. Dies wirft Fragen mit dem veralteten Genbegriff (ein Gen – ein Polypeptid-Hypothese) auf und macht eine neue Definition des Genbegriffs notwendig. Daneben ergeben sich zusätzliche Möglichkeiten für die Bildung von RNA-Abschnitten, die für Regulationsprozesse verwendet werden können (s. u. epigenetische Mechanismen).

Mutationen

Sprunghafte Veränderungen des Erbgutes werden Mutationen genannt. Chemische oder physikalische Faktoren, die diese Veränderungen verursachen, werden Mutagene genannt. Physikalische Faktoren, die mutagen wirken, sind z. B. radio-

aktive oder auch UV-Strahlen, chemische Faktoren sind z. B. aggressive Stoffe wie salpetrige Säure, die mit den Nukleotiden reagieren und sie verändern.
Mutationen werden unterschieden in:

- Genommutationen – Veränderungen des Genoms, also der Chromosomenzahl in einer Zelle,
- Chromosomenmutationen – Veränderungen des Chromosoms (seiner Länge, Form etc.),
- Genmutationen – Veränderungen eines Gens.

Allerdings gibt es auch Übergänge: Z. B. lassen sich Deletionen (Bruchstückverluste innerhalb eines Gens) sowohl als Genmutationen (Verkürzung eines Gens) als auch als Chromosomenmutation (Verkürzung eines Chromosoms) auffassen. Eine Fusion (Verknüpfung von Chromosomen) kann als Chromosomenmutation (Verlängerung eines Chromosoms) oder auch als Aneuploidie (Veränderung des Chromosomensatzes um ein Chromosom: 2n-1) bezeichnet werden.
Bei den Genmutationen kann man wie bei den Chromosomenmutationen Inversion (ein DNA-Abschnitt wird nach Schlaufenbildung in umgekehrter Reihenfolge wieder eingebaut), Insertion (Hinzufügen eines Nukleotids) und Deletion (Entfernen von Nukleotiden) unterscheiden.
Häufigste Form der Genmutationen ist die Punktmutation, bei der in der DNA nur ein Nukleotid eines Gens verändert, entfernt oder hinzugefügt wird. Entsprechend ihrer Folgen für den Organismus können Punktmutationen als stumm bzw. neutral oder als Missense- oder als Nonsense-Mutationen bezeichnet werden.
Bei einer stummen Mutation kann aufgrund des degenerierten Codes die gleiche Aminosäure eingebaut werden oder der Einbau einer anderen Aminosäure in ein Protein findet nicht im aktiven Zentrum statt und bleibt für die Funktion des Proteins folgenlos. Missense-Mutationen führen immer zum Einbau einer anderen Aminosäure. Diese Mutationen haben je nach Lage der Aminosäure im Protein und Unterschied der neuen Aminosäure zur vorher eingebauten leichte oder schwere Folgen für das Individuum. Nonsense-Mutationen sind solche, die z. B. zum Abbruch der Aminosäurekette führen, indem sich ein Triplett zum Stopp-Codon wandelt. Auch sie haben fast immer weitreichende Folgen für den Organismus.

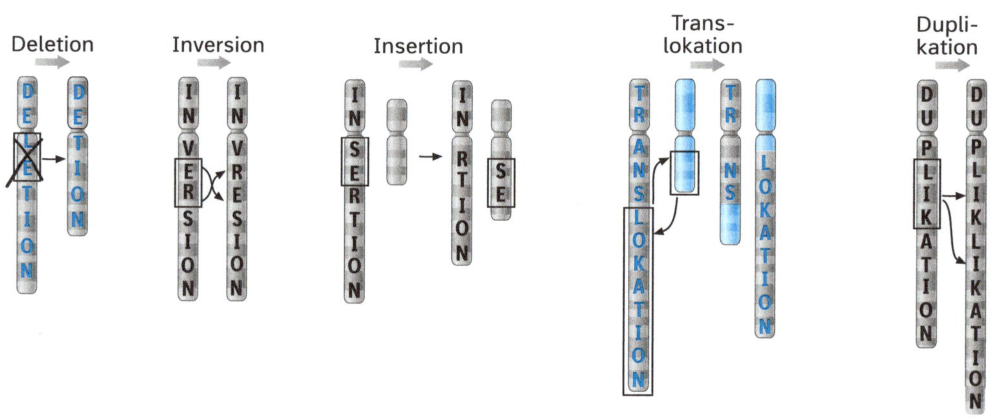

Mutationstypen

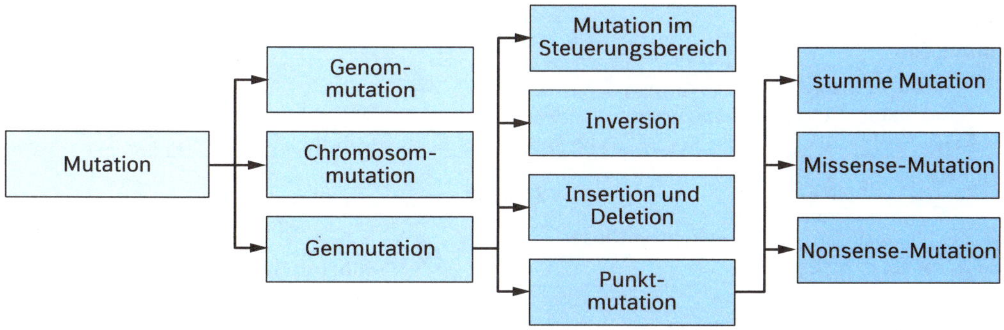

Übersicht über die Formen der Mutationen

Eine Sonderform der Punktmutation kommt durch die Umwandlung von Cytosin bzw. Methylcytosin durch Desaminierung zustande, für die ein Enzym verantwortlich ist. Wird Cytosin desaminiert, entsteht Uracil. Das hat keine weiteren Folgen, weil diese DNA-Veränderung (Basenpaarung GC wird zu GU) vom Reparatursystem der Zelle erkannt wird, d. h. das nicht in der DNA vorkommende Uracil wird sogleich wieder durch Cytosin ersetzt. Aufgrund epigenetischer Mechanismen wird jedoch häufig die Base Cytosin methyliert (S. 26). Dies stellt noch keine Mutation, sondern nur eine DNA-Modifikation dar. Wird nun aber Methylcytosin desaminiert, entsteht Thymin. Weil das Reparatursystem Thymin nicht als fremd erkennt, wandeln nun die Reparaturenzyme das entstandene „falsche" Basenpaar GT entweder in GC (repariert) oder in AT um. Die so entstandene Punktmutation kann weitreichend sein.

Genregulation

a. Operon-Modell

Für die Genregulation bei Prokaryoten (z. B. Bakterien) existiert seit vielen Jahren ein Modell von JAKOB und MONOD. Im Operon-Modell wird ein Abschnitt der DNA, der die Information für eine Genwirkkette bzw. Stoffwechselkette (zur Ausbildung eines Merkmals) enthält, als Operon bezeichnet. Es besteht aus Strukturgenen, die die Aminosäureketten der für den Stoffwechselvorgang benötigten Enzyme codieren. Ihnen vorgelagert ist ein Abschnitt aus DNA verbunden mit einem Protein (Operatorgen mit Repressor-Protein), der wie ein Schloss funktioniert und mithilfe dieses Repressors (Schlüssel) die Gentätigkeit ein- oder ausschaltet. Der Repressor wird als Protein an einer anderen Stelle der DNA, dem Regulatorgen, codiert. Die Produktion dieses Repressors unterliegt einer vom Operon unabhängigen Steuerung.
Das Operon-Modell unterscheidet für die Regulation der Gentätigkeit bei Bakterien zwei Typen von Genregulationen, die Substratinduktion und die Endproduktrepression. Bei der Substratinduktion löst das Vorhandensein des umzusetzenden Substrats durch Inaktivierung des Repressors die Produktion der zum Abbau notwendigen Enzyme aus. Bei der Endproduktrepression stoppt das Vorhandensein des Endproduktes durch Aktivierung des Repressors die Produktion der Enzyme.

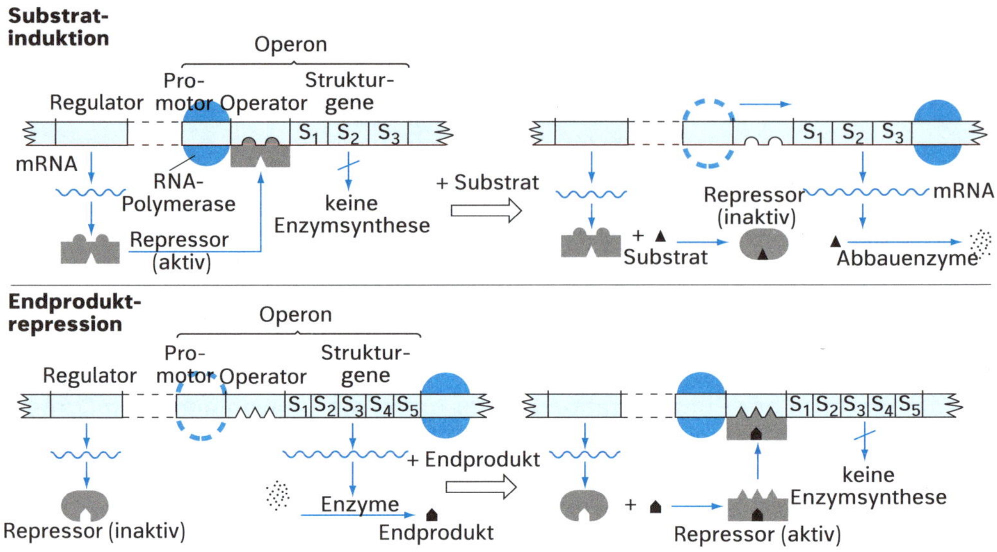

Operon-Modell

b. epigenetische Mechanismen (ÜA 4)

Neben der Substratinduktion und der Endproduktrepression nach dem Operonmodell gibt es weitere Arten der Genregulation. Man nennt sie epigenetisch, weil sie nicht unmittelbar mit den Genen und ihren Basensequenzen verbunden sind, sondern diesen sozusagen aufsitzen.

Methylierung. Bei den Eukaryoten z. B. hängen bestimmte Enzyme (Methyltransferasen) eine Methylgruppe (-CH_3) an Nukleinbasen der DNA an, in der Regel an Cytosin, das der Nukleinbase Guanin benachbart ist. Solche CpG-Stücke (p steht

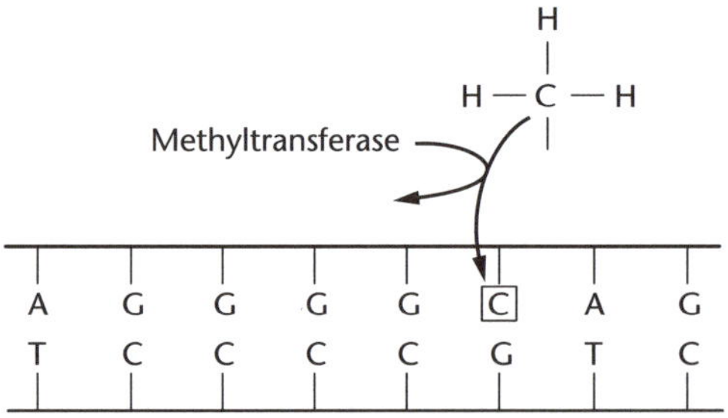

für die Phosphatgruppe des Guanins) befinden sich überhäufig in der Promotorregion eines Gens. Man spricht von CpG-Inseln. Hier werden besonders oft Cytosin-Moleküle methyliert oder bereits methylierte Cytosin-Basen demytheliert, also von ihrem Methylrest befreit. Während Methylierungen in der Regel die Transkription eines Gens verhindern, ermöglichen Demethylierungen das Ablesen des entsprechenden Gens durch die RNA-Polymerase.

Im Zellzyklus laufen diese Regulationsmechanismen an bestimmten Kontrollpunkten ab, z. B. dann, wenn nach der S-Phase die DNA doppelt vorliegt. Die neu synthetisierte DNA enthält im Gegensatz zum alten Strang dann noch keine Methylgruppen. Damit auch in den Tochterzellen die Gene inaktiv bleiben, die in der Mutterzelle durch Methylierung deaktiviert waren, müssen in den Promotorregionen Nukleinbasen methyliert werden, damit das Methylierungsmuster der alten DNA auf die Tochter-DNA übertragen wird. An diesen Kontrollpunkten des Zellzyklus kann es auch zu zusätzlichen Methylierungen kommen. Hinzu kommt, dass viele Umweltfaktoren wie Nahrungsmangel, Luftschadstoffe etc. das Methylierungsmuster eines Menschen verändern können. So werden bestimmte Gene blockiert, andere aktiviert.

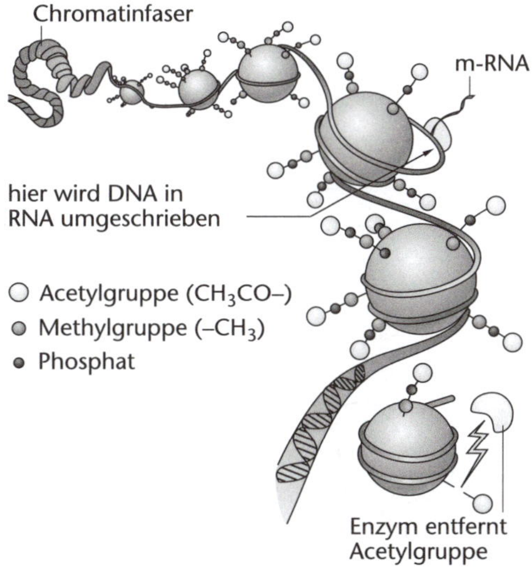

Die Bedeutung der Acetylierung von Histonen bei der DNA-Methylierung. Der Packungsgrad des DNA-Histon-Komplexes in den Chromosomen bestimmt die Transkriptionsrate vieler Gene. Ist die DNA sehr dicht gepackt, werden überhaupt keine Gene abgelesen, während an den Stellen, an denen sie recht locker verpackt ist, Transkription stattfinden kann, falls die Gene nicht gerade durch Repressormoleküle blockiert werden. Histone bilden den Proteinanteil eines Chromosoms, dessen kleinste Einheit Nukleosom genannt wird. Um diesen Proteinkomplex ist der DNA-Doppelstrang mit exakt 147 Nukleotidpaaren gewickelt. Weil die Histone aufgrund bestimmter Aminosäuren positiv und die DNA aufgrund der Phosphatreste negativ geladen sind, sorgt die gegensätzliche Ladung für eine enge Bindung und kompakte Wicklung der DNA innerhalb des Chromosoms. Wenn ein Abschnitt der DNA abgelesen, also transkribiert werden soll, verbindet ein Enzym (Histonacetyltransferase) bestimmte Aminosäuren der Histonseitenketten – häufig ist das Lysin – mit Actetylgruppen (-CH_3-COOH). Durch die Acetylierung verliert das Lysin seine positive Ladung, sodass die Bindung zwischen Nukleosom und DNA gelockert und das Ablesen bestimmter Gene begünstigt wird.

Auch Enzyme, die für die Methylierung oder auch Demethylierung der DNA zuständig sind, können nun am Acetylierungsmuster der Histone andocken und beginnen dann, die um die Histone gewickelte DNA an bestimmten Stellen zu methylieren oder umgekehrt Methylgruppen zu entfernen. Während durch Methylierung die Transkription behindert wird, wird durch das Entfernen von Methylgruppen die Histon-DNA-Struktur aufgelockert und somit die Transkription der entsprechenden Gene erleichtert bzw. aktiviert.

RNA-Moleküle in der Epigenetik. Methyltransferasen bestimmen nicht eigenständig, welche Gene zu methylieren sind. Der Anstoß dazu kann von ganz unterschiedlichen Signalen ausgehen, von bestimmten Transkriptionsfaktoren oder auch nichtcodierenden RNA-Schnipseln, die sich z. B. an Promotor- oder an Operatorregionen anheften. Hier können dann z. B. Methyltransferasen andocken und die DNA gezielt methylieren. Nicht-codierende RNAs enthalten keine Proteinrezepte.

Sie sind wichtige Regulatoren. Die pRNA ist dafür ein Beispiel. Sie passt genau („komplementär“) zur DNA-Sequenz eines Genschalters und bildet mit der DNA in einer Promotorregion an bestimmten Stellen eine Dreifach-Helix aus, die in ihrer Struktur einem Zopf ähnlich ist. Methyltransferasen können spezifisch an diesen Zopf andocken und werden dadurch genau an die Stelle dirigiert, wo ein Gen blockiert werden soll. Wird nämlich ein bestimmter Genschalter mit Methylmarkierungen versehen, können die dahinter liegenden Gene nicht mehr abgelesen werden.

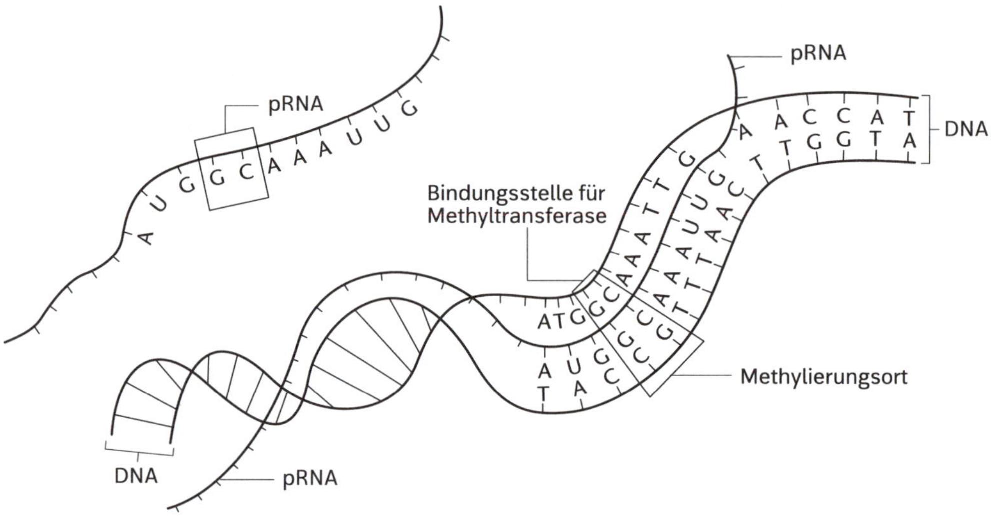

Gene können auch durch Antisense-RNA an- und abgeschaltet werden. Bruchstücke lagern sich an die komplementäre Basensequenz der mRNA an und deaktivieren sie dadurch. Sie verhindert bei Kontakt mit der mRNA am Ribosom die Bildung der Aminosäurekette, da durch das Ribosom nur ein einfacher Nukleinsäurestrang passt. Die Riboswitch-RNA reguliert die Genexpression auf andere Weise. Sie faltet sich zu einem doppelsträngigen RNA-Molekül. Sobald dieses RNA-Molekül mit einem passenden Protein Kontakt bekommt (Schlüssel-Schloss-Prinzip), wird das Molekül so geändert, dass die Riboswitch-RNA ein freies Ende erhält. Dieses hat die Funktion einer regulären mRNA, das die Synthese eines bestimmten Proteins bewirkt. Nur im Kontakt mit dem passenden Protein kann der codierende Abschnitt der Riboswitch-RNA also die Synthese einer Aminosäurekette veranlassen. Die Riboswitch-RNA besitzt folglich für die in ihr enthaltene Information einen „An- und Ausschalter“.

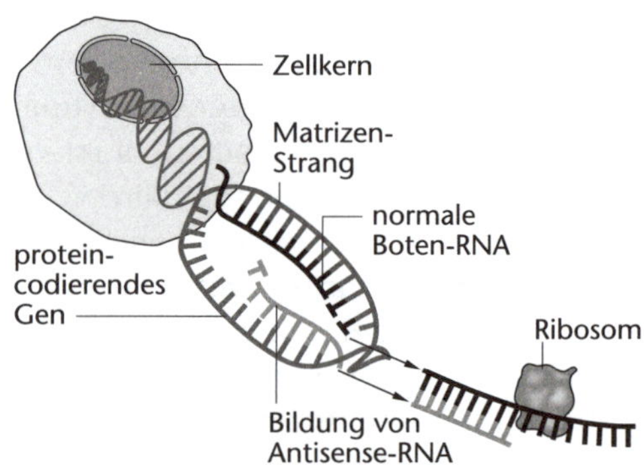

Bildung von Antisense-RNA

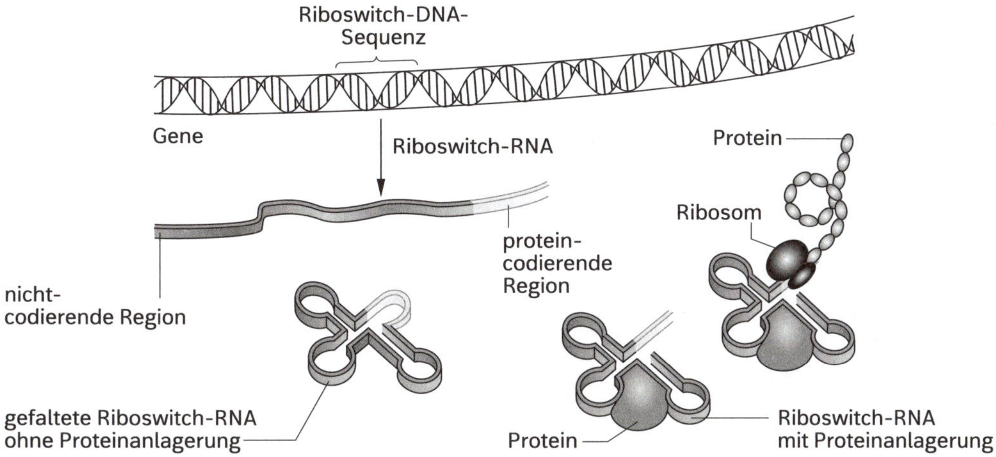

Riboswitch-RNA ermöglicht das An- und Abschalten von Genen

Über epigenetische Mechanismen wird z. B. das Tumorsuppressorgen p53 aktiviert, wenn im Zellzyklus unmittelbar vor der S-Phase die DNA mutiert ist. Dann wird verstärkt das Protein p53 produziert. Der Zyklus wird verlangsamt und die Reparatur der DNA eingeleitet, sodass die Aktivierung des Tumorsupressorgens abnimmt. Also sinkt die Konzentration von p53 und der Zellzyklus nimmt wieder Fahrt auf, d.h. die Verdoppelung der nun reparierten DNA wird eingeleitet. Gelingt die DNA-Reparatur nicht, steigt die Konzentration von p53 und die Zelle mit der defekten DNA stirbt ab (Apoptose). Antagonist in dieser Zellzyklus-Regulation ist das Ras-Gen (ÜA 4).

Gentechnik

a. Restriktionsenzyme, PCR und genetischer Fingerabdruck (ÜA 1, 3)

Unter Gentechnik versteht man technische Verfahren, die gezielte Eingriffe in das Genom von Lebewesen ermöglichen. U. a. können bestimmte DNA-Abschnitte, die aus artfremden Nukleoidsequenzen mithilfe von Restriktionsenzymen gezielt herausgeschnitten wurden in ein Genom eingebaut werden. Zu diesem Zwecke sind unterschiedliche Werkzeuge und Verfahrensschritte entwickelt worden.

Restriktionsenzyme schneiden je nach Typ an definierten Basenfolgen, die man als Palindrome bezeichnet, eine DNA auf. Geschieht dies bei Spender- und bei Empfänger-DNA mit dem gleichen Enzym, entstehen „sticky ends", sodass Spender- und Empfänger-DNA passgenau miteinander verbunden werden können (vgl. Abb. Insulinsynthese S. 31).

Mit der **PCR-Methode** können geringe Mengen DNA vervielfältigt werden. Dazu wird die DNA zusammen mit einer hitzestabilen Polymerase, zwei DNA-Primern und DNA-Nukleotiden inkubiert. Die DNA-Polymerasen stammen aus Organismen. Beispielsweise stammt die *Taq*-DNA-Polymerase von dem Bakterium *Thermus* *aquaticus*, das in heißen Quellen lebt. Durch die Wahl der Primer (für jede Syntheserichtung einen) wird der DNA-Bereich bestimmt, der vervielfältigt werden soll. Die Vervielfältigung von DNA-Abschnitten mithilfe der PCR-Methode erfolgt in drei Schritten: Mittels Erwärmung der DNA auf über 94 °C wird durch Auflösung der Wasserstoffbrücken die Doppelhelix in zwei Einzelstränge getrennt (Denaturierung). Danach wird auf 56 °C abgekühlt, sodass die Primer sich an den beiden entstandenen DNA-Einzelsträngen anlagern können (Primer-Anlagerung). Nun wird auf 72 °C (Optimum der *Taq*-DNA-Polymerase) erwärmt, sodass die DNA-Synthese mithilfe der Polymerase erfolgen kann (DNA-Synthese). Die drei Schritte der PCR werden im Thermocycler zyklisch wiederholt. Um zum Beispiel 1 Millionen gleiche DNA-Abschnitte (ca. 2^{20} Kopien) zu erhalten, muss das Verfahren 20 Mal hintereinander ablaufen.

Der **genetische Fingerabdruck** von Personen dient der Identifizierung mit einer Sicherheit von nahezu 100 %. Dazu verwendet man die Introns. Das sind die Abschnitte der DNA, deren Transkriptionsprodukte beim Spleißen herausgeschnitten werden. Abschnitte, die stets herausgeschnitten werden, stellen die nicht codierenden Teile der DNA dar und bestimmen somit kein einziges äußeres Merkmal oder gar eine Charaktereigenschaft. In diesen Abschnitten der DNA kommt es häufig zu Wiederholungen von bestimmten Nukleotidsequenzen. Solche Abschnitte werden STRs (short tandem repeats) genannt. Die Anzahl dieser Wiederholungen von je 2 bis 7 Basen sind sehr individuell und sind daher für den genetischen Fingerabdruck geeignet. Geeignete STRs werden zuerst durch die oben beschriebene PCR-Methode angereichert, dann durch das Gelelektro- bzw. Kapillarelektrophoreseverfahren entsprechend ihrer Größe getrennt und z. B. in einem Autoradiogramm sichtbar gemacht. Das dann entstehende Muster der unterschiedlichen STRs ist bei jedem Menschen anders. Die Sicherheit der Identifizierung wird dadurch erhöht, dass nicht nur ein einzelner DNA-Abschnitt untersucht wird, sondern viele; z. B. untersucht das FBI stets 13 definierte Intron-Abschnitte.

b. Vektoren in der Bakteriengenetik

Mithilfe der Gentechnik können Lebewesen zur besseren Nutzung durch den Menschen gezielt verändert werden. Dabei wird das Erbgut der Organismen direkt verändert oder gewünschtes Erbgut häufig mithilfe von Vektoren in die Zellen eingeschleust. Vektoren sind Genfähren, die genetisches Material übertragen können. Aufgrund eines mitgelieferten Replikationsursprungs kann die übertragene genetische Information vielfach repliziert werden. Als Vektoren kommen u. a. in Frage: Plasmide, kurze ringförmige DNA, in die mithilfe von Restriktionsenzymen Fremd-DNA eingebaut werden kann und die sich als Plasmidvektoren vielfach replizieren lassen. Künstliche Minichromosomen (z. B. Yacs – Yeast Artificial Chromosomen) mit Fremd-DNA, die sich in bestimmten Lebewesen, z. B. Hefen, wie ein normales Chromosom verhalten. Künstlich veränderte Viren, auch Bakteriophagen, lassen sich ebenfalls als Vektoren nutzen. Schließlich lässt sich Fremd-DNA auch mithilfe von Liposomen in eine Zelle einschleusen. Die dabei ablaufenden Membranvorgänge ähneln der Endocytose.

Ein Anwendungsbeispiel: Während z. B. früher Insulin nur aus den Bauchspeicheldrüsen von Rindern und Schweinen gewonnen werden konnte, lässt es sich heute viel kostengünstiger mithilfe von Bakterien herstellen. Dazu wird das Gen für die Insulinsynthese aus der menschlichen DNA mit einem Restriktionsenzym herausgeschnitten (siehe Insulinsynthese Abbildung A). Mit dem gleichen Restriktionsenzym wird das Plasmid eines Bakteriums, das die Gene sowohl für Ampicillin- als auch für Tetracyclinresistenz enthält, aufgeschnitten. Dadurch wird erreicht, dass sowohl die Empfänger-, also die Bakterien-DNA, als auch die Spender-DNA des Menschen die gleichen „sticky ends“ erhalten, sodass sie leicht miteinander verkleben können.

Sodann werden Empfänger- und Spender-DNA zusammengebracht und gemischt (siehe Insulinsynthese Abbildung B, S. 32). In der Mischung können folgende DNA-Ringe entstehen, je nachdem, welche klebrigen Enden sich finden: ursprüngliche Bakterien-Plasmide mit den Genen für Ampicillin- und Tetracyclin-Resistenz, reine menschliche DNA aus dem Insulin-Gen und eine Misch-DNA, bei der das Insulin-Gen in das Bakterien-Plasmid eingebaut wurde und zwar innerhalb des Gens für Tetracyclin-Resistenz.

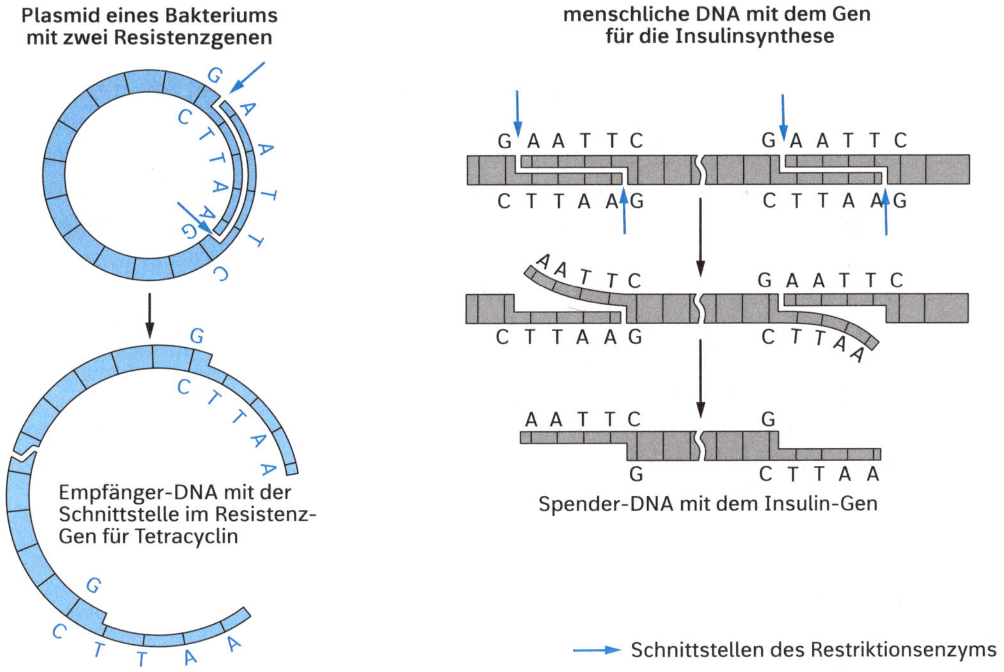

Insulinsynthese Abbildung A

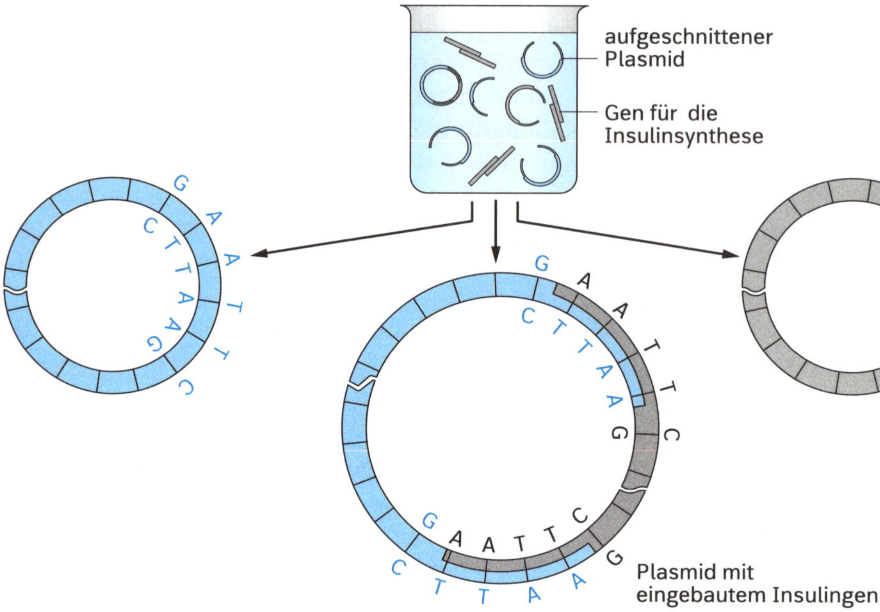

Insulinsynthese Abbildung B

Die DNA-Ringe dieser Mischung werden nun durch Transformation (natürliche Aufnahme der Plasmide in die Bakterienzellen, meist durch Hitzeschock unterstützt) oder Transfektion (z. B. künstlich mit sogenannten Genkanonen, durch Mikroinjektion oder auch mithilfe von Liposomen) in die Bakterien eingeschleust. Werden nun die so behandelten Bakterien auf unterschiedliche Nährböden gegeben, so wachsen diejenigen, die nur rein menschliche Insulin-DNA aufgenommen haben, weder auf solchen Nährböden, die Ampicillin enthalten, noch auf solchen mit Tetracyclin (siehe Abbildung C). Die Bakterien, die das Plasmid mit den zwei intakten Resistenzgenen aufgenommen haben, wachsen auf beiden Nährböden und diejenigen, die das Misch-Plasmid enthalten, nur auf dem Ampicillin-Nährboden, nicht aber auf dem mit Tetracyclin.

Überträgt man die Bakterien vom Ampicillin-Nährboden mithilfe der Stempeltechnik auf den mit Tetracyclin, kann man durch Vergleich die Bakterienkolonien, die das Gen für die Insulinsynthese im Bakterienplasmid enthalten, identifizieren, gezielt vermehren und somit Insulin großtechnisch in Fermentern gewinnen.

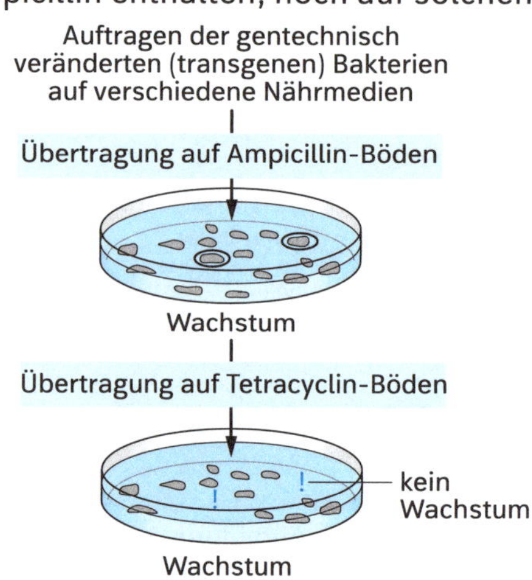

Insulinsynthese Abbildung C

Bioethik (ÜA 3)

Die Ethik ist eine philosophische Disziplin, in der Richtlinien aufgestellt werden, die den Umgang der Menschen untereinander regeln und bewerten. Die Bioethik ist ein Teilbereich der angewandten Ethik. Sie umfasst ethische Fragen, die sich aus der Medizin, dem Umgang mit unserer Umwelt, der Tierhaltung und -zucht sowie aus der Forschung in diesen Bereichen ergeben.

Neben mittlerweile klassischen Fragestellungen zur Fortpflanzungsmedizin, zur Pränataldiagnostik und zur Organtransplantation rückt als neue Forschungsdisziplin die Gentechnik immer stärker in den Fokus der Ethik. Sie berührt alle aufgeführten Gebiete der Bioethik, wobei ihre Einsatzmöglichkeiten durch das Gentechnikgesetz eingeschränkt werden. Hier wird das Risiko eines durch die Gentechnik verursachten Schadens und seine Auftrittswahrscheinlichkeit berücksichtigt. So sind bei der Arbeit mit transgenen Mikroorganismen für die industrielle Produktion oder den Umweltschutz (weiße Gentechnik) z. B. spezielle Sicherheitslabors vorgeschrieben. Der Anbau transgener, z. B. schädlingsresistenter oder vitamin- und proteinreicherer, Pflanzen in der Landwirtschaft (grüne Gentechnik) setzt einen dreistufigen Test voraus. Nach der Prüfung im Sicherheitslabor folgt der Anbau im geschlossenen Gewächshaus. Sodann werden die Pflanzen auf Versuchsfeldern unter kontrollierten Bedingungen im Freiland aufgezogen und untersucht, welchen Einfluss die transgene Kulturpflanze auf Flora und Fauna ihrer Umgebung hat.

Bei der Erzeugung transgener Tiere (rote Gentechnik) und ihre Reproduktion durch Klonen steht neben medizinischen Aspekten (z. B. Medikamentenproduktion) oft auch die Ertragssteigerung im Vordergrund. Diese kann sich wegen ökologischer Folgen problematisch auswirken. Wenn transgene schnellwüchsige Tiere in die Umgebung entweichen, können sie dort die natürlich vorkommenden Populationen durch Konkurrenz oder höheren Nahrungsbedarf verdrängen. Das ist z. B. bei Lachsen zu befürchten, die in riesigen Käfigen im Meer gehalten werden. Beim Menschen wird versucht, Erkrankungen oder auch die Folge von Erbkrankheiten durch Gentherapie z. B. mithilfe von Stammzellen zu heilen (rote Gentechnik).

Mit dem Einfügen eines vollständig künstlich hergestellten Genoms in eine Bakterienzelle rückt nun auch die Möglichkeit der Erschaffung „künstlichen Lebens“ zunehmend in den Focus bioethischer Fragestellungen.

Gentechnisch veränderte Lebensmittel werden laut Umfragen in Deutschland von der Mehrheit der Verbraucher nicht akzeptiert, obwohl bislang keine schädlichen Wirkungen beschrieben wurden. Seit 2004 herrscht laut EU-Recht eine Kennzeichnungspflicht für gentechnisch veränderte Lebensmittel.

Will man gentechnische Verfahren ethisch beurteilen, kann man vom Utilitätsprinzip (Nützlichkeitsprinzip) ausgehen, dass möglichst vielen Menschen zum größtmöglichen Glück verholfen werden soll. Diesem Nutzen eines gentechnischen Verfahrens ist dann das mögliche Schadensrisiko gegenüberzustellen (vgl. auch die sechs Schritte einer ethischen Beurteilung, S. 20). Bei Anwendung auf den Menschen spielt darüber hinaus das Prinzip der Menschenwürde eine wichtige Rolle. Der Mensch darf nicht willkürlich zum Objekt der Forschung werden.

Neurobiologie

Aufbau und Funktion eines Neurons (ÜA 5, 6, 7, 8)

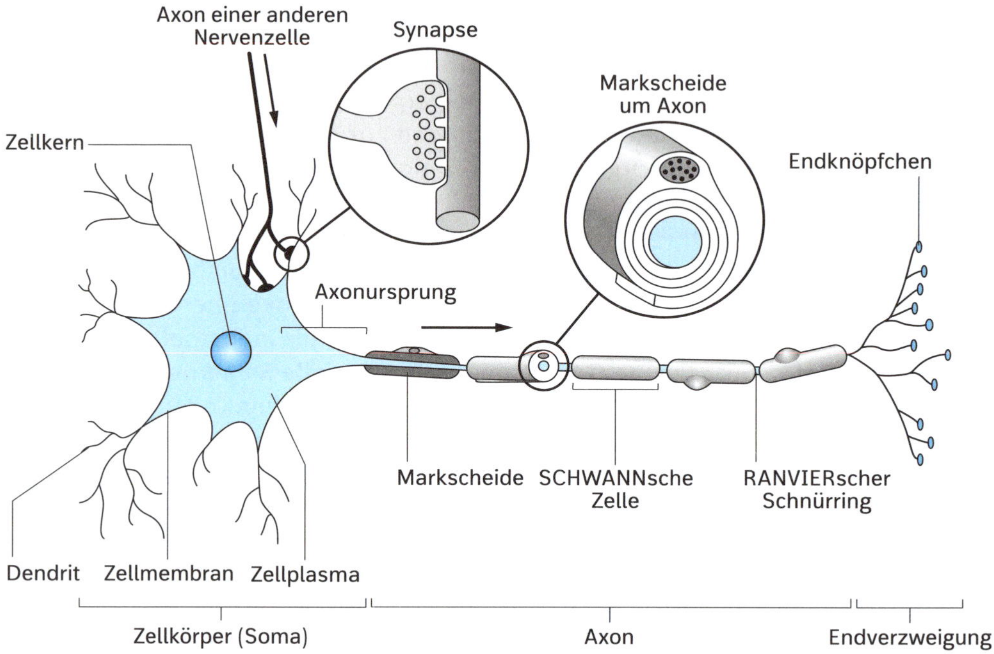

Bau eines Neurons

a. Bauelemente eines Neurons mit ihren Definitionen

Ein Neuron besteht aus **Dendriten**, Zellkörper (**Soma**) und **Axon** (auch als Neurit bezeichnet). Dendriten und Soma leiten die eingehenden Erregungen zum **Axonhügel** (Axonursprung).

Am Axonhügel entstehen Aktionspotenziale, welche die Erregung über das Axon bis in sein verbreitertes Ende, die **Endknöpfchen**, leiten. Viele Axone von Wirbeltieren enthalten eine **Mark-** bzw. **Myelinscheide**, d. h. eine schützende Hülle aus der Zellmembran von **Gliazellen** (auch **SCHWANNsche Zellen** genannt), die auch Stütz- und Versorgungsfunktionen übernehmen. Diese Hülle wird von den **RANVIERschen Schnürringen** unterbrochen. Nur an diesen Stellen markhaltiger Axone können Aktionspotenziale auftreten.

Die Endknöpfchen enthalten synaptische Vesikel, die mit Neurotransmitter gefüllt sind, mit dem die Erregung auf nachfolgende Zellen übertragen wird. Die Endknöpfchen bilden den vorderen Teil der **Synapse**, einer neuronalen Kontaktstelle. Man unterscheidet Kontaktstellen zwischen zwei Nervenzellen (neuroneuronale Synapse) bzw. zwischen einer Nervenzelle und einer Muskelzelle (neuromuskuläre Synpase) oder zwischen einer Nervenzelle und einer Drüsenzelle (neuroglanduläre Synapse). Zwischen dem Endknöpfchen und der postsynaptischen Zelle befindet sich der sogenannte synaptische Spalt.

b. Degenerative Erscheinungen bei der Alzheimer Krankheit

Bei degenerativen Hirnerkrankungen kommt es zum langsam fortschreitenden Untergang der Neuronen im Hirngewebe. Annähernd 70 % aller Fälle von degenerativen Hirnerkrankungen liegt Morbus Alzheimer zugrunde.
Bei dieser Demenzerkrankung bilden sich **Ablagerungen von Proteinen** vorwiegend in Regionen des Gehirns, die für Gedächtnis und Lernen zentral sind.

(1) Anhäufungen des Tau-Proteins bilden **Neurofibrillen-Bündel**, welche die Neuronen verstopfen und für einen Zusammenbruch des Transportsystems innerhalb des Neurons sorgen.

(2) Die **senilen Plaques** setzen sich aus kurzen Amyloid-ß-Proteinen zusammen und wirken ebenfalls neurotoxisch. Die Bildung dieser Plaques geht mit einer **Störung der Mitochondrien** (Blockade der Atmungskette) in den Neuronen einher.

Im Krankheitsverlauf nimmt daher die Hirnmasse zunehmend ab (**Hirnatrophie**) und es kommt zu einer **verminderten Produktion des Neurotransmitters Acetylcholin**, was ebenfalls zu einer verminderten Leistungsfähigkeit in den betroffenen Hirnregionen führt. Die Alzheimer-Erkrankung kann derzeit weder gestoppt noch geheilt werden. Nach der Diagnose beträgt die Lebenserwartung der Betroffenen durchschnittlich acht bis zehn Jahre. Zu den vermuteten Risikofaktoren gehören Alter, genetische Disposition, Schädel-Hirn-Trauma, Alkoholkonsum und Ernährung.

Neuronale Informationsverarbeitung und Grundlagen der Wahrnehmung

a. Erregungsentstehung

Die zentrale Aufgabe der Neuronen besteht in der Aufnahme, Weiterleitung und Verarbeitung von Informationen in Form von elektrischen Impulsen. Sie erfolgt durch Veränderungen des **Membranpotenzials**, also der elektrischen Spannung über der Zellmembran.
Eine zentrale Bedeutung bei der Entstehung und Veränderung des Membranpotenzials kommt der unterschiedlichen Konzentration der beteiligten Ionen im Zytoplasma des Neurons (vorwiegend K^+-Ionen und organische Anionen, wenig Na^+-Ionen) und in der extrazellulären Flüssigkeit außerhalb des Neurons (vorwiegend Na^+-, Cl^-- und Ca^{2+}-Ionen, wenig K^+-Ionen) zu.
Diese ungleiche Ionenverteilung wird durch die **Natrium-Kalium-Pumpe** aufrechterhalten. Hierbei handelt es sich um ein aktives Transportsystem, das unter ATP-Verbrauch Ionen gegen das Konzentrationsgefälle durch die Neuronmembran schleust.
Hinzu kommt die selektive Permeabilität der Membran, also ihrer Eigenschaft, nur bestimmte Ionen durchzulassen. Diese beruht auf verschiedenen Typen von Ionenkanälen. Bei einem **Ionenkanal** handelt es sich um ein integriertes Protein in der Zellmembran, das nur bestimmte Ionen passieren lässt. Das Öffnen eines Ionenkanals kann durch eine Spannungsänderung über der Membran (spannungsgesteuerte Ionenkanäle, z. B. Natriumionen-Kanäle), durch Bindung bestimmter

Moleküle (ligandengesteuerte Ionenkanäle) oder durch mechanische Einflüsse (mechanisch gesteuerte Ionenkanäle) ausgelöst werden.
Im Ruhezustand beträgt die Spannungsdifferenz zwischen innerer und äußerer Flüssigkeit bei den meistens Nervenzellen circa –70 mV, wobei das Zellinnere aufgrund der nach außen diffundierende K^+-Ionen negativ geladen ist. Dieser stabile unerregte Zustand eines Neurons wird als **Ruhepotenzial** (RP) bezeichnet.

b. Aktionspotenzial

Durch die Erregung eines voraufgehenden Neurons oder durch Einwirkung eines Reizes verändert sich das Ruhepotenzial, das Neuron wird erregt. Überschreitet die Erregung einen bestimmten Schwellenwert, entsteht am Axonhügel ein **Aktionspotenzial** (AP), eine kurzzeitige, starr ablaufende Abfolge von Spannungsänderungen. Beim Aktionspotenzial öffnen sich mit Überschreiten des Schwellenwertes spannungsgesteuerte Na^+- und K^+-Ionenkanäle in der Axonmembran. Da sich die Na^+-Ionenkanäle sehr schnell öffnen, strömen Natriumionen aus dem Außenmedium ins Zellinnere. Dabei entsteht sogar ein Überschuss an positiver Ladung im Zellinneren. Dieser Vorgang wird als **Depolarisation** (Veränderung des Membranpotenzials zu Werten, die positiver als das Ruhepotenzial sind) bezeichnet. Die Na^+-Ionenkanäle werden nach 1–2 ms inaktiviert. Nun kommt es durch die langsam öffnenden K^+-Ionenkanäle zu einem erhöhten Ausstrom von K^+-Ionen aus der Zelle zur **Repolarisation**, womit das veränderte Membranpotenzial zum Ruhepotenzial zurückkehrt.
Da die spannungsgesteuerten K^+-Ionenkanäle auch nur langsam schließen, fällt das Membranpotenzial kurzzeitig unter den Wert des Ruhepotenzials. Dieser Vorgang wird als **Hyperpolarisation** bezeichnet.
Innerhalb der **absoluten Refraktärzeit** in den ersten 2 ms nach Ende eines Aktionspotenzials kann kein neues Aktionspotenzial ausgelöst werden, da die Na^+-Ionenkanäle noch inaktiviert sind. Während weiterer 3 ms, in der **relativen Refraktärzeit**, kann nur ein abgeschwächtes Aktionspotenzial ausgelöst werden, da die Natrium-Kalium-Pumpe die ursprüngliche Ionenverteilung noch nicht wiederhergestellt hat.

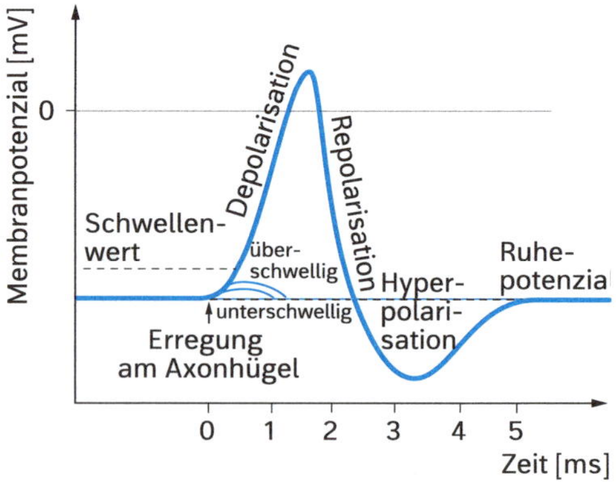

Phasen des Aktionspotenzials

c. Kontinuierliche und saltatorische Erregungsleitung

Die Depolarisation durch einströmende Na^+-Ionen breitet sich während eines Aktionspotenzials unter Abschwächung (Dekrement) auch in benachbarte Membranregionen aus, in denen der Schwellenwert somit überschritten wird. Durch die absolute Refraktärzeit wird gewährleistet, dass das Aktionspotenzial nur in Richtung der Synapsen weitergeleitet werden kann.

In Nervenfasern ohne Myelinscheide erfolgt diese Weiterleitung als kontinuierliche Erregungsleitung, in myelinisierten Nervenfasern als saltatorische Erregungsleitung, wobei Aktionspotenzialen nur an den RANVIERschen Schnürringen gebildet werden.

d. Synapsenvorgänge (ÜA 5, ÜA 8)

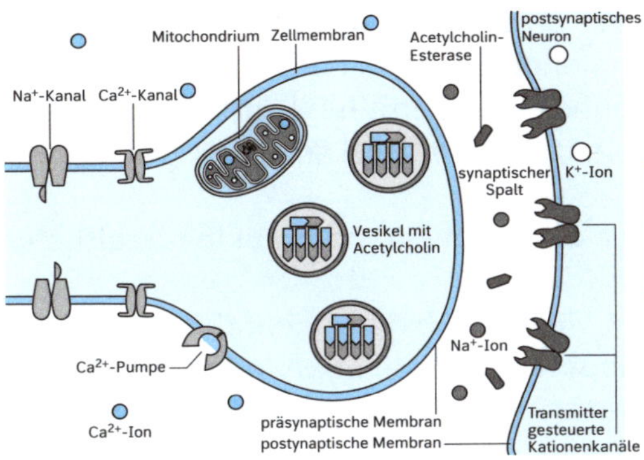

Bau einer Synapse

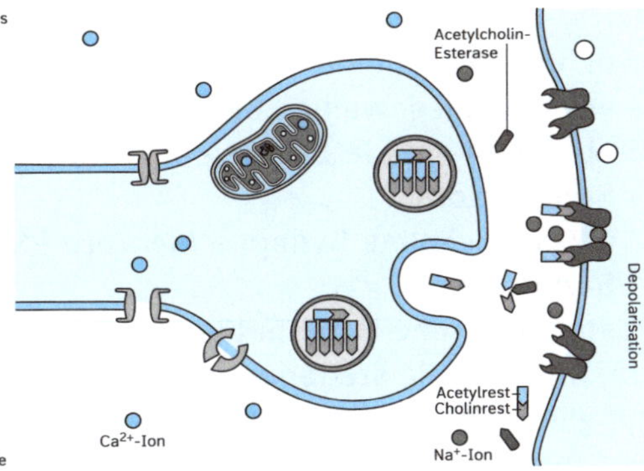

Ankommende APs bewirken das Verschmelzen der Vesikel mit der Membran

Erreicht ein Aktionspotenzial (AP) das Endknöpfchen, öffnen sich kurzzeitig spannungsabhängige Calciumionen-Kanäle und Calciumionen strömen in das Endknöpfchen.

Das Endknöpfchen enthält **synaptische Vesikel**, kleine, mit Neurotransmitter gefüllte Bläschen, die in den Endknöpfchen von Axonen gebildet werden.

Synaptotagmine registrieren den Calciumeinstrom und SNARE-Proteine steuern die Verschmelzung der synaptischen Vesikel mit der **präsynaptischen Membran**. Die **Neurotransmittermoleküle**, im abgebildeten Fall Acetylcholin, diffundieren durch den **synaptischen Spalt** und besetzen nach dem Schlüssel-Schloss-Prinzip die Rezeptoren ligandengesteuerter Ionenkanäle in der postsynaptischen Membran, woraufhin sich diese Ionenkanäle öffnen.

Öffnen sich wie im abgebildeten Fall Na^+-Ionenkanäle, entsteht ein erregendes postsynaptisches Potenzial (EPSP). Die einströmenden Natriumionen führen zur Depolarisation der postsynaptischen Membran, womit die Wahrscheinlichkeit für die Ausbildung eines Aktionspotenzials in der **postsynaptische Zelle** erhöht wird.

Öffnen sich hingegen K^+- oder Cl^--Ionenkanäle, entsteht ein **hemmendes postsynaptisches Potenzial** (IPSP). Die einströmenden Chlorid- bzw. die ausströmenden Kaliumionen führen zur Hyperpolarisation der postsynaptischen Membran, womit die Wahrscheinlichkeit für die Ausbildung eines Aktionspotenzials in der postsynaptische Zeile erschwert wird.

Die Neurotransmittermoleküle besetzen die Rezeptoren jeweils nur für einen kurzen Zeitraum. Lösen sie sich vom Rezeptor, schließen die Ionenkanäle wieder. Die Neurotransmittermoleküle werden im abgebildeten Fall im synaptischen Spalt vom Enzym Acetylcholinesterase in Acetat und Cholin gespalten. Anschließend werden sie aktiv in die Endknöpfchen aufgenommen und recycelt.

e. Synaptische Verschaltung und Verrechnung

Die allermeisten Neurone werden nicht von einer, sondern von einer Vielzahl von Synapsen erregt oder gehemmt. Dabei kommt es am Axonhügel zur Verrechnung aller eingehenden Signale und zum Ausbleiben oder zur Bildung von einem oder – je nach Erregungsstärke – mehreren Aktionspotenzialen.

Jede einzelne mit dem Neuron verbundene Synapse beeinflusst die Bildung von Aktionspotenzialen, wobei für ihren Einfluss entscheidend ist ...

... ob es sich um eine erregende oder hemmende Synapse handelt,

... wie weit die jeweilige Synapse vom Axonhügel entfernt ist (Leitungsverluste),

... ob naheliegende Synapsen nahezu gleichzeitig ein PSP auslösen (**räumliche Summation**),

... ob die jeweilige Synapse mehrere PSPs kurz nacheinander auslöst (**zeitliche Summation**).

Postsynaptische Potentiale können also in vielerlei Abstufungen, d. h. graduiert, vorkommen. Sie stellen neben den Aktionspotenzialen die zweite Form der Erregung im Nervensystem dar und spielen eine zentrale Funktion bei Lernvorgängen und Informationsspeicherung.

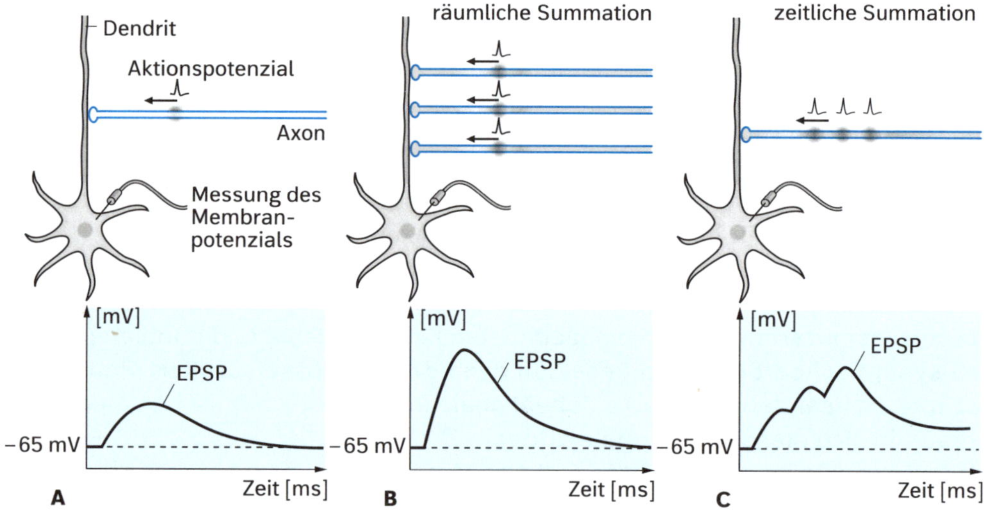

4.25 Summation

Ein einzelnes Aktionspotenzial löst ein geringeres EPSP aus (**A**). Wenn einzelne Aktionspotenziale an verschiedenen Synapsen gleichzeitig eintreffen (**B**) oder viele Aktionspotenziale rasch nacheinander an derselben Synapse (**C**), tritt Summation auf. **Anmerkung:** Nicht die Aktionspotenziale werden summiert, sondern deren Wirkungen, d. h. hervorgerufene PSPs.

Leistungen der Netzhaut (ÜA 7)

a. Bau der Netzhaut

Die Netzhaut (Retina) besteht aus mehreren Zellschichten. Da es sich bei ihr um eine Ausstülpung des Vorderhirns handelt, muss das Licht erst mehrere Schichten durchdringen, bevor es auf die Fotorezeptoren trifft. In der Netzhaut finden sich zwei Typen von Sehsinneszellen.
Die circa 130 Millionen **Stäbchen** finden sich vorwiegend in den Randbereichen der Netzhaut. Sie sind besonders lichtempfindlich und vermitteln Hell-Dunkel-Unterschiede (skotopisches Sehen).
Das Farbsehen erfolgt mit den **Zapfen** (fotopisches Sehen). Hier finden sich drei verschiedene Typen mit unterschiedlichen Absorptionsspektren. Die circa 7 Millionen Zapfen kommen vor allem im Zentrum der Netzhaut vor und übernehmend das Sehen bei Tageslicht, in dem die lichtempfindlichen Stäbchen kaum noch sensitiv sind.

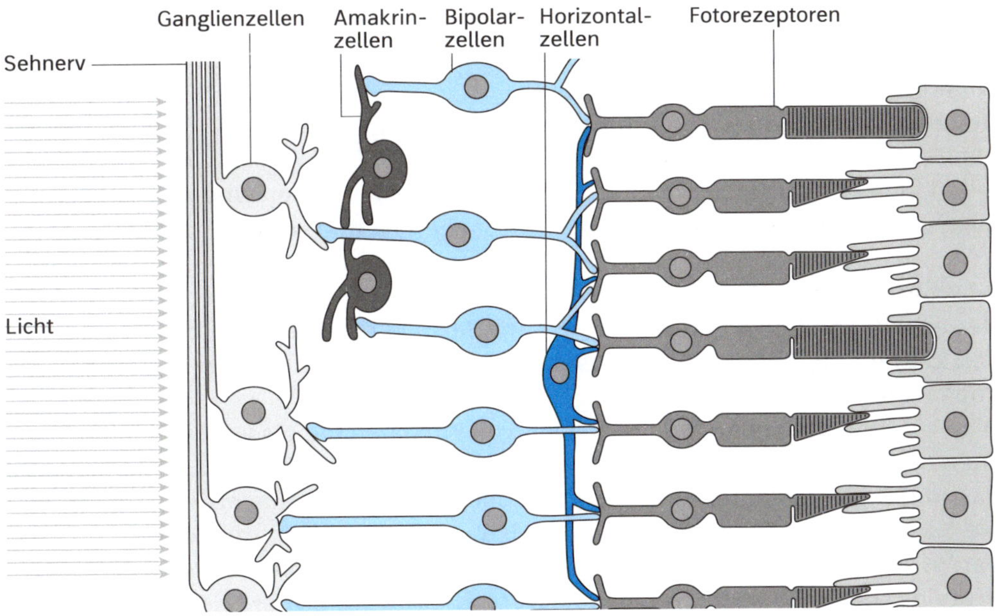

Bau der Netzhaut

b. Kontrastbetonung

Bei der lateralen Inhibition handelt es sich um ein neuronales Verschaltungsprinzip, das im Auge bereits in der Netzhaut zum Tragen kommt, da die Fotorezeptoren (Stäbchen und Zapfen) in der nachgeschalteten Ebene mittels Horizontalzellen verknüpft sind.
Im Rahmen der lateralen Inhibition („seitliche Hemmung") hemmt jeder Fotorezeptor die Erregung der um ihn herum liegenden Fotorezeptoren in dem Maße, in dem er belichtet wird. Ein hohes Maß an Belichtung führt zu einer stärkeren Inhibition als eine schwache Belichtung. Auf diese Weise kommt es an Hell-Dunkel-

Übergängen zu einer Verstärkung der Helligkeitsunterschiede, also bereits in der Netzhaut zu einer Verstärkung von Kontrasten.

c. Hell- und Dunkeladaptation

Unter der Hell-Dunkel-Adaptation versteht man die Anpassung des Auges an unterschiedliche Lichtverhältnisse.

Dunkeladaptation: In der Dunkelheit wird die Pupille weitgestellt, sodass viel Licht in das Auge fallen kann. Bei ungünstigen Lichtverhältnissen wird vom Sehen mit den Zapfen auf das Stäbchensehen umgeschaltet, da die Stäbchen eine größere Lichtempfindlichkeit besitzen als die Zapfen. Daher können Farben bei abnehmender Helligkeit schließlich nicht mehr erkannt werden und das Sehen erfolgt mit den Stäbchen in Grauabstufungen.

Dabei ist die Empfindlichkeit der Stäbchen für Licht von der Konzentration des fotosensiblen Moleküls Rhodopsin abhängig. In Helligkeit wird viel Rhodopsin für die Signaltransduktion in den Stäbchen benötigt, die Konzentration des Rhodopsins nimmt ab. Verschlechtern sich die Lichtverhältnisse, kommt es zur Regeneration des Rhodopsins und dieses steht wieder in größerer Menge zur Verfügung, sodass das Auge lichtempfindlicher wird. Bis zur maximalen Empfindlichkeit im Dunkeln dauert dieser Vorgang über 30 Minuten.

Helladaptation: Gute Lichtverhältnisse führen hingegen zu einer Engstellung der Pupille. In den Stäbchen zerfällt das angereicherte Rhodopsin in Sekundenbruchteilen (Blendung). Bei ausreichend guten Lichtverhältnissen wird zum Stäbchen- auch das Zapfensehen zugeschaltet. Farbsehen ist nun wieder möglich.

d. Signaltransduktion in den Fotorezeptoren der Netzhaut

Der eigentliche Sehvorgang wird hier am Beispiel der Stäbchen beschrieben. In den Zapfen fungiert statt Rhodopsin je nach Zapfentyp ein unterschiedliches Iodopsin als fotosensibles Molekül.

Die Signaltransduktion von Licht in einen elektrischen Impuls verläuft in den Stäbchen der menschlichen Netzhaut wie folgt. Trifft Licht auf *Rhodopsin*, ein Molekül, das in den Disc-Membranen des Außensegmentes eingelagert ist, ändert sich die Konformation des Rhodopsinmoleküls. Es entsteht *Metarhodopsin*, das kurz darauf spontan in Opsin und Retinal zerfällt. Metarhodopsin aktiviert Transducin-Proteine, die wiederum *Phosphodiesterase* aktivieren. Hierbei handelt es sich um ein Enzym, das cGMP (zyklisches Guanosinmonophosphat) spaltet, das mit Na^+-Ionenkanälen in der Außenmembran des Stäbchens verbunden ist. Als Folge schließen sich die betroffenen Na^+-Ionenkanäle, wodurch das Membranpotenzial im Innensegment des Stäbchens sinkt. Dies hat eine Reduzierung der Ausschüttung des Neurotransmitters Glutamat zur Folge. Da Glutamat die hemmenden Ionenkanäle der Bipolar- und Horizontalzellen nicht mehr aktivieren kann, werden nun an den Ganglienzellen Aktionspotenziale gebildet und in das Sehzentrum des Gehirns geleitet. Rhodopsin wird anschließend aus Retinal und Opsin unter Energieverbrauch recycelt.

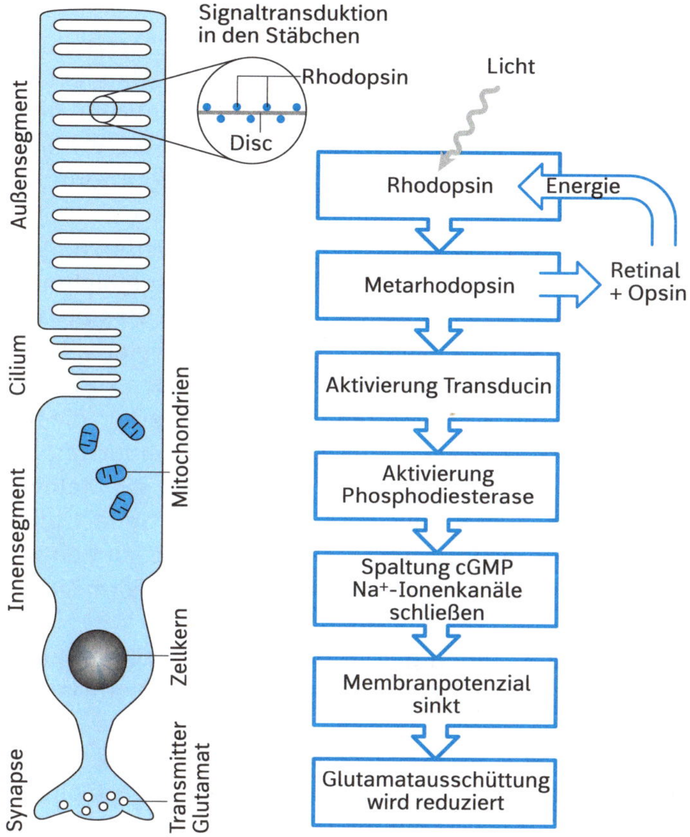

Signaltransduktion in den Stäbchen

Plastizität und Lernen

Unter Lernen versteht die Neurobiologie die Speicherung selektiv und individuell erworbener Informationen aus unserer Umwelt in abrufbarer Form.

a. Lernen

Beim Lernen übertragen die Synapsen nicht nur die Erregungen, sie fungieren auch als Informationsspeicher des Gehirns. Die elektrischen Signale werden aufgrund der Vielzahl an Möglichkeiten synaptischer Verschaltung mit unterschiedlicher Intensität von einem Neuron zum nächsten geleitet. Sie können somit also verstärkt oder abgeschwächt werden. In diesen Prozessen baut das Gehirn häufig genutzte Verbindungen zwischen Neuronen aus und reduziert die Zahl der weniger häufig genutzten. Diese synaptische Plastizität (**synaptische Langzeitpotenzierung** = LTP) bildet die Grundlage für die vielfältigen Lern- und Gedächtnisprozesse, zu denen unser Gehirn in der Lage ist.

b. Zeitliche und funktionale Gedächtnismodelle nach MARKOWITSCH

Die aktuelle neurowissenschaftliche Forschung nimmt eine zeitliche Unterteilung in **Kurzzeitgedächtnis**, das im Sekunden- bis Minutenbereich angesiedelt ist und 4 bis 7 Informationseinheiten speichern kann, und **Langzeitgedächtnis** vor, dem alle darüber hinausgehenden Speichervorgänge zugeschrieben werden. Beide Gedächtnisformen speisen das Arbeitsgedächtnis, in dem begrenzte Informationsmengen für den direkten Gebrauch zur Verfügung stehen.

Die inhaltliche Unterteilung geht von **expliziten** (bewussten) und **impliziten** (unbewussten) **Gedächtnisprozessen** aus und unterscheidet fünf Langzeitgedächtnissysteme, die auch entwicklungsgeschichtlich aufeinander aufbauen. Das **prozedurale Gedächtnis** speichert motorische Fähigkeiten, die wie z. B. Klavier spielen oder Fahrrad fahren – einmal eingeübt – unbewusst abgerufen werden können. Beim **Priming** handelt es sich um eine unbewusste Bahnung oder Prägung, die bei nachfolgenden Reizen bestimmte Assoziationen oder Reaktionen hervorruft. So fällt vielen Menschen der Text zu einem Lied bereits ein, wenn sie nur die Melodie hören. Das **perzeptuelle Gedächtnis** ist ebenfalls ein unbewusstes Gedächtnissystem, das zur Kategorisierung von Objekten genutzt wird. Mit ihm können wir z. B. auch ein Blatt eines uns unbekannten Baumes, in jeder Größe und Form sicher als Blatt identifizieren.

Zu den bewussten Langzeitgedächtnisformen gehört das Wissenssystem, auch **semantisches Gedächtnis** genannt, in dem Fakten-, Allgemein- und Weltwissen, wie z. B. $2^3 = 8$, kontextfrei gespeichert werden.

Während sich die bisher genannten Gedächtnissysteme auch bei vielen Vögeln und Säugetieren finden, ist das bewusste **episodisch-autobiografische Gedächtnis** eine typisch menschliche Gedächtnisform. Es beinhaltet Erinnerungen an Ereignisse und Erlebnisse der eigenen Biografie.

Dabei zeigen insbesondere neuere neurowissenschaftliche Forschungsergebnisse, dass das menschliche Gedächtnis dynamisch und sehr stark vom aktuellen Zustand der Persönlichkeit (z. B. depressive Phasen oder euphorische Zustände) abhängig ist.

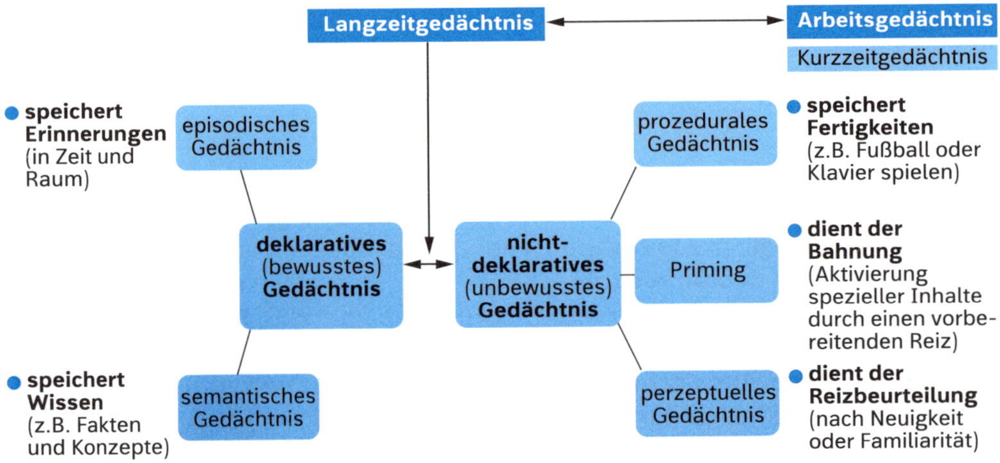

Gedächtnismodell nach MARKOWITSCH

Methoden der Neurobiologie

a. Funktionelle Magnetresonanztomografie (fMRT; ÜA 8)

Um Gehirnbereichen z. B. bei der Informationsspeicherung Funktionen zuordnen zu können, setzt die Hirnforschung in den letzten Jahren verstärkt die **fMRT** ein. Die **funktionelle Magnetresonanztomografie** misst mittels des „BOLD-Effektes" den Sauerstoffgehalt im Gewebe.
Sind Neuronen im Gehirn aktiv, benötigen sie mehr Sauerstoff als die nicht aktiven Neuronen im Nachbargewebe. In diesem Fall weiten sich die Blutgefäße, sodass verstärkt sauerstoffreiches Blut in die aktive Region fließen kann. Dieser Unterschied im Sauerstoffgehalt zu den Nachbarregionen ist mittels fMRT messbar. Das Niveau der Aktivierung wird auf den entstehenden Bildern in einer abgestuften Farbskala dargestellt. Untersuchen oder überprüfen Forscher ein Hirnareal auf seine Funktion, reizen sie es gezielt durch motorische, optische, akustische oder elektrische Reize von außen und messen gleichzeitig im fMRT den Aktivierungsgrad der betroffenen Region.

b. Positronen-Emissions-Tomografie (PET)

Eine weitere Methode, um die Aktivität von Geweben bildgebend darzustellen, ist die **Positronen-Emissions-Tomografie** (PET). Zu Beginn der Untersuchung wird dem Patienten ein radioaktiver Stoff injiziert, der im Aufbau z. B. der Glucose ähnelt. Da besonders aktive Gewebe einen erhöhten Bedarf an Glucose aufweisen, sammeln sich dort die radioaktiven Abbauprodukte vermehrt an. Die Darstellung der radioaktiven Zerfallsprozesse liefert dann ein Bild der Aktivität der verschiedenen Gewebe in den untersuchten Regionen.
Die Positronen-Emissions-Tomografie wird daher zur Diagnose von Krebserkrankungen (Tumorzellen haben einen besonders hohen Stoffwechsel) und Demenzerkrankungen genutzt, bei denen Gehirngewebe sich durch eine unterdurchschnittliche Stoffwechselrate auszeichnen.

c. Patch-Clamp-Technik

Um die Ionenströme über einen eng begrenzten Membranbereich bzw. im Idealfall in einem einzigen Ionenkanal darstellen zu können, bedient sich die Neurobiologie der Patch-Clamp-Technik.
Hierbei wird eine extrem feine Pipette bis auf die Membran vorgeschoben, ohne dass diese durchstochen wird. Nun können die Ionenströme in dem von der Pipettenöffnung umschlossenen Membranbereich mittels zweier Elektroden (innerhalb der Zelle und innerhalb der Pipette) gemessen werden.

Ökologie

Umweltfaktoren und ökologische Potenz (ÜA 9)

a. Toleranzbereich und ökologische Potenz

Einen Lebensraum, der durch charakteristische Umweltfaktoren gekennzeichnet ist, bezeichnet man als Biotop, die in ihm vorkommende Lebensgemeinschaft von Organismen als Biozönose. Biotop und Biozönose bilden zusammen ein Ökosystem. Die Gesamtheit aller Ökosysteme auf der Erde ist die Biosphäre. Die Lebewesen eines Ökosystems sind abhängig von biotischen (belebten, z. B. Nahrung, Konkurrenten, Krankheitserreger usw.) und abiotischen Umweltfaktoren (unbelebten, z. B. Temperatur, Wasser, Licht, pH-Wert usw.).
Werden Umweltfaktoren variiert und die Lebensaktivität der Organismen gemessen, erhält man eine Toleranzkurve. Diese ist für ein bestimmtes Lebewesen hinsichtlich eines bestimmten Umweltfaktors charakteristisch.
Erträgt eine Art größere Schwankungen eines Umweltfaktors, ist sie hinsichtlich dieses Faktors euryök. Erträgt sie nur geringe Schwankungen, ist sie stenök. Innerhalb des Toleranzbereichs nennt man den Bereich, in dem ein Organismus gedeiht, also auch Nachkommen hat, ökologische Potenz. Den Bereich, den ein Lebewesen ohne den Einfluss von Konkurrenten auswählt, nennt man Vorzugsbereich oder Präferendum. Hier liegt das physiologische Optimum der Art. Im Pessimum kann ein Lebewesen nur überdauern. Hat man die ökologische Potenz und das Präferendum einer Pflanze unter Laborbedingungen bestimmt, trifft man sie in der Natur häufig nicht dort an, wo man sie aufgrund ihres Vorzugsbereichs vermutet. An ihrem natürlichen Standort steht sie mit anderen Pflanzen in Konkurrenz. So findet man die Kiefer häufig an trockenen oder auch nassen Stellen, d. h. an ihrem ökologischen Optimum, obwohl sie mittelfeuchten Untergrund bevorzugen würde. Den machen ihr aber andere Bäume streitig. Lebewesen sind nicht nur von einem Umweltfaktor abhängig, sondern von vielen, die sich in ihrer Wirkung sogar noch gegenseitig beeinflussen können. Die Gesamtheit der Ansprüche einer Art an ihre Umwelt wird ökologische Nische genannt.

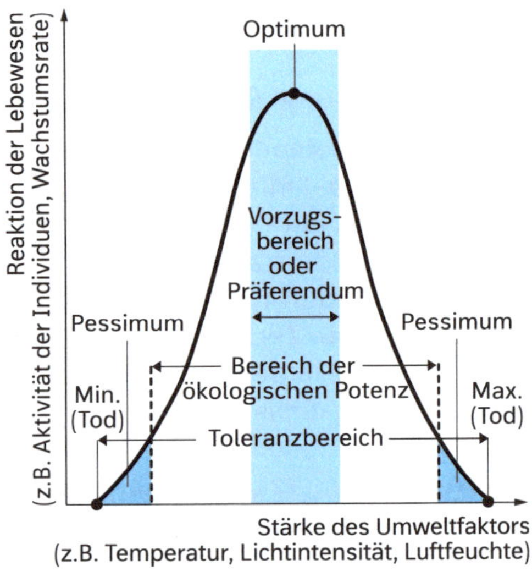

Reaktionen der Lebewesen auf einen Umweltfaktor: Toleranzbereich mit ökologischer Potenz und Vorzugsbereich.

b. Angepasstheit an Temperatur und Feuchtigkeit bei Tieren (GK III)

Hinsichtlich der **Temperatur** unterscheiden sich die Toleranzkurven wechselwarmer (poikilothermer) Tiere, d. h. alle außer den Vögeln und Säugern, von denen gleichwarmer (homoiothermer) Tiere, also Vögeln und Säugern.
Für die homoiothermen Tiere gilt die BERGMANNsche Regel: Individuen einer Art oder nahe verwandter Arten sind in kalten Gebieten größer als in warmen. Große kompakte Tiere mit einer im Verhältnis zu ihrem Volumen kleinen Wärme abgebenden Oberfläche verlieren relativ weniger Wärme als kleine Tiere. Physikalischer Hintergrund: Die Oberfläche nimmt mit zunehmender Körpergröße in der zweiten (a^2), das Volumen in der dritten Potenz (a^3) zu.

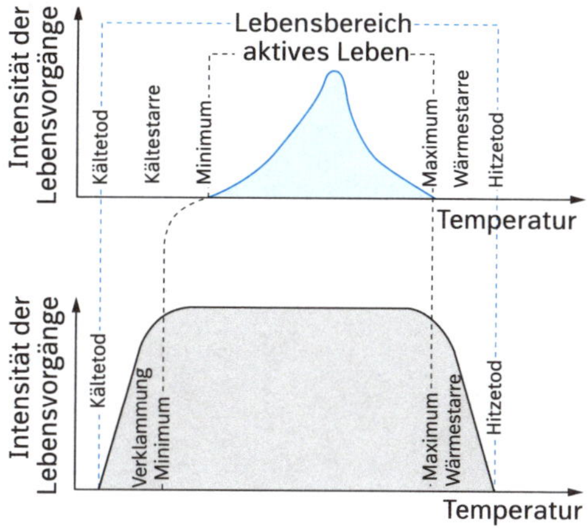

Temperatur-Toleranzkurven von poikilothermen und homoiothermen Tieren

Tipp: Ausnahmen

Es gibt aber auch Ausnahmen von der BERGMANNschen Regel, wenn z. B. verwandte Fledermausarten im gleichen Habitat vorkommen und sich aufgrund der Größe ihrer Nahrung in ihrer Körpergröße unterscheiden (Kontrastbetonung). Wichtig dabei ist auch die Unterscheidung zwischen gleichwarm und wechselwarm (poikilotherm). Die größeren wechselwarmen Tiere findet man eher in warmen als in kalten Regionen.

Eine zweite ökologische Regel, die auch nur für gleichwarme Tiere gilt, ist die ALLENsche Regel: Bei verwandten Arten sind Körperanhänge (z. B. Ohren oder Schwänze) in kalten Gebieten kleiner als in warmen. Die Wärme abgebende Oberfläche von Körperanhängen ist recht groß.
Die Elefanten nutzen diesen Umstand, wenn sie in der Hitze mit ihren Ohren wedeln und sich so Kühlung verschaffen.

Auf jahreszeitlich absinkende Temperaturen reagieren viele Säuger mit der periodischen Ausbildung von Fettschichten oder einem Winterfell. Darüber hinaus halten einige Winterschlaf (starke Absenkung der Körpertemperatur weit unter die Norm) oder auch Winterruhe (leichte Absenkung der Körpertemperatur, viele Aufwachphasen begleitet von Nahrungsaufnahme).
An die extreme Trockenheit in Wüstenregionen sind z. B. bestimmte Käferarten, aber auch einige Säugetiere dadurch angepasst, dass über 90 % ihres Wasserbedarfs über die Zellatmung gedeckt wird. Auch ist ihr Harn hochkonzentriert und der Kot sehr trocken (z. B. Kängururatte und Oryxantilope). Zudem geben diese Tiere kaum Schweiß ab.

Körpergröße von verwandten Pinguinarten unterschiedlicher geografischer Breiten (BERGMANNsche Regel)

Größe der Ohren bei nahe verwandten Füchsen in unterschiedlichen Klimazonen (ALLENsche Regel)

c. Angepasstheit an Feuchtigkeit und Temperatur bei Pflanzen (ÜA 9)

Pflanzen zeigen deutliche Angepasstheiten an die Wasserführung des Standortes. Ziel dieser Angepasstheiten ist bei den Xerophyten, die an trockenen Standorten wachsen, die Herabsetzung der Transpiration über die Oberfläche (cuticulär) und über die Spaltöffnungen (stomatär). Für Hygrophyten an sehr feuchten Standorten ist es vorteilhaft, die Transpiration heraufzusetzen, sodass mithilfe des Transpirationssogs Nährsalze aus dem Boden aufgenommen werden können. Mesophyten mittelfeuchter Standorte zeigen dagegen keine besonderen Anpassungserscheinungen. Im Wasser untergetaucht lebende Hydrophyten können nicht transpirieren. Sie nehmen die Nährsalze mit dem Wasser direkt über die Blätter auf.

Pflanzen sind an die Klimazonen der Erde in ganz unterschiedlicher Weise angepasst. Temperaturen unter 0 °C werden von frostresistenten Arten häufig dadurch überdauert, dass die Zellsaftkonzentration erhöht und somit der Gefrierpunkt erniedrigt wird. Auf jahreszeitlich bedingte Temperaturabsenkungen reagieren Pflanzen z. B. mit Blattabwurf, Bildung frostresistenter Knospen und von Überwinterungsorganen im oder am Boden (z. B. Erdsprosse, Knollen, Zwiebeln). Einjährige Pflanzen überwintern als trockene Samen.

Pflanzentyp	Epidermis	Spaltöffnung	Blattdicke	Sondermerkmale
Hygrophyten z. B. *Ruellia*	dünnwandige, einschichtige Epidermis mit dünner Cuticula	empor-gehoben	große, dünne Blätter; gewellte Blattoberfläche mit lebenden Haaren; einschichtiges Palisadengewebe	welkt bei Wassermangel; große Atemhöhle; kleines Wurzelwerk
Xerophyten z. B. Oleander, Krähenbeere	dicke Cuticula; mehrschichtige Epidermis, mit einem Haarfilz bedeckt	je mm^2 zahlreicher als bei Hygrophyten, oft eingesenkt und mit toten Haaren bedeckt	dicke kleine Blätter; reich an Festigungsgewebe; Palisadengewebe und Epidermis mehrschichtig	stark ausgeprägtes Wurzelwerk; kleine Blätter, z. T. eingerollt und gefaltet
Sukkulenten als Sonderform der Xerophyten	kleine, mehrschichtige Zellen	nach innen gewölbt	dick und fleischig, mehrschichtige Epidermis, transpirierende Oberfläche reduziert (z. B. wenige/keine Blätter); Wasserspeichergewebe	Wasseraufnahme in großen Mengen in kurzer Zeit möglich, Stammsukkulenten (Kakteen, Euphorbien) und Blattsukkulenten (Agaven, Aloe, Mauerpfeffer)
Tropophyten Sonderform der Mesophyten	relativ dicke Cuticula, großzellige Epidermis, meist einschichtig	weder nach innen noch nach außen gestülpt	einschichtiges Palisadengewebe, lockeres Schwammgewebe	periodischer Blattabwurf, Überdauern der Frosttrocknis mit Zwiebeln, Knollen, Wurzelsprossen
Hydrophyten	fast keine Cuticula, dünne Zellwand	keine Spaltöffnungen	weder Palisaden- noch Schwammgewebe	mit Luft gefüllte Hohlräume geben den Blättern Auftrieb

Dynamik von Populationen (ÜA 11)

a. Lotka-Volterra-Regeln

Zwischen Räuber und Beute (z. B. Luchse und Schneeschuhhasen in Nordamerika) oder zwischen Pflanzen und Pflanzenfressern (z. B. Tundravegetation und Lemminge) bestehen wechselseitige Beziehungen.

Für diese Beziehungen entwickelten Lotka und Volterrra in den zwanziger Jahren ein mathematisches Modell, das sich heute in den drei Lotka-Volterra-Regeln wiederfindet:

1. Die Individuenzahlen von Räuber und Beute schwanken periodisch. Die Maxima für die Räuber folgen phasenverschoben denen für die Beute.

2. Langfristig bleiben die Mittelwerte beider Populationen konstant.
3. Eine Ursache, die Räuber und Beute gleichermaßen dezimiert, vergrößert die Beutepopulation und vermindert die des Räubers.

Abweichungen: In der Natur folgen die tatsächlich erhobenen Daten in einer Räuber-Beute-Beziehungen nicht immer exakt diesen Regeln. Oft liegt es daran, dass Räuber und Beute in ein komplexes Nahrungsnetz eingebunden sind. Zudem geht die Regulation in der Räuber-Beute-Beziehung oft gar nicht vom Räuber (Top-down-Kontrolle), sondern von der Beute aus (Bottom-up-Kontrolle). Die Abweichungen von den modellhaften Beschreibungen können daher vielfältig sein. In den Abiturklausuren sind daher Aufgaben zu erwarten, in denen es um die Überprüfung der Anwendbarkeit der Regeln auf Basis konkreter Untersuchungsdaten geht.

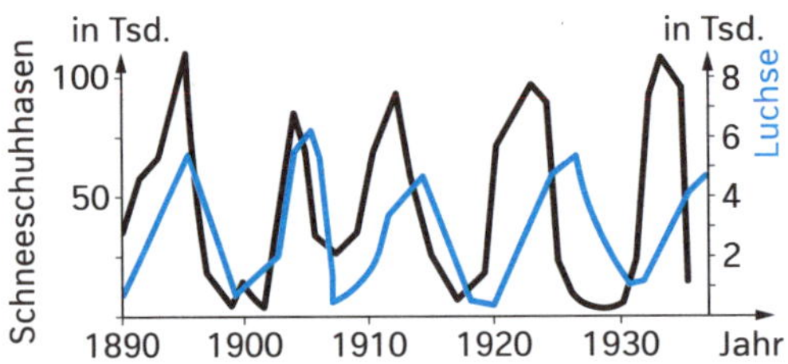

Fellverkäufe an die Hudson Bay Company in Nordamerika

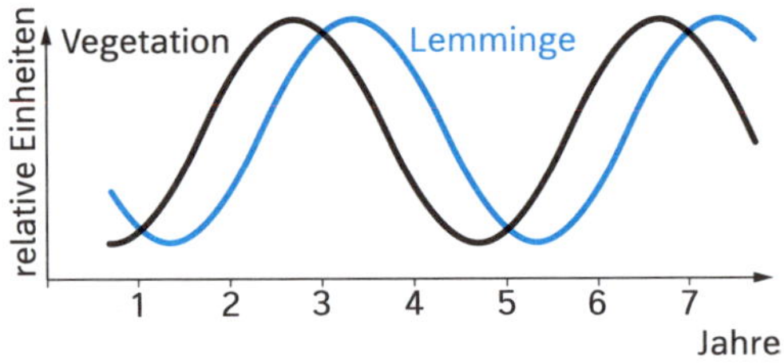

Dichteschwankungen von Lemmingpopulation und Vegetation

b. Parasitismus und Symbiose

Unter Parasitismus wird eine Wechselbeziehung zwischen zwei verschiedenen Organismen verstanden, in der ein Parasit auf Kosten des Wirts lebt (Ähnlichkeiten mit der Räuber-Beute-Beziehung).

In einer Symbiose geschieht die Beziehung zu wechselseitigem Nutzen. Hierbei wird der Partner i. d. R. nicht beschädigt, oft herrscht aber auch nur ein Kampfgleichgewicht (z. B. bei Formen der Mykorrhiza).

Mögliche Aufgabenstellung: **Beschreiben** Sie aufgrund der Abbildung die Eigenschaften einer Schaflausfliege, die diese als Parasiten kennzeichnet.

Vorgegebener Text zur Abbildung: „Schaflausfliegen leben im Fell von Schafen. Diesen saugen sie Blut durch die Haut ab. Sie ähneln eher Läusen als Fliegen. Zur Ausbreitung der Tiere gibt der enge Kontakt der Schafe in der Herde reichlich Gelegenheit."

Lösung: Schaflausfliegen besitzen lange, mit Haken versehene Beine, mit denen sie sich gut im Fell der Wirte festhalten können. Vorne am Kopf besitzen sie ein Saugorgan. Ihre Flügel sind verkümmert und ihr Körper ist abgeflacht, sodass sie sich gut im Haarkleid der Schafe vorwärts bewegen können.

c. Konkurrenz und Koexistenz, ökologische Nische

Die Gesamtheit aller Umweltfaktoren, die ein Lebewesen für seine Existenz benötigt, wird als dessen ökologische Nische bezeichnet. Leben Organismen gemeinsam in einem Biotop, ist ihre Konkurrenz um Nahrung, Licht, Feuchtigkeit usw. umso stärker, je ähnlicher ihre ökologischen Nischen, d. h. ihre gemeinsamen Ansprüche an die Umwelt sind. Bei identischen Ansprüchen setzt sich immer eine Art gegenüber einer anderen durch, dauerhaft können zwei verschiedene Arten mit identischen ökologischen Nischen nicht koexistieren (Konkurrenzausschlussprinzip).

Unter Laborbedingungen lassen sich die Pantoffeltierchen *Paramecium aurelia* und *P. caudatum* in getrennten Gefäßen gut kultivieren. Beide Arten werden mit Bakterien gefüttert. Gibt man sie allerdings zusammen in eine Mischkultur, erweist sich *P. aurelia* als konkurrenzüberlegen und *P. caudatum* stirbt aus, weil es die Nahrung schlechter nutzen kann. *P. aurelia* und *P. bursaria* lassen sich dagegen gemeinsam in einer Mischkultur über lange Zeit halten, weil aurelia sich von den Bakterien an der Wasseroberfläche ernährt und bursaria die nach unten sinkenden Bakterien frisst. Zusätzlich verfügt bursaria noch über endosymbiontische Grünalgen. Beide Pantoffeltierchen koexistieren folglich aufgrund von Konkurrenzvermeidung, d. h. ihre ökologischen Nischen unterscheiden sich etwas voneinander. So können in der Natur z. B. Sturmmöwenarten dadurch koexistieren, dass sie dieselben Nistplätze zu unterschiedlichen Zeiten nutzen. Wald- und Sumpfohreule können nebeneinander Moore besiedeln, weil die Sumpfohreule am Tage und in der Abenddämmerung, die Waldohreule dagegen ausschließlich nachts Beute jagt. Konkurrenz vermeiden Weibchen und Männchen vieler Greifvögel dadurch, dass die Weibchen erheblich größer sind als ihre Männchen und daher im selben Revier die größere Beute jagen.

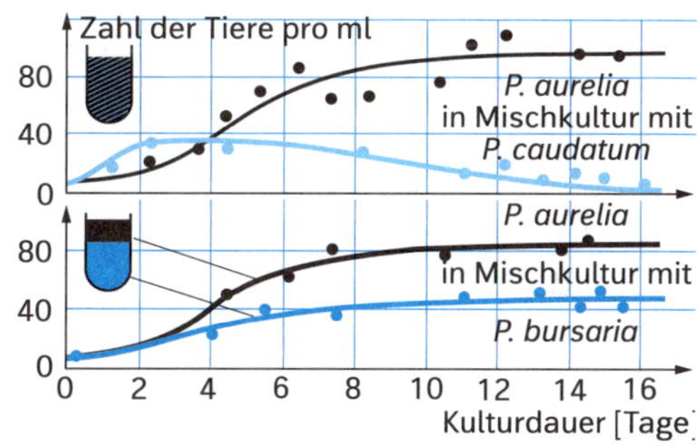

Pantoffeltierchen-Arten in Mischkultur

In den gleichen Biotopen wurden auf unterschiedlichen Kontinenten oder in abgegrenzten Gebieten wie Wüsten oder auf Inseln von unterschiedlichen Arten gleiche ökologische Nischen ausgebildet, z. B. erbeuten der Maulwurf in Europa, der Goldmull in Afrika, der Beutelmull in Australien und die Taschenratte in Nordamerika in unterirdischen Gängen u. a. Insektenlarven und Würmer. Grabehände, walzenförmiger Körper und verkümmerte Augen sind als Angepasstheiten an diese Lebensweise bei ihnen in gleicher Weise entwickelt, obwohl sie nicht näher miteinander verwandt sind. Die (konvergente) Entwicklung gleicher ökologischer Nischen bei nicht verwandten Arten bezeichnet man als Konvergenz. Beispiele dafür sind die Kolibris Südamerikas, die die gleiche ökologische Nische besetzen wie die Nektarvögel Afrikas und die Honigfresser Australiens. Die Kakteen Amerikas zeigen die gleiche Stammsukkulenz wie einige Wolfsmilchgewächse Afrikas.

Mögliche Aufgabenstellung: **Beschreiben** und **erklären** Sie die Art des Wachstums der Hefekultur.

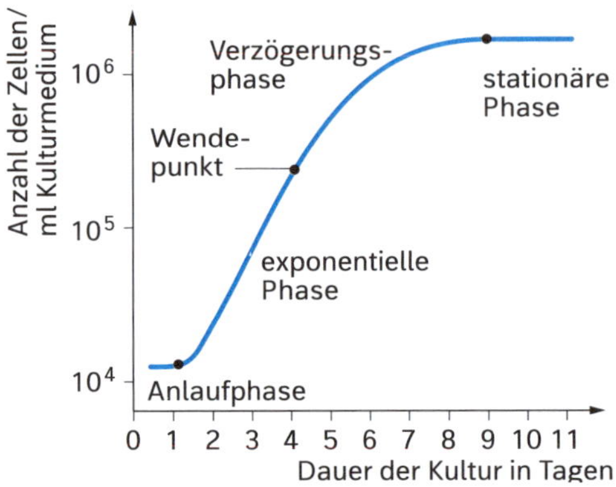

Wachstum einer Hefekultur in einer Nährlösung (Temperatur 22 °C)

Beschreibung: In einem Kurvendiagramm ist das Wachstum einer Hefekultur in einer Nährsalzlösung bei einer Temperatur von 22 °C über eine Dauer von elf Tagen dargestellt. Auf der Abszisse sind die Tage abgetragen, auf der Ordinate die Anzahl der Hefezellen pro ml Kulturmedium in einem logarithmischen Maßstab. Die Punkte auf der Kurve grenzen die Phasen des Wachstums voneinander ab. Am 1. Tag befinden sich in der Anlaufphase etwas über 10 000 Hefezellen in einem Milliliter des Kulturmediums. Diese vermehren sich in den nächsten drei Tagen exponentiell auf über 100 000 Zellen pro ml. Das geschieht in der exponentiellen Phase. Vom 4. Tag an verzögert sich das Wachstum der Kultur in der sogenannten Verzögerungsphase. Die Anzahl der Zellen bleibt vom 9. Tag an konstant bei über 106 Zellen pro ml Kulturmedium. Somit ist die stationäre Phase erreicht.

Erklärung: Hefezellen vermehren sich durch Teilung exponentiell. Aus einer Zelle werden so 2, daraus 4, dann 8, 16, 32 und so fort. Dies geschieht, solange die Umweltfaktoren nahezu optimal sind, also im Vorzugsbereich (Präferendum) der Art liegen. Das ist hier gegeben. Die Temperatur als abiotischer Umweltfaktor liegt konstant bei 22 °C und das Kulturmedium enthält genügend Nährstoffe, von denen sich die Hefezellen ernähren können. Allerdings verzögert sich das Wachstum nach dem 4. Tag. Das bedeutet, dass in der Kultur nicht mehr nur neue Zellen entstehen, es sterben auch einige ab. Die Kapazität des Lebensraums ist offensichtlich begrenzt, d. h. für die Gesamtheit aller Zellen steht nun nicht mehr unbegrenzt Raum und Nahrung, evtl. auch Sauerstoff zur Verfügung. Stoffwechselendprodukte grenzen das Wachstum ein. Das Wachstum stagniert in der stationären Phase: Es sterben ebenso viele Hefezellen wie neue entstehen. Hier endet die in der Grafik festgehaltene Beobachtung. Es handelt sich also um ein begrenztes Wachstum einer Hefekultur in einem Nährmedium. Allerdings ist zu vermuten, dass nach weiteren Tagen mehr Zellen absterben als neue gebildet werden, wenn keine weiteren Nährstoffe der Hefekultur zugefügt werden. Damit folgt auf die stationäre Phase die Absterbephase.

Methodische Hinweise:

Umgang mit Abbildungen (Aufgabe S. 48)

Zu den typischen Materialien in biologischen Aufgabenstellungen gehören Abbildungen. Sie bieten die Möglichkeit, Einzelmerkmale zu benennen, zu beschreiben oder zu analysieren.
Sieht der Arbeitsauftrag vor, Bilder zur Lösung einer Aufgabe hinzuzuziehen, erwähnen Sie zunächst **formale Aspekte**, die Sie der Quellenangabe oder der Legende entnehmen können:

- Wie ist die Abbildung entstanden? Handelt es sich z. B. um eine Grafik oder ein normales Foto, das mit einer Kamera gemacht wurde, um eine Infrarot- bzw. Röntgenfotografie, Ultraschallfotografie, Kurzzeit- oder Langzeitfotografie, um eine Satellitenaufnahme oder eine licht- oder elektronenmikroskopische Aufnahme? Abbildungen können ebenfalls Ergebnis einer Magnetresonanztomografie oder einer Positronen-Emissions-Tomografie sein. Es gibt noch weitere Möglichkeiten.
- Benennen Sie die Bilderzeugungstechnik. Diese ist häufig für die Interpretation der Abbildung wichtig. Handelt es sich z. B. um eine schwarz-weiße oder eine farbige Fotografie?

Punktesammeltipp

Extrapunkte können Sie dadurch erreichen, dass sie kurz auf die Herstellungstechnik des entsprechenden Fotos eingehen. Beispielsweise können Sie bei elektronenmikroskopischen Abbildungen darauf eingehen, dass mit dem Elektronenmikroskop nur Schwarzweißbilder erzeugt werden können und die erkennbaren Strukturen nur indirekt die Membranen darstellen, die z. B. durch Bedampfung mit Schwermetallionen sichtbar gemacht wurden. Dabei ist es allerdings wichtig, dass Sie solche Aspekte nur kurz, z. B. in Stichworten, andeuten. Längere Ausführungen sind hier unerwünscht.

Machen Sie dann **allgemeine Aussagen zu den Inhalten der Abbildung**:

- Handelt es sich zum Beispiel um eine mikroskopische Struktur in einer Zelle, um eine Vergrößerung eines Insektenorgans oder ein Satellitenbild bei Nacht?
- Benennen Sie den Ausschnitt und die Größenverhältnisse der Ihnen vorliegenden fotografischen Abbildung.

Jetzt erst ermitteln Sie die **zentrale(n) Aussage(n)** der Abbildung. Interpretieren Sie diese in Beziehung zur Aufgabenstellung und vor dem Hintergrund Ihrer Fachkenntnisse und Fachbegriffe. Ordnen Sie die Aussage der fotografischen Abbildung in den Kontext aller weiteren Materialien ein und bewerten Sie die Aussagekraft der fotografischen Abbildung hinsichtlich ihres Lösungsbeitrags.

Umgang mit Diagrammen (Aufgabe, S. 50)

Diagramme halten in komprimierter und übersichtlicher Form Daten aus Untersuchungen, Experimenten, Naturbeobachtungen usw. fest.

Tipp

Hilfreich ist es zunächst, den Bezug des Diagramms zur Aufgabe zu erfassen. Ist die Legende nicht aussagekräftig genug, findet man häufig im Aufgabentext einen Abbildungshinweis, der am Ende eines Satzes oder Abschnitts steht und Aufschluss gibt über den Zusammenhang der Grafik mit der Aufgabe.

Erfassen der Inhalte

- Mit welchen Größen sind die x-Achse und die y-Achse bezeichnet?
- Was sagt ein Punkt, ein Linienabschnitt oder ein Balken in dem Diagramm aus?
- Welche Besonderheiten, die Sie evtl. zunächst nicht erklären können, fallen Ihnen auf?
- Sind zusätzliche Interpretationshilfen wie z. B. Pfeile, Hervorhebungen, Beschriftungen enthalten?

Beschreiben eines Diagramms

In der Regel wird in der Aufgabenstellung die Beschreibung (s. Kap. 2, Operator beschreiben) gefordert. Aber auch wenn nur eine Erklärung gefordert wird, empfiehlt es sich, zunächst das Diagramm in der Reihenfolge zu beschreiben, wie man es erfasst hat.

- In einem einleitenden Satz geben Sie Auskunft über die Grundaussage der grafischen Darstellung, und falls angegeben, auch über Quelle und Entstehungsdatum/-zeitraum.
- Nennen Sie den Diagrammtyp (z. B. Säulendiagramm, Balkendiagramm, Kreisdiagramm, Kurvendiagramm).
- Geben Sie die Größenbezeichnungen auf den Achsen mit Skalierung (evtl. logarithmisch?) an.

Punktesammeltipp

Verwenden Sie nicht nur die Begriffe Maßeinheit, x-Achse und y-Achse, sondern variieren Sie mit Abszisse (x-Achse), Ordinate (y-Achse) und Parameter.

- Geben Sie die Inhalte des Diagramms wieder, auch dann, wenn diese Informationen an anderer Stelle (z. B. in der Aufgabenstellung) schon erwähnt sind. Beschreiben Sie bei einem Liniendiagramm den Verlauf der Kurve mit Angaben zu Beginn, Ende, Steigung, Extremwerten (Maxima, Minima, Nullstellen) sowie Regelmäßigkeiten (periodische Schwankungen). Wenn Sie sich auf spezielle

Punkte oder Bereiche einer Kurve beziehen, geben Sie bei Ihrer Beschreibung die Koordinaten an.

Tipp

Schreiben Sie nicht „Von 2004 bis 2008 steigt die Kurve von 1000 auf 1500 und hat 2009 ein Maximum von 1700“ sondern „In den Jahren 2004 bis 2008 nimmt die Population der Mäuse um 500 Individuen zu. Ihre maximale Größe hat sie im Jahre 2009 mit 1700 Individuen erreicht.“

- Wenn möglich, geben Sie Kurven oder Kurvenabschnitten einen Namen (z. B. Wachstumskurve, Häufigkeitsverteilungskurve, Sättigungskurve, Optimumskurve, linearer Bereich, exponentieller Anstieg, Maximum). Einige Kurven kann man in spezielle Phasen einteilen, wie beispielsweise Wachstumskurven: Anlaufphase, exponentielle Wachstumsphase, Verzögerungsphase, stationäre Phase, evtl. Absterbephase.

Interpretation eines Diagramms

Nachdem Sie in der Beschreibung gezeigt haben, dass Sie Aussagen des Diagramms erfasst haben, stellen Sie nun eine Beziehung zum Kontext der Aufgabe her. Erklären Sie die von Ihnen beschriebenen Teilaspekte/Kurvenabschnitte möglichst vollständig.

- Lassen sich die Aussagen des Diagramms in Beziehung setzen zur Aufgabenstellung? Lassen sie sich für die Beantwortung von Teilaufgaben heranziehen?
- Lassen sich die Aussagen des Diagramms zur Bestätigung eines beschriebenen Phänomens oder einer aufgestellten Hypothese heranziehen oder widerlegen sie diese?
- Werden neue Fragen durch die Informationen des Diagramms aufgeworfen?
- Was sind mögliche Ursachen für die aus dem Verlauf der Kurve abgeleiteten Sachverhalte?

Punktesammeltipp

Können Sie bestimmte Auffälligkeiten im Diagramm nicht erklären, erwähnen Sie diese trotzdem und stellen Sie dazu Vermutungen an, die Sie vielleicht sogar (mit weiteren Materialien oder Ihrem Vorwissen) begründen können. Oder stellen Sie sich dazu Fragen, z. B.: „Diesen Sachverhalt kann ich mir (z. B. mit dem Konkurrenzausschlussprinzip) nicht erklären. Dafür muss es eine andere Erklärung geben.“
Nutzen Sie für die Erklärung des Diagramms und dessen Bedeutung für die Aufgabenstellung unbedingt Fachbegriffe, Modellvorstellungen etc. Wenden Sie dabei die Fachausdrücke an, indem Sie diese im Kontext definieren.

Vergleich von Diagrammen

Häufig müssen Sie mehrere Diagramme bzw. Kurvenverläufe in einem Diagramm miteinander in Beziehung setzen, also z. B. vergleichen oder zuordnen. Suchen Sie bei dem Vergleich von Diagrammen sowohl nach Gemeinsamkeiten als auch nach Unterschieden im Kurvenverlauf (Anfang, Ende, Steigung, Maxima, Minima, Nullstellen, Symmetrieverhältnisse, periodische Schwankungen).
Achten Sie darauf, ob die zu vergleichenden Diagramme/Kurven evtl. unterschiedliche Skalen oder Achsen haben. Berücksichtigen Sie diese Unterschiede bei Ihren Aussagen.

Erstellen eines Diagramms

Gelegentlich wird Ihre Methodenkompetenz dadurch überprüft, dass Sie die Ergebnisse eines Experiments oder die Daten aus einer Tabelle in einem Diagramm darstellen sollen. Dabei wird nicht nur die inhaltliche Korrektheit, sondern auch die Darstellungsweise bewertet. Stellen Sie dazu folgende Überlegungen an:

- Welcher Diagrammtyp ist am besten geeignet?
- Welche Messgrößen sollen miteinander in Beziehung gesetzt werden, wie beschrifte ich die waagerechte und die senkrechte Achse?
- Wie skaliere ich Ordinate und Abszisse?
- Wie formuliere ich die Legende?

Punktesammeltipp

Benutzen Sie Lineal, Zentimetermaß, Bleistift (evtl. Buntstift) und Radiergummi. Geben Sie, falls erwähnt, Quelle, Zeitpunkt sowie Ort und Methode der Datenerfassung in der Legende an.

Stoffkreislauf und Energiefluss

a. Biomasseproduktion, Trophieebenen, Energiefluss

Lebewesen eines Ökosystems lassen sich unterschiedlichen Nahrungsstufen (Trophieebenen) zuordnen:

Produzenten → Primärkonsumenten → Sekundärkonsumenten → Tertiärkonsumenten

Sekundär- oder Tertiärkonsumenten sind oft schon Endkonsumenten.
Die Verflechtungen der unterschiedlichen Trophieebenen sind in einem Ökosystem nicht linear (Nahrungskette), sondern komplex (Nahrungsnetz). Trotzdem können aus den Verknüpfungen lineare Abhängigkeiten gesondert betrachtet werden. Zwischen diesen Ebenen variieren z. B. die Individuenzahl, die Biomasse und die

Energieproduktion. Die Verhältnisse werden in einer Pyramide dargestellt. Sie unterscheiden sich je nach Ökosystem.

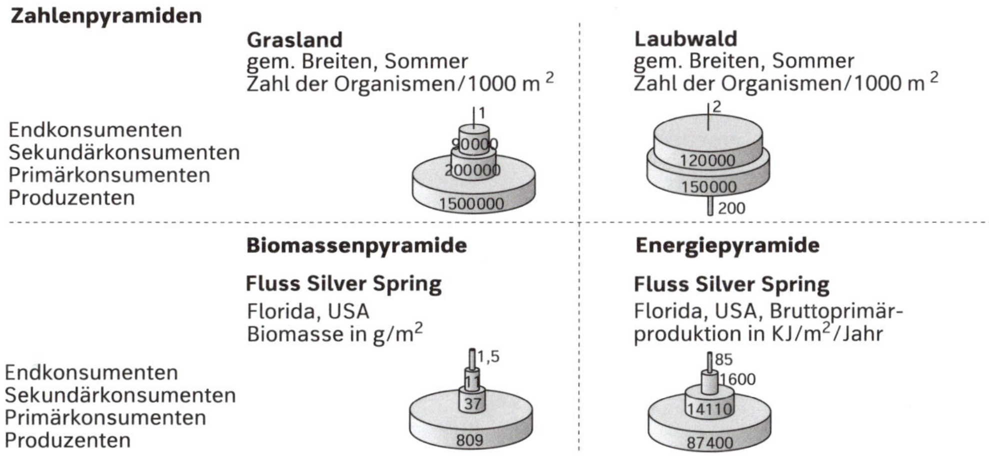

Ökologische Pyramiden

Die Nahrung, aus der ein Lebewesen körpereigene Substanz aufbaut, enthält wesentlich mehr Energie als die aufgebaute Substanz. Außerdem wird ein großer Teil in Form von Wärmeenergie nach außen abgegeben. Die Energieweitergabe von einer Nahrungsstufe zur nächsten wird Energiefluss genannt. Von einer Stufe auf die andere verringert sich die Energie ungefähr um den Faktor 10.

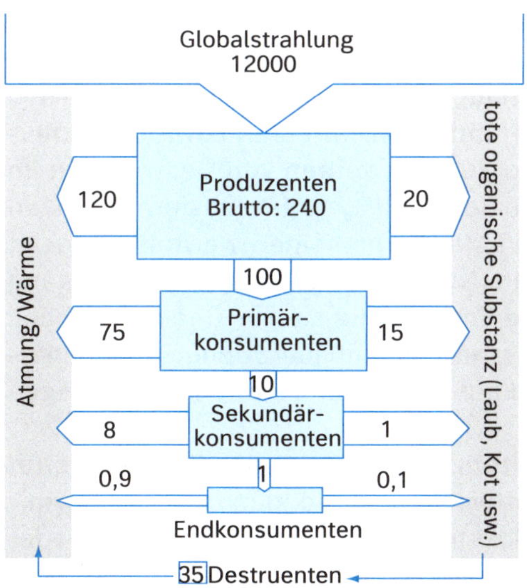

Energiefluss durch ein Musterökosystem (Angaben in kJ/m²/Tag)

b. Biogeochemischer Kreislauf am Beispiel des Stickstoffkreislaufs

Anorganische Stoffe werden von den Lebewesen aufgenommen und in verschiedenen Verbindungen innerhalb der Biozönose von Lebewesen zu Lebewesen weitergegeben. Bei Tod eines Organismus oder durch Ausscheidungen gelangen sie wieder in den abiotischen Teil des Ökosystems, von wo aus sie wieder von Organismen aufgenommen werden können. Solche Stoffkreisläufe existieren z. B. für Kohlenstoff, Kalium, Calcium oder Stickstoff. Kenntnisse des Kohlenstoff- und des Stickstoffkreislaufes werden in Abituraufgaben vorausgesetzt.

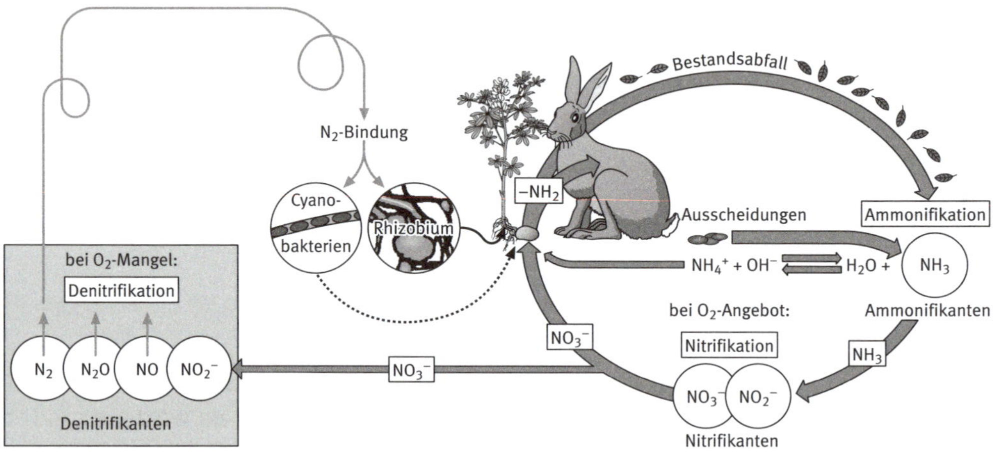

Stickstoffkreislauf

Alle Proteine und Nukleinsäuren enthalten Stickstoff. Obwohl Stickstoff mit 78 % größter Bestandteil der Luft ist, ist er oft Minimumfaktor, da er von vielen Organismen in dieser molekularen Form (N_2) nicht aufgenommen werden kann. In den Nahrungsstufen wird er durch die Nahrung hauptsächlich in Aminogruppen ($-NH_2$) weitergegeben. Die in abgestorbenen Tier- und Pflanzenresten sowie Ausscheidungen, z. B. Harnstoff, enthaltenen Aminogruppen werden von Destruenten im Prozess der Ammonifikation zu Ammonium-Ionen (NH_4^+) mineralisiert. Pflanzen können diese Ionen direkt aufnehmen. Von Mikroorganismen werden sie meist vorab noch über Nitrit- (NO_2^-) zu Nitrationen (NO_3^-) oxidiert. Aus diesem Vorgang gewinnen die nitrifizierenden Bakterien die Energie, die sie zur Chemosynthese benötigen (Einbindung des Kohlenstoffs in organische Substanz ohne Sonnenenergie im Gegensatz zur Fotosynthese). Das kann nur unter aeroben Bedingungen geschehen.
Unter anaeroben Bedingungen nutzen denitrifizierende Bakterien den Sauerstoff aus den Nitraten und Nitriten für ihren Stoffwechsel und bilden dabei gasförmigen Stickstoff (Denitrifikation). Der Luftstickstoff kann den Organismen wieder durch Stickstoff bindende nitrifizierende Bakterien zugeführt werden, z. B. durch die Knöllchenbakterien in den Wurzeln von Schmetterlingsblütlern (z. B. Bohne oder Klee).

c. Stoffkreislauf am Beispiel des Kohlenstoffs

Pflanzen haben vielerlei Bedeutung für Ökosysteme. U.a. liefern sie durch Fotosynthese Energie, bilden mit ihrer Biomasse den wesentlichen Anteil des Kohlenstoffeintrags in ein Ökosystem und produzieren Sauerstoff Während die Energie durch die Nahrungsketten wandert und umgewandelt wird, durchläuft der Kohlenstoff einen Kreislaufprozess. Im Kohlenstoffkreislauf wird Kohlenstoffdioxid über die Fotosynthese chemisch fixiert und im Zuckerstoffwechsel weiterverarbeitet. Der Kohlenstoff gelangt über die Konsumenten in die Nahrungsnetze. Durch Stoffwechselvorgänge, wie der Zellatmung der Lebewesen, wird dieser auch wieder freigesetzt. Destruenten zerlegen abgestorbenes organisches Material und lagern somit Kohlenstoff im Boden (Humus) ein. Der Kohlenstoff kann dabei auch über längerem Zeitraum dem biologischen Kreislauf entzogen werden, da er z. B. über Sedimentierung von abgestorbenen Kalkskeletten oder der Umsetzung von Torf zu Kohle aus dem Kreislauf ausscheidet.

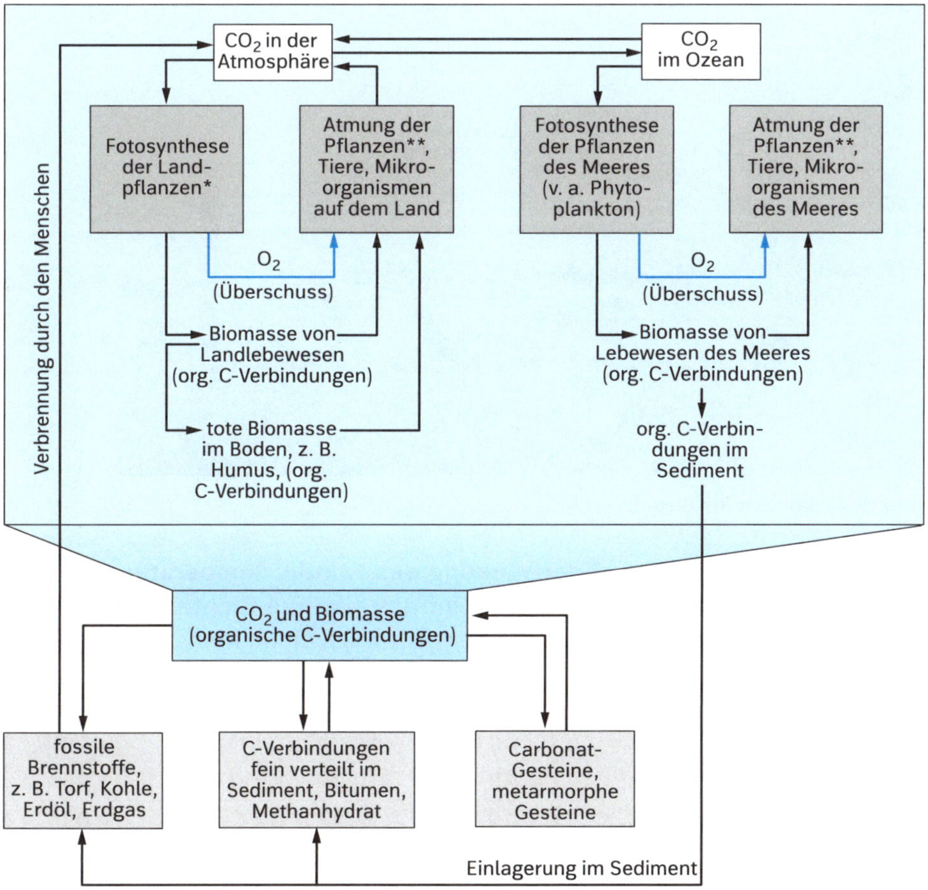

Der globale Kohlenstoffkreislauf. Die Abbildung gibt die Kohlenstoffspeicher, die jährlichen Flüsse zwischen den Speichern vor der industriellen Revolution sowie die seit Beginn der industriellen Revolution durch menschliche Aktivitäten und die heute vom Menschen verursachten zusätzlichen Kohlenstoffflüsse an.

Untersuchungen in einem aquatischen System: Stehende Gewässer und Aspekte des Fließgewässers

a. Zonierung

Die unterschiedlichen Lebensräume eines **Sees** sind durch abiotische und biotische Umweltfaktoren gekennzeichnet. Zunächst unterscheidet man die Freiwasserzone (Pelagial) vom Bodengrund (Benthal). Das Licht kennzeichnet die Nährschicht (trophogene Zone), in der mehr Nährstoffe durch Fotosynthese aufgebaut als durch Atmung abgebaut werden. Darunter befindet sich die Zehrschicht (tropholytische Zone), in der abbauende Vorgänge überwiegen. Aufgrund des Lichtangebots unterteilt man das Benthal in die lichtdurchflutete Uferzone (Litoral) und den lichtfreien Seegrund (Profundal). Jede Zone wird durch ihre eigene Lebensgemeinschaft charakterisiert.

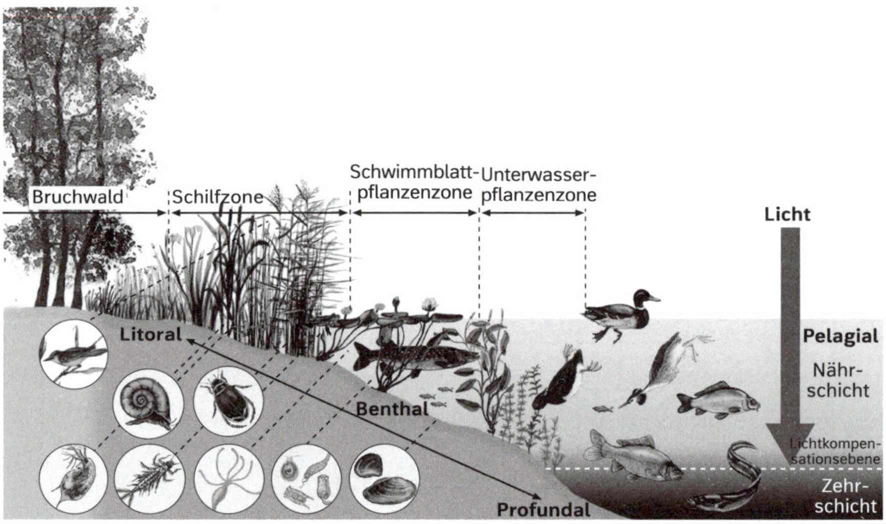

Gliederung des Ökosystems See

Ein See lässt sich auch aufgrund der Wirkung des Faktors Temperatur räumlich und zeitlich gliedern. Von maßgeblichem Einfluss sind die Dichteanomalie des Wassers und die Temperaturen in verschiedenen Jahreszeiten. Man unterscheidet:

Zustand eins Sees im Jahresverlauf	Temperatur-zone	Temperatur ca. (°C)	Tiefe ca. (m)	O_2-Gehalt (mg/l)	Dichte H_2O (g/ml)
Sommerstagnation	Epilimnion*	18–20	0–8	12–13	0,998
	Metalimnion*	10–18	8–12	4–12	0,999
	Hypolimnion*	4–10	12–40	0,5–4	1,0
Herbstvoll-zirkulation	keine	4	0–40	11	1,0

Winterstagnation	Eisdecke	unter 0	0,1	über 12	0,918
	Wasser gesamt	4	0,1–40	6–12	1,0
Frühjahrsvoll-zirkulation	keine	4	0–40	10	1,0

*** Epilimnion = Deckschicht; Metalimnion = Sprungschicht; Hypolimnion = Tiefenschicht**

Während im Sommer nur die leichtere Deckschicht und Teile der Sprungschicht vom Wind umgewälzt werden können, schichten die Herbst- und Frühjahrsstürme den ganzen Wasserkörper inklusive der Ionen und Gase (z. B. Sauerstoff, Kohlenstoffdioxid) um, weil dieser eine einheitliche Dichte und damit keine stabile Schichtung besitzt.
Die in allen Bereichen des Sees nahezu einheitliche Verteilung aller Inhaltsstoffe verändert sich im Laufe der Sommerstagnation. In der trophogenen Zone (Nährschicht), die in etwa dem Epilimnion und dem Metalimnion entspricht, nimmt der Sauerstoffgehalt zu und der Gehalt an Ionen (z. B. Phosphate) sowie an CO_2 aufgrund der Fotosynthese des Phytoplanktons ab. Tote Organismen sinken ab und werden von Bakterien zunächst aerob abgebaut. Mit zunehmender Tiefe entstehen aus den organischen Stoffen immer mehr Mineralstoffe, z. B. Nitrat, Phosphat- und Sulfationen. Da wegen der stabilen Schichtung und der Lichtverhältnisse in der tropholytischen Zone (Zehrschicht) kein O_2 nachgeliefert und kein CO_2 verbraucht wird, nehmen hier der CO_2-Gehalt zu und der O_2-Gehalt ab. Detritus (Abfallprodukte und Reste abgestorbener Lebewesen) reichert sich am Bodengrund an. Bei O_2-Mangel finden anaerobe Abbauprozesse statt, in deren Verlauf z. B. Schwefelwasserstoff (H_2S) und Ammoniak (NH_3) sowie Methan (CH_4) entstehen können. Diese Gase sind für viele Organismen giftig. Zudem werden Nitrate zu Nitrit und Ammonium, Sulfate zu Sulfid und Eisen(III)-Ionen zu Eisen (II)-Ionen reduziert.
Auch in einem **Fließgewässer** lassen sich bestimmte Zonen unterscheiden: Die Fließgeschwindigkeit nimmt von der Quelle bis zur Mündung ab, ebenso die Temperatur, während der Sauerstoffgehalt zunächst zunimmt. Aufgrund der verschiedenen Umweltansprüche der Fische unterscheidet man die Forellen- von der Äschenregion des Baches. In Mündungsrichtung des Flusses folgen dann Barben-, Brachsen- und Kaulbarschregion. Temperaturschichtungen gibt es im Fließgewässer nicht.

b. Eutrophie und Oligotrophie

Je weniger Nährstoffe in einem See enthalten sind, desto weniger Abbauprozesse können in ihm ablaufen. Wenn Fotosyntheseprozesse überwiegen, ist der O_2-Gehalt hoch und der Gehalt an CO_2 und Nährstoffen gering. Solche Seen bezeichnet man als oligotroph (nährstoffarm).
Mit zunehmender Nährstoffzufuhr wird immer mehr Pflanzenmaterial bereitgestellt, von dem sich immer mehr Konsumenten ernähren können. Folglich nimmt auch die Zahl der Destruenten zu. Letztlich treten in der tropholytischen Zone die aeroben Abbauvorgänge gegenüber den anaeroben zurück. Diese Vorgänge werden als Eutrophierung bezeichnet.

Die wichtigsten Merkmale eines eutrophen und eines oligotrophen Sees im Überblick:

eutropher See	**oligotropher See**
viele Nährstoffe (z. B. Phosphate)	wenige Nährstoffe
viele Pflanzen/viel Phytoplankton	wenige Pflanzen/wenig Phytoplankton
viel organisches Material am Seegrund	wenig organisches Material am Seegrund
Deckschicht von geringer Tiefe*	Deckschicht mächtig
Während der Sommerstagnation wird im Hypolimnion mehr als die Hälfte des O_2-Vorrats verbraucht.	Am Ende der Sommerstagnation ist im Hypolimnion noch mehr als die Hälfte des O_2-Vorrats vorhanden.
Ammonium im Tiefenwasser	Nitrate im Tiefenwasser, kein Ammonium
im Hypolimnion gelöste Fe^{2+}-Ionen	im Hypolimnion ungelöstes Fe(III)-Phosphat

* Die vielen Nährstoffe sorgen für ein übermäßiges Algenwachstum, sodass das Licht nicht so tief in den See eindringen und nur das Oberflächenwasser erwärmen kann.

Als Nährstoffeintrag kommen Abwässer aus Haushalten, Tourismuseinrichtungen und aus der Landwirtschaft, wenn z. B. gedüngte Äcker zu dicht am See liegen, in Frage.

c. Methoden der Bestandsaufnahme (ÜA 9)

Über die Erhebung bestimmter Daten lässt sich der Zustand eines Gewässers bestimmen. Der Nährsalzgehalt wird entweder direkt mit chemischen Reagenzien oder aber auch indirekt über die Leitfähigkeit des Wassers bestimmt. Je höher die Leitfähigkeit, umso mehr Ionen sind enthalten. Indirekt kann der Nährstoffgehalt auch z. B. über den BSB_5-Wert bestimmt werden. Darunter versteht man den biologischen Sauerstoffbedarf einer luftdicht verschlossenen Wasserprobe für den biologischen Abbau der im Wasser vorhandenen organischen Stoffe über fünf Tage. Den BSB_5-Wert nutzt man insbesondere zur Feststellung des Verschmutzungsgrades von Abwässern. Eine weitere biologische Methode ist die Bestimmung der Saprobien in einer Wasserprobe. Saprobien sind Organismen des Zoo- und Phytoplanktons, u. a. Bakterien, die sich vornehmlich von den Resten abgestorbener Lebewesen ernähren. Aufgrund der großen Konkurrenz haben sie im Laufe der Evolution viele ökologische Nischen herausgebildet, sodass viele von ihnen als Indikatororganismen mit ihrer Anwesenheit den Verschmutzungsgrad bzw. den Zustand des Gewässers anzeigen.

d. Gewässergüte und Selbstreinigung (ÜA 12)

Die Gewässergüte wird durch Güteklassen gekennzeichnet, die sich vor allem nach dem Vorkommen der Saprobien richten. Die Ansprüche der Saprobien an ihre Umwelt hat man in 4 Stufen (mit 3 Übergängen) eingeteilt: I unbelastet bis gering belastet (oligosaprob), II mäßig belastet (β), III stark verschmutzt (α-mesosaprob), IV übermäßig verschmutzt (polysaprob).

Saprobien treten in **Fließgewässern** vor allem an Einleitungsstellen ungeklärter Abwässer auf. Dort kommt es zu weiteren Eutrophierungserscheinungen wie Zunahme der Produzenten und Konsumenten sowie des Bakterienwachstums verbunden mit einer O_2-Abnahme und CO_2- sowie Nährstoffzunahme. Im Vergleich zum See hat das Gewässer eine höhere und sofort einsetzende Selbstreinigungskraft, die dazu führt, dass die Eutrophierungssymptome flussabwärts zurücktreten, vor allem aufgrund des oxidativen Abbaus des zugeleiteten organischen Materials und dem gesteigerten Verbrauch der Nährstoffe durch Produzenten, aber auch aufgrund der zunehmenden Stoffverdünnung.

e. Anwenden des Saprobienindex (nur im Leistungskurs)

Bei der Auswertung der Daten zu Licht, Temperatur und pH-Wert ist es vor allem wichtig, Zusammenhänge darzustellen:
Das Lichtangebot (z. B. Sichttiefe) in einem Gewässer muss immer im Zusammenhang mit der Verschmutzung (Eutrophierung) und mit der Fotosynthese (O_2-Produktion und CO_2-Verbrauch) gesehen werden.
Die Temperatur (RGT-Regel) steht immer auch im Zusammenhang mit der Schnelligkeit der Stoffwechselvorgänge und dem Sauerstoffgehalt, der mit steigender Wassertemperatur abnimmt.
Der pH-Wert muss immer auch mit dem Kalkgehalt (lässt ihn ansteigen) und dem CO_2-Gehalt (entsteht bei der Atmung, lässt den pH-Wert sinken: Kohlensäure) in Zusammenhang gesehen werden.
Für die **Berechnung des Saprobienindex** benötigt man die in dem Gewässer vorkommende Saprobienart, deren relative Häufigkeit (Werte von 1 bis 6) und den Saprobienwert. In einer Abiturklausur wird man die Daten in Tabellenform vorgelegt bekommen.
Der Saprobienwert ist mit dem relativen Häufigkeitswert zu multiplizieren. Dann werden diese Produkte für alle angegebenen Saprobienarten addiert. Ihre Summe wird durch die Summe der Häufigkeiten aller angegebenen Saprobien geteilt. Der auf eine Dezimalstelle gerundete Quotient ist der Saprobienindex.

Beispiel:

Art	Häufigkeitswert	Saprobienwert	Produkt
A	3	1,2	3,6
B	2	1,4	2,8
C	5	2,0	10,0
Summe	10		16,4

Der gesuchte Saprobienindex ist dann 16,4 : 10 = 1,6 (gerundet). Dieser Saprobienindex entspricht der Gewässergüte. Mit 1,6 liegt er zwischen der Güteklasse I und II. Das Gewässer ist somit gering belastet.

Untersuchungen in einem terrestrischen System

a. Schichtung und Aufbau eines Waldes

Typisch für einen Wald ist der Stockwerkbau in Baum- (bis >5 m), Strauch- (bis 5 m), Kraut- (bis 1 m) und Moosschicht (bis 0,2 m). Je nach Waldtyp sind diese Stockwerke unterschiedlich stark vertreten. So ist verglichen mit einem Nadelwald die Krautschicht in einem Laubwald gut entwickelt. Im Frühjahr dringt aufgrund der noch fehlenden Blätter an den Bäumen viel Licht auf den Waldboden, das von zahlreichen Frühblühern genutzt wird. Dagegen ist hier die Moosschicht nur stellenweise vorhanden, da das Moos die Bedeckung mit dem Herbstlaub nicht überdauert. Weil Pilze kein Licht benötigen, findet man sie gleichermaßen in Laub- und Nadelwäldern.

b. Einfluss von Standortfaktoren und Bewirtschaftung, Erstellen von Vegetationsaufnahmen (ÜA 9)

In Mitteleuropa gibt es fast keine natürlichen Wälder mehr, sondern Forste, die vom Menschen nach ihrer Wirtschaftlichkeit angepflanzt wurden. Auf nährsalzarmen trockensandigen Böden werden meist Kiefern gesetzt, auf kalkreichen Böden Eichen- und Buchenmischwälder und in feuchten Niederungen Erlen gepflanzt. Fichten werden aufgrund ihrer Schnellwüchsigkeit von Forstwirten geschätzt.
Für eine Vegetationsaufnahme wählt man eine Probefläche von etwa 25 m^2 und bestimmt zunächst die hier anzutreffenden Pflanzenarten. Sodann schätzt man den Deckungsgrad der einzelnen Arten in dieser Fläche nach Braun-Blanquet auf einer Skala von +/1 bis 5. Dabei kann die Summe der Deckungsgrade durchaus über 100 % liegen, da sich die Pflanzen gegenseitig überdecken können.

c. Charakterisierung von Waldgesellschaften

Pflanzen treten aufgrund der in der Pflanzendecke vorherrschenden Konkurrenz nur an den Standorten auf, an denen sie sich behaupten können. Viele sind deshalb nur an ganz bestimmten Standorten zu finden. Sie sind typisch für ihn und kennzeichnen ihn. Sie sind vergesellschaftet mit Pflanzen, die ähnliche Ansprüche zeigen. So findet man in einem Eichen-Hainbuchenwald auf lehmigen Böden das Labkraut, auf nährstoffreichen, aber kalkarmen Gleye-Böden dagegen die Sternmiere und die Vogelkirsche. Der jeweilige Standort bestimmt die Zusammensetzung der Pflanzen als Waldgesellschaft, solange Störfaktoren wie Umweltverschmutzung und Eingriffe des Menschen unterbleiben.

d. Standortbeurteilung mit Zeigerwerten (nur im Leistungskurs, ÜA 9)

Ellenberg hat die in Europa vorkommenden Blütenpflanzen in Tabellen erfasst und ihren Umweltansprüchen Zeigerwerte von jeweils 1 bis 9 (bei der Feuchtezahl 1–12) zugeordnet. Folgende Standortfaktoren hat er für jede Pflanze ermittelt: Lichtangebot (L), Kontinentalität (K), Feuchte (F), Temperatur (T), Säuregehalt (R) und Stickstoffgehalt (N).

Bei einer Standortbeurteilung mithilfe von Zeigerwerten gehen Sie ähnlich wie bei der Bestimmung des Saprobienindex vor. Aufgrund der Daten, die Ihnen in der Prüfung vorgelegt, werden, bestimmen Sie dann z. B. den Stickstoffgehalt des Bodens:

Den Stickstoffgehalt des Standortes bestimmen Sie wie folgt:

Art	**Deckungsgrad** (+=1)	**Stickstoffwert**	**Produkt**
Heidekraut	+	1	1
Glockenheide	1	2	2
Heidebeere	1	3	3
Rauschebeere	+	3	3
Scheiden-Wollgras	3	1	3
Summe	**7**		**12**

N = Stickstoffzahl (ELLENBERG)	
1	stickstoffärmster Standort
2	zwischen 1 und 3
3	stickstoffarmer Standort
4	zwischen 3 und 5
5	mäßig stickstoffreich
6	zwischen 5 und 7
7	stickstoffreicher Standort
8	Stckstoffzeiger
9	übermäßig stickstoffreich

Der Quotient aus der Summe der Produkte und der Summe aller Deckungsgrade der berücksichtigten Pflanzen ist 12 : 7 = 1,6. Gemäß der ELLENBERGschen Skalierung handelt es sich somit um einen sehr stickstoffarmen Standort. Bei der Beurteilung der Feuchte findet man nur Zeigerwerte bei Glockenheide und Wollgras. Die übrigen Pflanzenarten werden nicht berücksichtigt, weil ihre Feuchtezahl mit x angegeben wird, d. h. sie wachsen sowohl an trockenen als auch an feuchten Standorten. Hinsichtlich der Feuchte sind sie also keine Zeigerpflanzen. Man rechnet also 32 : 4 (und nicht durch 7) = 8. Ergänzung: Eine Feuchtezahl von 8 deutet auf einen feuchten bis nassen Standort.

Pflanzenart	**Deckungsgrad**	**Zeigerwerte**			
		L	F	R	N
Heidekraut	+	8	x	1	1
Glockenheide	1	8	8	1	2
Heidebeere	1	5	x	2	3
Rauschebeere	+	6	x	1	3
Scheiden-Wollgras	3	7	8	2	1

Fotosynthese

a. Fotoreaktionen und Synthesereaktionen in Chloroplasten

In der Fotosynthese werden aus den anorganischen Stoffen CO_2 und H_2O mit Hilfe von Lichtenergie Kohlenhydrate, also organische Stoffe aufgebaut. Die organischen Stoffe liefern Energie für andere Lebensvorgänge. Sie dienen auch dem Aufbau von Biomasse, von der andere Organismen wie Konsumenten erster oder höherer Ordnung sowie Destruenten leben.

Fotosynthesegleichung: $6\ CO_2 + 12\ H_2O \xrightarrow{\text{Licht}} C_6H_{12}O_6 + 6\ H_2O + 6\ O_2$

Die Fotosynthese erfolgt bei den höheren Pflanzen vor allem in den Blättern. Licht wird von Chlorophyll a und b absorbiert, und zwar vor allem im roten und blauen Bereich des Spektrums. Auch Carotinoide absorbieren Licht, dessen Energie sie auf Chlorophyll übertragen. Alle diese Farbstoffe befinden sich in den Thylakoidmembranen des Chloroplasten. Die Absorptionsspektren der Blattfarbstoffe stimmen mit dem Wirkungsspektrum der Fotosynthese weitgehend überein.

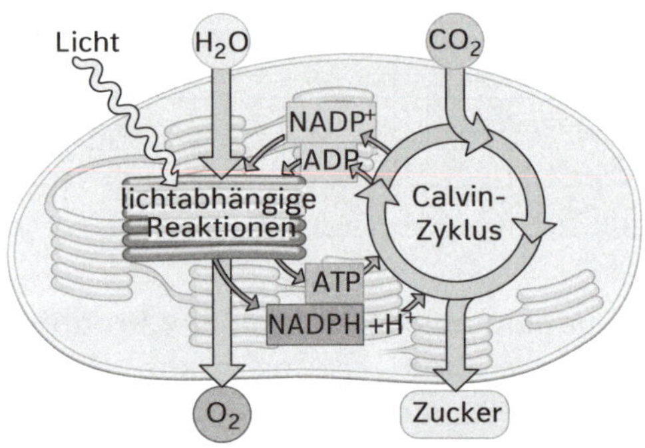

Übersichtsschema zu Stoffwechselleistungen des Chloroplasten

Man unterscheidet Primär- und Sekundärvorgänge der Fotosynthese. In den Fotoreaktionen (**lichtabhängige** Primärvorgänge) wird Lichtenergie in chemische Energie umgewandelt. Dabei wird Wasser oxidiert und $NADP^+$ zum energiereicheren $NADPH + H^+$ reduziert sowie ATP als chemischer Energiespeicherstoff gebildet. Bei den Synthesereaktionen (**lichtunabhängige** Sekundärvorgänge) wird CO_2 mithilfe von $NADPH + H^+$ und ATP reduziert und zu Zuckerphosphaten verarbeitet. Durch gleichzeitige Oxidation des an $NADP^+$ gebundenen Wasserstoffs wird das auf der rechten Seite der Reaktionsgleichung stehende H_2O gebildet.

Fotoreaktion: In den **lichtabhängigen** Reaktionen der Fotosynthese werden an der Membran im Innenraum der Thylakoide mithilfe der Lichtenergie Wassermoleküle gespalten (Fotolyse des Wassers).

Es entstehen Protonen, Elektronen und Sauerstoff. Dabei wird zunächst das Fotosystem II (P680) durch Licht angeregt, sodass Elektronen über Redoxsysteme an das Fotosystem I (P700) weitergeleitet werden können. Schließlich gelangen die Elektronen, die bei der Fotolyse des Wassers freigesetzt wurden, an die Thylakoidaußenmembran und reduzieren dort $NADP^+$ zu $NADP^-$, das sogleich Protonen aus dem Matrixraum anlagert und zum $NADPH + H^+$ wird. Parallel dazu sorgen die Protonen im Thylakoidinnenraum für einen Protonenüberschuss und damit auch zu Ladungsunterschieden auf beiden Seiten der Thylakoidmembran. Durch den Protonentransport über ein Membranprotein wird so viel Energie frei, dass mit Hilfe eines ATP-Synthesesystems über die Anlagerung einer Phosphatgruppe an ADP das energiereiche ATP gebildet werden kann (Fotophosphorylierung).

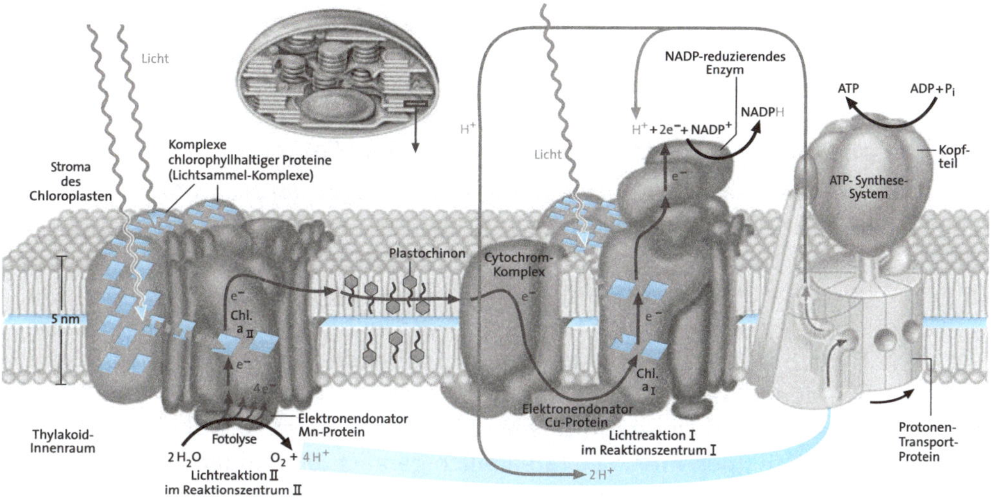

Primärvorgänge der Fotosynthese an der Thylakoidmembran im Chloroplasten

Synthesereaktion: Die **lichtunabhängigen** Reaktionen laufen im Stroma (Matrix) der Chloroplasten ab. Diese werden auch nach seinem Entdecker als Calvin-Zyklus bezeichnet. Im Calvin-Zyklus werden die Produkte der lichtabhängigen Reaktion, NADPH + H^+ und ATP, benötigt, um Zucker aus CO_2 herzustellen. Der Calvin-Zyklus gliedert sich in die folgenden drei Schritte:

CO_2-Fixierung: Der Calvin-Zyklus bindet über das Enzym Rubisco ein CO_2-Molekül an das Ribulose-1,5-bisphosphat. Es entsteht ein Molekül mit 6 Kohlenstoffatomen, das jedoch sofort zu zwei Molekülen 3-Phosphoglycerinsäure zerfällt.

Reduktion: In der Reduktionsphase des Calvin-Zyklus werden die Produkte aus der

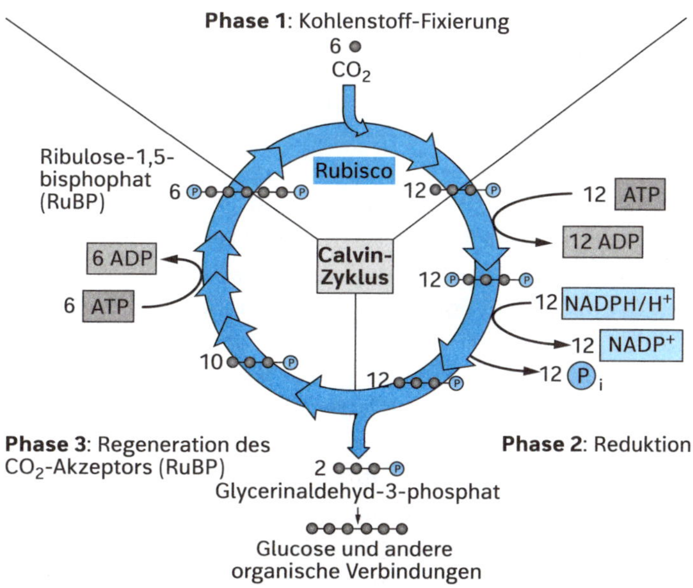

Der Calvin-Zyklus

Lichtreaktion (NADPH + H^+ und ATP) benötigt, um die 3-Phosphoglycerinsäuren nun zu 3-Phosphglycerinaldhyd zu reduzieren. Aus zwei dieser 3-Phosphoglycerinaldehyd-Molekülen entsteht dann Glucose.

Regeneration: Der CO_2-Akzeptor Ribulose-1,5-bisphosphat wird unter Energieverbrauch in Form von ATP wieder regeneriert.
Insgesamt wird aus 6 CO_2-Molekülen ein C_6-Zucker gebildet. Dafür werden 12 NADPH + H^+ und zusätzlich Energie in Form von 18 ATP benötigt.

b. Abhängigkeit der Fotosynthese von abiotischen Faktoren

Erkenntnisse über die Fotosynthese gingen von Naturbeobachtungen aus. Forscher stellten Vermutungen über ursächliche Einflussfaktoren auf, die begründet und als Hypothesen formuliert wurden. Diese schlossen auch die Vorhersage des aufgrund der Hypothese zu erwartenden Beobachtungsergebnisses ein.
Zur Überprüfung einer Hypothese wird in der Forschung ein Experiment entwickelt, das diese Hypothese bestätigen oder auch widerlegen kann. Im Protokoll des Experiments werden neben der Frage und der Hypothese dann die verwendeten Materialien angegeben, die Durchführung wird beschrieben und die Beobachtungsergebnisse werden festgehalten. Die tatsächlich gemachten Beobachtungen werden dann gedeutet. Falls die Hypothese bestätigt werden kann, ist die Ausgangsfrage beantwortet. Kann sie nicht bestätigt werden, wird eine neue Hypothese aufgestellt. Auf den folgenden Seiten wird an einem Aufgabenbeispiel dargestellt, wie die Fotosynthese in einem Schulexperiment erforscht werden kann.

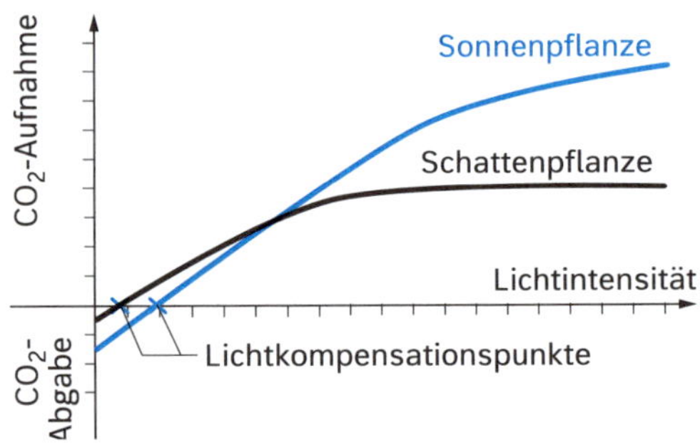

Abhängigkeit der Fotosynthese von der Lichtintensität

Einfluss des Lichtes. Die Ansprüche an das Licht sind nicht bei allen Pflanzen gleich. **Sonnenpflanzen** zeichnen sich durch einen hohen Lichtbedarf aus und sterben bei starker Beschattung allmählich ab. **Schattenpflanzen** dagegen gedeihen im Streulicht am besten, längerzeitige volle Bestrahlung ist für sie tödlich.
Bei Sonnenpflanzen findet man häufig kleinere, aber dicke und derbe Blätter mit mehrschichtigem Palisadengewebe. Oft haben sie noch Überzüge von Wachs oder toten Haaren, die die Strahlung stärker reflektieren und die Verdunstung abschwächen. Schattenpflanzen besitzen meist dünne und zarte Blätter, die flach ausgebreitet sind und somit recht viel von dem spärlichen Licht auffangen. Beide Blattformen können an ein und derselben Pflanze vorkommen.
Bei einer bestimmten Lichtintensität verbraucht eine Pflanze durch Fotosynthese genauso viel Kohlenstoffdioxid, wie sie bei der Atmung bildet. Die Lichtintensität, bei der diese Bedingung erfüllt ist, heißt **Lichtkompensationspunkt** der Fotosynthese. Er liegt bei den Sonnenpflanzen höher als bei den Schattenpflanzen.

Schattenpflanzen weisen daher bereits bei geringerer Lichtintensität eine höhere Nettoproduktion auf als die Sonnenpflanzen.

Einfluss des Kohlenstoffdioxids. Die Fotosyntheseleistung wird bei hinreichender Lichtintensität durch eine Erhöhung des CO_2-Gehaltes der Luft verbessert. Düngung mit Stallmist und Kompost reichert die bodennahe Luftschicht mit CO_2 an, weil die organischen Stoffe dieser Dünger durch Mikroorganismen (Destruenten) zersetzt werden.

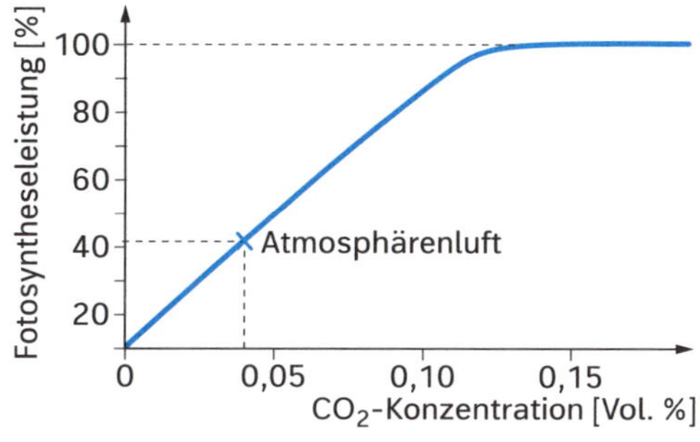

Abhängigkeit der Fotosynthese von der Kohlenstoffdioxid-Konzentration

Einfluss der Temperatur. Die Sekundärvorgänge der Fotosynthese sind temperaturabhängig. Sie setzen bei einer Mindesttemperatur ein (bei frostharten Pflanzen etwa bei −1 °C), nehmen mit steigender Temperatur an Geschwindigkeit zu und nach Erreichen eines Optimums wieder ab.
Bei einer maximalen Temperatur hört die Fotosynthese ganz auf. Die Minimum-, Optimum- und Maximum-Temperaturen der Fotosynthese sind von Art zu Art verschieden. Unterhalb dieser Temperaturgrenzen können frostharte Pflanzen ohne Fotosynthese gemäß ihrer Temperaturtoleranz vorübergehend existieren. Kultiviert man eine Nutzpflanze in Gewächshäusern, kann ihr Temperatur-Optimum (physiologisches Optimum) eingestellt werden.

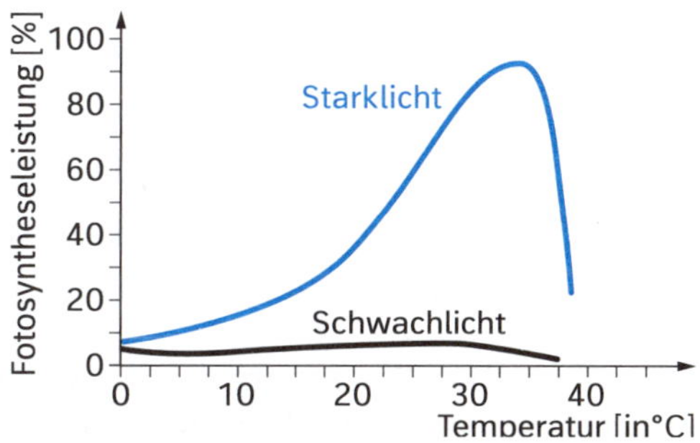

Abhängigkeit der Fotosynthese von der Temperatur bei verschiedenen Lichtintensitäten

Einfluss des Wassers. Die Spaltöffnungen schließen sich bei Trockenheit zeitweilig; dadurch sinkt die Aufnahme von CO_2 und somit die Fotosyntheseleistung. Bei andauernder Trockenheit bleiben die Spaltöffnungen geschlossen, sodass keine Fotosynthese mehr stattfindet, aber der Wasserverlust gering wird. Die Pflanze befindet sich nun im Pessimum-Bereich. Bei künstlicher Bewässerung ist kein Spaltenschluss erforderlich, die Pflanze ist hinsichtlich der Wasserversorgung im Vorzugsbereich und kann eine hohe Stoffproduktion aufweisen.
In der Natur sind die erwähnten Faktoren stets gemeinsam wirksam. Fehlt ein Faktor oder wird er im Übermaß angeboten, so kann z. B. bei zu hoher Temperatur keine Fotosynthese stattfinden, auch wenn alle anderen Faktoren im Vorzugsbereich liegen. Die Stoffproduktion einer Pflanze hängt immer vom ungünstigsten Faktor ab, also von dem, der im Minimum vorliegt.

Methodischer Hinweis: Umgang mit Experimenten

Formen des zu bearbeitenden Aufgabenmaterials aufgrund eines Experiments

1) Es wird die Durchführung eines Experiments geschildert. Sie haben die Aufgabe, die zugrunde liegende Fragestellung, die Hypothese und/oder das Ergebnis vorherzusagen.

Tipp

Lassen Sie sich nicht dadurch entmutigen, dass Ihnen das Experiment unbekannt ist. Häufig ist Ihnen die eingesetzte Methode bekannt: Dann beschreiben Sie diese in einem ersten Schritt. Erst dann versuchen Sie, Bezüge zur Aufgabenstellung herzustellen. Formulieren Sie in jedem Fall eine Frage und eine Hypothese. Stimmen Sie das Beobachtungsergebnis mit Ihrer aufgestellten Hypothese ab.

In einem Aufgabentext erfahren Sie z. B. über Rotalgen, dass sie im Gegensatz zu Grünalgen auch in den tieferen Schichten des Meeres Fotosynthese betreiben. Um mehr über Rotalgen zu erfahren, wird ein Blattextrakt der Rotalgen chromatografiert. Folgendermaßen sollten Sie vorgehen:

- **Beschreiben** Sie zunächst das, was Ihnen bekannt ist: die Methode des Blattextraktes und die Chromatografie von Blattfarbstoffen der Grünalgen. Dazu können Sie voraussagen, dass in dem Chromatogramm Chlorophyll a und b (grüne Banden) und Carotinoide (gelbe Bande) zu erkennen sein werden.
- Nun erst **stellen** Sie das Bekannte dem Unbekannten **gegenüber**. Es liegt auf der Hand, dass Rotalgen andere Blattfarbstoffe beinhalten als Grünalgen, sonst wären sie ja nicht rot. Allerdings ist auch bei Ihnen Chlorophyll für die Fotosynthese nötig.
- Leiten Sie aus der Gegenüberstellung und dem Vergleich **Beobachtungsergebnis, Hypothese und Fragestellung** ab: Neben den grünen Banden, die Sie auch bei der Chromatografie des Rotalgenextraktes im Chromatogramm erwarten, sagen Sie noch eine andersfarbige, möglicherweise rötliche Bande vorher, die einen weiteren Blattfarbstoff der Rotalgen nachweist. Die Hypothese lautet also: Rotalgen besitzen noch einen anderen Blattfarbstoff als Grünalgen, mit dem Sie das Licht in den größeren Tiefen des Meeres für die Fotosynthese nutzen können. Die Ausgangsfrage lautet: Aus welchen Gründen können Rotalgen in tieferen Schichten des Meeres im Gegensatz zu Grünalgen Fotosynthese betreiben? Dazu war es hier nur nötig, das Statement im Aufgabentext zu einer Frage umzuformen.

Punktesammeltipp

Gehen Sie, auch wenn das nicht ausdrücklich in der Aufgabe gefordert wird, darauf ein, ob dieses Experiment Ihrer Meinung nach wirklich die von Ihnen formulierte Hypothese und auch die Ausgangsfrage bestätigt. Schließen Sie also eine Diskussion an. In diesem Fall wird nur ein Teil der Hypothese bestätigt: Es kann keine Aussage darüber gemacht werden, ob der vorhergesagte Farbstoff das Licht in größeren Tiefen tatsächlich absorbiert und für Fotosynthese nutzen kann. Auch die Ausgangsfrage kann noch nicht eindeutig beantwortet werden. Beschreiben Sie kurz, aber mit den Ihnen bekannten Fachausdrücken die Durchführung der eingesetzten Methode, hier Chromatografie (des Rotalgenextrakts). Zu verwendende Fachbegriffe sind z. B. Chromatografiekammer, Chromatografieplatte, Laufmittel, Trägermaterial.

2) Aufgrund einer Fragestellung oder Hypothese sollen Sie ein geeignetes Experiment schildern.

- Machen Sie sich klar, dass das geeignete Experiment eine Hypothese nicht nur bestätigen (verifizieren), sondern auch widerlegen (falsifizieren) kann.
- Erwägen Sie den Einsatz verschiedener fachspezifischer Methoden, z. B. Mikroskopieren, Anfärben, Einsatz von Enzymen, genetischer Fingerabdruck, DNA-Hybridisierung, Einsatz von Gen-Sonden, Vergleichen und Homologisieren.
- Ist eine bestimmte Methode geeignet, stellen Sie diese mit den erforderlichen Fachbegriffen oder auch Geräten vor.
- Ordnen Sie Ihre Experimentbeschreibung wie ein Protokoll in Materialien, Durchführung, voraussichtliches Beobachtungsergebnis.
- Illustrieren Sie die Durchführung des Experiments mit einer Skizze, z. B. mit einem Versuchsaufbau.

3) Aufgrund eines skizzierten Versuchsaufbaus sollen Sie Fragestellung, Beobachtungsergebnis und Deutung des Experiments ableiten.

- In einem ersten Schritt beschreiben Sie den dargestellten Versuchsaufbau, auch wenn dies nicht ausdrücklich gefordert wird. Während dieser Beschreibung wird Ihnen i. d. R. klar, wie das zugrunde liegende Experiment durchzuführen ist.
- Gehen Sie dann vor wie in 1): Vom Bekannten zum noch nicht Bekannten.
- Erst im letzten Schritt leiten Sie Beobachtungsergebnis, Hypothese und Fragestellung ab und gleichen alles widerspruchsfrei aus.

4) Im Zusammenhang mit Beobachtungsergebnissen, deren Daten häufig in unübersichtlicher Form dargestellt sind, werden Sie gelegentlich aufgefordert, diese in eine übersichtlichere Form zu überführen.

- Beachten Sie dazu den Abschnitt „Umgang mit Diagrammen“ (S. 53).

Mögliche Aufgabenstellung zur Lichtabhängigkeit der Fotosynthese bei der Wasserpest

1. Beschreiben Sie aufgrund der Abbildung die Durchführung der Experimentreihe (3 Experimente).
2. Stellen Sie die Hypothese zur Experimentreihe auf.
3. Erläutern Sie, welche Bedingungen beachtet werden müssen, damit die Ergebnisse der Experimente nicht verfälscht werden.
4. Beschreiben Sie die in der Abbildung dargestellten Beobachtungen zur Sauerstoffproduktion bei Bestrahlung einer Wasserpflanze mit rotem Licht.
5. Stellen Sie begründete Vermutungen zu den erwartenden Ergebnissen bei Bestrahlung mit grünem und blauem Licht auf.

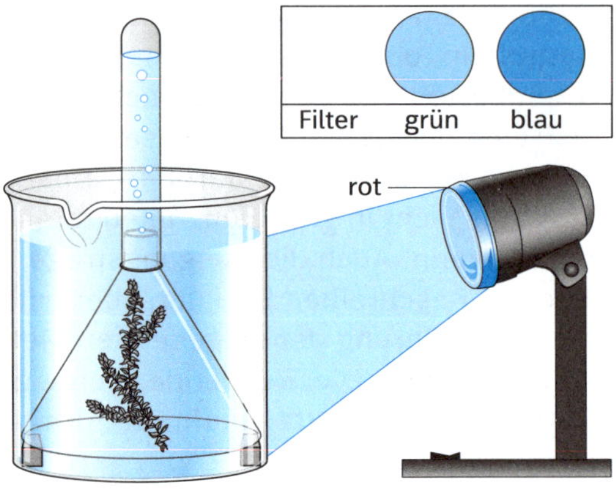

Sauerstoffproduktion bei Bestrahlung mit rotem Licht

Kompetenzerwartungen

1. Eine Lampe bestrahlt Wasserpest, die sich in einem Glasgefäß unter einem Glastrichter befindet. Über dem Trichter befindet sich ein wassergefülltes umgestülptes Reagenzglas, das ein von der Pflanze produzierte Gas auffangen kann. An der Lampe können Filter ausgetauscht werden, sodass mit rotem, blauem oder grünem Licht bestrahlt werden kann.
2. Welche Spektralfarben des Lichts sind für die Fotosynthese erforderlich?
3. In der Experimentierreihe müssen außer den Farbfiltern alle übrigen Faktoren konstant gehalten werden: Temperatur, Ionen- und CO_2-Gehalt des Wassers, Lichtintensität bzw. Abstand der Lampe.
4. Wird die Pflanze mit rotem Licht bestrahlt, produziert sie ein Gas (Sauerstoff), das über Wasser in einem Reagenzglas aufgefangen wird.
5. Grünes Licht: geringe bis keine Sauerstoffproduktion, da die Fotosynthesepigmente dieses Licht nicht absorbieren können, sodass keine Fotolyse des Wassers erfolgen kann. Blaues Licht kann von den Chlorophyllen absorbiert werden, sodass Sauerstoff gebilde werden kann.

Mensch und Ökosysteme

a. Schädlingsbekämpfung (ÜA 11)

Unter Schädlingsbekämpfung versteht man physikalische, chemische oder biologische Maßnahmen zur Bekämpfung von als Schädlingen wahrgenommenen Tieren oder Pflanzen. Meist spricht man von Schädlingen, wenn diese wirtschaftliche Güter des Menschen befallen.
Bei der chemischen Schädlingsbekämpfung kommen Pestizide wie z. B. Insektizide (gegen Insekten), Fungizide (gegen Pilze) und Herbizide (gegen Pflanzen) zum Einsatz. Kenntnisse aus der Ökologie werden bei der biologischen Schädlingsbekämpfung genutzt. So werden natürliche Feinde der Schädlinge ausgebracht oder vermehrt. Auch das Ausbringen von Krankheitserregern der Schädlinge zählt zur biologischen Schädlingsbekämpfung.
Einen Überblick der Schädlingsbekämpfungs-Methoden erhalten sie in der folgenden Tabelle:

Methode	Voraussetzungen	Kurzfristige Folgen / Vorteile	Langfristige Folgen / Nachteile
mechanisch Jagd, Fallen, Zaun, ...	relativ große, wenig flüchtige Schädlinge	geringe Wirksamkeit, aber keine ungünstigen Folgen	keine messbaren Folgen
chemisch chemische Stoffe (z. B. Gift: Pestizide, Fungizide, Herbizide, ...)	spezifische Wirkung auf den Ernteschädling	schnelle Wirksamkeit	Belastung von Boden und Nahrungskette; Resistenz bei den Schädlingen; Dezimierung natürlicher Feinde
biologisch Feind einführen, Krankheit einführen, ...	genaue Kenntnis der Nahrungszusammenhänge im Ökosystem	langsame Wirksamkeit	langfristige Wirkung ohne zusätzliches Eingreifen; ggf. unvorhersehbare Folgen
gentechnisch z. B. gentechnische Veränderung des geschädigten Organismus (i. d. R. bei Pflanzen)	spezifische Wirkung auf den Ernteschädling, Gene müssen bekannt sein, Übertragbarkeit auf die Erntepflanze	starke Wirksamkeit	evtl. Resistenz bei den Schädlingen, unsichere Folgen für die Nahrungsmittelqualität
ökologisch z. B. Förderung von Feinden des Schädlings (Fortpflanzungsmöglichkeiten, Raum, ...)	z. B. Extensivierung der Landwirtschaft, Brachland	vorübergehende Ertragseinbußen	keine negativen Folgen, Wirksamkeit unterschiedlich
integriert		optimiert Kosten, Nutzen und Risiken aller genannten Verfahren	optimiert Kosten, Nutzen und Risiken aller genannten Verfahren

b. Neobiota (ÜA 10, 11)

Unter dem Begriff Neobiota werden alle Arten zusammengefasst, die seit 1492 durch direkten oder indirekten Einfluss des Menschen in Regionen kommen, in denen sie nicht beheimatet waren, und dort neue Lebensräume für sich erschließen (Arten, die vor 1492 vom Menschen in neue Gebiete gebracht wurden, werden als Archaebiota bezeichnet). Ein Großteil dieser Arten kann ohne Hilfe des Menschen in einer artfremden Umgebung nicht überleben. Einigen Arten gelingt es jedoch, in ihren neuen Umgebungen dauerhaft Fuß zu fassen. Wenn Neobiota über drei Generationen oder mindestens 25 Jahre in einem Gebiet existieren, gelten sie als etabliert; andernfalls als unbeständig auftretend.

Als **Neophyten** werden Pflanzen bezeichnet, die in einen bisher artfremden Lebensraum gebracht wurden. Für die Pflanzenwelt Deutschlands geht man von 18 % Neophyten aus. Tierische Neubesiedler eines Ökosystems werden als **Neozoen** bezeichnet. Aktuelle Untersuchungen gehen von über 1.300 Neozoenarten in Deutschland aus, von denen über 250 als etabliert gelten. Bei den **Neomyceten** handelt es sich um Pilze, die einen neuen Lebensraum besiedeln.

Verdrängen Neobiota einheimische Arten im Wettbewerb um Nahrung oder Lebensraum, durch Prädation, Übertragung von Krankheiten oder Erregern oder durch Veränderung der Lebensraumbedingungen, werden sie als **invasive Arten** bezeichnet und mittlerweile auch grenzüberschreitend bekämpft. So gelten invasive Neobiota neben Klimawandel und geänderter Landnutzung als größte Gefährdung der ökologischen Vielfalt (**Biodiversität**). Besonders gravierend sind die Folgen der Einführung von Neobiota in inselartig isolierten Ökosystemen, die betroffenen Arten, die bisher nur einem schwachen Selektionsdruck unterlagen, keine Ausweichmöglichkeiten bieten.

Beispiele für invasive Neobiota

Neozoen: Im Jahr 2009 wanderte die Schwarzmundgrundel im Ballastwasser von Schiffen in die nördliche Donau ein und bildete dort rasch eine stabile Population. Jedes Jahr breitet sich die Population bis zu 15 km stromaufwärts aus und verdrängt angestammte Fischarten wie Barbe oder Aitel. Stellenweise machen die Grundeln in ihren bevorzugten Habitaten bereits über 70% des gesamten Fischbestandes aus.

Neophyten: Der Riesenbärenklau wurde in den 60er-Jahren aus dem Kaukasus importiert und ist nicht mehr aufzuhalten. Er keimt schneller und effektiver als die meisten heimischen Pflanzen und sondert er ein Gift ab, das andere Pflanzen schädigt. Durch eine weitere Substanz, die im Kontakt mit der Haut unter Einfluss von Sonne phototoxische Wirkungen entfaltet, führt schon die Berührung oft zu schweren Verbrennungen beim Menschen.

Neomyceten: Ein in ostasiatischen Ulmen lebender Schlauchpilz (Ophiostoma ulmi) wurde durch den Menschen seit 1918 in die Niederlande verschleppt und breitete sich von dort über ganz Europa und Nordamerika aus. Er hat die einheimische Berg- und Feldulme an den Rand des Aussterbens gebracht.

c. Erhaltung von Ökosystemen

Alle lebenden Systeme wie Zelle oder Ökosystem sind dynamisch und können innerhalb bestimmter Grenzen auf äußere Einflüsse reagieren, sodass das System stabil bleibt. Solch ein Ökosystem ist der Wald. Wegen seiner hohen ökologischen und wirtschaftlichen Bedeutung wird er seit Jahrhunderten nachhaltig bewirtschaftet, sodass er sich trotz Nutzung durch den Menschen stets regeneriert dauerhaft zur Verfügung steht.
Durch Entnahme von Ressourcen wie Bodenschätzen, Wasser, Nahrung etc. und Abgabe von Müll, der häufig umweltbelastendes Material wie z. B. Quecksilber und radioaktive Substanzen enthält, sowie eines übermäßigen CO_2- und Methan-Ausstoßes kommt es zu Veränderungen in Ökosystemen, die oft nicht mehr ausgeglichen werden können. Aquatische Ökosysteme „kippen um", das Abholzen tropischer Regenwälder senkt die Artenvielfalt, die Temperatur steigt auf der gesamten Erde usw. Schon jetzt kann die globale CO_2-Produktion nicht mehr durch Fotosynthese oder durch das Lösen im Meerwasser ausgeglichen werden. Ziel menschlichen Wirtschaftens muss es sein, die Produktionskapazitäten lebenserhaltender ökologischer, aber auch sozialer Systeme (Bevölkerungen) dauerhaft und über Generationen hinweg zu erhalten. Das Nachhaltigkeitskonzept erfordert ein globales Zusammenwirken aller Staaten auf ökologischer, ökonomischer und sozialer Ebene. Nur so können Umweltkatastrophen langfristig abgewendet werden.

Evolution

Entwicklung der Evolutionstheorie

Synthetische Evolutionstheorie

Nachdem LINNÉ in der 2. Hälfte des 18. Jahrhunderts damit begann, die Vielfalt des Lebendigen zu erfassen und sie im Wesentlichen entsprechend der Baupläne systematisierte, stellte CUVIER fest, dass die Organismen in der Vergangenheit nicht immer nur in der Form vorkamen, in der sie uns heute erscheinen. Beide Wissenschaftler konnten aufgrund ihrer Vorstellung, dass die Erde erst 6000 Jahre alt sei, keine oder keine hinreichende Erklärung für die Vielfalt des Lebens geben. Erst LAMARCK entwarf die Idee von der stammesgeschichtlichen Entwicklung des Lebendigen, mit der er die Vielfalt begründete. Zur Bekräftigung seiner Idee entwickelte er die Vorstellung von der Weitergabe erworbener Eigenschaften (durch Gebrauch oder Nicht-Gebrauch von Organen) von den Eltern an ihre Nachkommen. Diese Hypothese von der willentlichen und aktiven Anpassung des Individuums an die Umwelt konnte den späteren Erkenntnissen der Genetik nicht standhalten. 50 Jahre später, 1859, lieferte DARWIN eine neue Theorie für die stammesgeschichtliche Entwicklung des Lebendigen. Er übernahm eine Idee von MALTHUS und erkannte, dass Lebewesen mehr Nachkommen haben als zum Überleben der Art nötig wären. Diese weisen Unterschiede auf, die als Varianten für den Kampf ums Dasein (struggle for life) unterschiedlich geeignet sind. Der Bestangepasste setzt sich durch und überlebt in seinen Nachkommen als Tüchtigster (survival of the fittest). Dabei bestimmt die Umwelt, wer am besten geeignet ist. Sie selektiert. Die Individuen werden mit ihren Eigenschaften der Umwelt ausgesetzt. Im Wechselspiel zwischen Umwelteinfluss und individueller Ausstattung ergibt sich der Grad der Angepasstheit. DARWIN bezog diese Erkenntnisse auf alle Lebewesen und formulierte sie als Selektionstheorie.
Zahlreiche Belege aus vielen Disziplinen der Biologie, z. B. der Genetik, der Paläontologie, Ethologie, Ökologie und Biochemie bestätigten DARWINS Selektionstheorie. Alle diese Erkenntnisse aus den unterschiedlichen Fachgebieten erweiterten die Selektionstheorie zur Synthetischen Evolutionstheorie.

Evolutionshinweise

Rezente und paläontologische Hinweise

Aus allen Bereichen der Biologie gibt es Belege (Hinweise) für die Evolution. Die Paläontologie kennt Fossilien von Pflanzen und Tieren, die heute nicht mehr existieren. Darunter gibt es auch Übergangsformen, die Merkmale verschiedener Tiergruppen besitzen (z. B. Archaeopteryx mit Merkmalen von Reptilien und Vögeln). Auch die Merkmale rezenter (heutiger) Lebewesen, vor allem der Brückentiere, geben Hinweise auf die Entwicklung von Organismen. Rudimente und Atavismen sind nur erklärbar unter der Annahme von Evolution. Nur so können auch die Ähnlichkeiten in der Keimesentwicklung (Ontogenese) mit denen in der Stammesentwicklung (Phylogenese) erklärt werden. Belege für die Evolution sind auch Ähnlichkeiten im Aufbau der Proteine, Nukleinsäuren oder Zellorganellen sowie

Organen unterschiedlicher Lebewesen. Obwohl nach dem gleichen Grundmuster aufgebaut, können sie eine andere Funktion besitzen.
Ist der Aufbau von Organen unterschiedlich, ihre Funktion aber gleich, handelt es sich um eine Analogie (z. B. Auge des Menschen und Auge des Tintenfisches). Diese Ähnlichkeit hinsichtlich der Funktion ist eine Folge der Anpassung an ähnliche Umweltbedingungen. Eine Ähnlichkeit des Bauplans trotz unterschiedlicher Funktion nennt man Homologie. Sie ist mit einer gemeinsamen Abstammung zu erklären.

Hinweise aus der Wirbeltieranatomie

Obwohl die Vorderextremitäten unterschiedlichen Funktionen (fliegen, graben, laufen oder schwimmen) dienen, haben sie einen gemeinsamen Grundbauplan. Ohne die Annahme der stammesgeschichtlichen Entwicklung könnte dies nur mit Zufällen erklärt werden. Die Annahme einer Evolution der Wirbeltierarten führt zu der Vorstellung einer früheren Existenz eines gemeinsamen Vorfahrens.

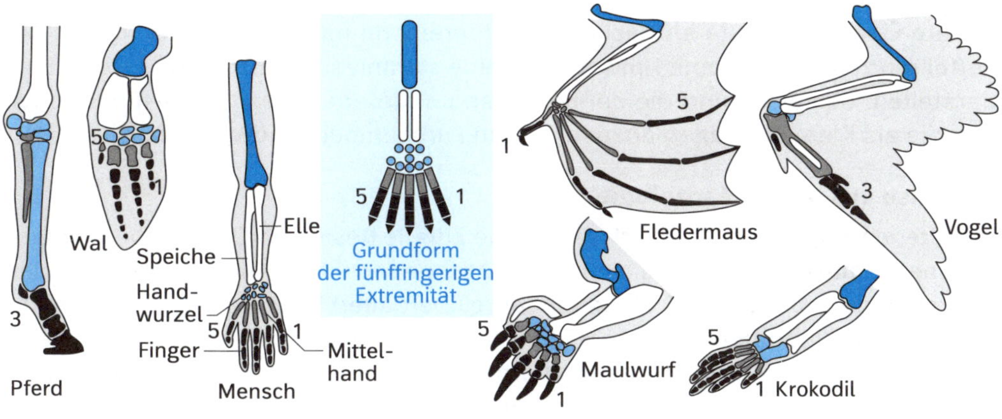

Homologie bei Wirbeltierextremitäten

Phänomene beim Vergleichen der Baupläne von Organen

- **Homologien** deuten auf eine divergente Entwicklung aus gemeinsamen Vorfahren hin und sind ein Beleg für Verwandtschaft. Die beziehen sich auf die *Homologiekriterien der Lage, der spezifischen Qualität und der Stetigkeit*, d. h. der Verknüpfung durch Zwischenformen.
- **Analogien** deuten auf eine *konvergente Entwicklung* hin und machen keine Aussage über den Grad der Verwandtschaft. Die Knochen der Vorderextremitäten von Fledermaus und Vogel sind als homolog anzusehen, wenn man die Entwicklung der Vorderextremitäten der Säuger und Vögel aus den Vorderextremitäten der Reptilien als gemeinsamen Vorfahren betrachtet. Die Vorderextremitäten sind als analog anzusehen, wenn die Organe betrachtet werden, die zur Flugfähigkeit beisteuern: Die Flughaut ist also analog zu den Federn.
- **Rudimente** sind zurückgebildete Organe, die i. d. R. funktionslos sind oder einen Funktionswechsel erfahren haben. Reste des Beckengürtels bei Bartenwalen sind ein Hinweis dafür, dass die Vorfahren funktionierende Hintergliedmaße

besaßen und somit Landbewohner waren. Heute dient dieser Knochenrest als Haltevorrichtung für den Penis. Bei Menschen gilt z. B. das Steißbein als Hinweis dafür, dass unsere Vorfahren einen Schwanz besaßen.

- **Atavismen** sind relativ seltene Abweichungen in der Ausbildung von anatomischen oder verhaltensbiologischen Merkmalen, die Ähnlichkeiten mit den Eigenschaften der Vorfahren aufweisen. Beim Menschen kennt man z. B. die schwanzartige Verlängerung des Steißbeins (seltener als 1 : 1 000 000), zusätzliche Brustwarzen oder eine Ganzkörperbehaarung.

Hinweise aus der Embryologie

Nach HAECKELS biogenetischer Grundregel ist die Ontogenese (Keimesentwicklung) ein kurzer Abriss der Phylogenese (Stammesgeschichtliche Entwicklung). Nach heutigem Verständnis richtet sich die Individualentwicklung nur teilweise nach Entwicklungsprogrammen der stammesgeschichtlichen Vorfahren, sodass nur wenige Stadien der Embryonalentwicklung Anklänge an die stammesgeschichtliche Entwicklung zeigen. In wenigen Ausnahmefällen lassen sich ausgebildete Einzelmerkmale entdecken, die Übereinstimmungen mit Merkmalen der Vorfahren zeigen und somit Hinweise auf eine stammesgeschichtliche Entwicklung darstellen. Beispiele sind die Zahnanlagen im Kiefer von Bartenwal-Embryonen und die als Kiemenanlagen anzusehenden Furchen bei Landwirbeltieren.

Hinweise aus der Paläontologie

In seltenen Fällen wurden durch glückliche Zufälle Reste von Organismen (tiefgefrorene Mammuts, in Bernstein eingeschlossene Insekten, Knochen, Kalkschalen etc.) gefunden, die viele 100 Millionen Jahre überdauert haben. Hinzu kommen Abdrücke, Versteinerungen oder Inkohlungen. Diese Fossilien können uns Hinweise über den Weg der Evolution geben. Hierbei sind besonders Reste von Lebewesen von Bedeutung, die Ausgangspunkte von divergierenden Entwicklungen (z. B. Ur-Säuger) oder Übergangsformen unterschiedlicher Gruppen waren.

Hinweise aus der Biochemie

Proteine, die bei verschiedenen Lebewesen die gleiche Funktion übernehmen, müssen nicht völlig identisch sein. Mutationen können zu Veränderungen führen, ohne die Funktionen des Proteins zu beeinträchtigen. Die Menge solcher Veränderungen sind ein Hinweis auf die stammesgeschichtliche Distanz bzw. die Verwandtschaft von Lebewesen. Keine oder wenige Unterschiede in der Aminosäuresequenz deuten auf einen kürzeren Zeitraum seit der Trennung, mehrere oder gar viele Abweichungen deuten auf einen längeren Zeitraum seit der Trennung hin. Ein gut geeignetes Untersuchungsobjekt ist das Cytochrom c, das als Enzym in allen Lebewesen, die Mitochondrien besitzen, vorkommt.

DNA-Vergleiche geben genauso wie Proteinvergleiche Hinweise auf die stammesgeschichtliche Distanz von Arten. Große Ähnlichkeit bestimmter DNA-Abschnitte deutet auf geringe stammesgeschichtliche Distanz (hoher Verwandtschaftsgrad), geringere Ähnlichkeiten auf größere Distanz (geringerer Verwandtschaftsgrad) hin. Nicht codierende Abschnitte der DNA unterliegen in geringerem Maße der

Selektion, weisen somit mehr Mutationen pro Zeit auf und sind exakter in der Bestimmung des Verwandtschaftsgrades. Die DNA-Unterschiede können sowohl qualitativ als auch quantitativ ausgewertet werden. Ein geeignetes Verfahren ist die DNA-Hybridisierung. DNA-Doppelstränge unterschiedlicher Arten werden durch Erhitzen voneinander getrennt (Schmelzen der DNA). Nach dem Abkühlen können homologe Abschnitte von DNA-Einzelsträngen unterschiedlicher Arten hybridisieren, indem sich zwischen komplementären Basen der beiden Einzelstränge Wasserstoffbrücken ausbilden. Beim erneuten Schmelzen dieser Hybridstänge trennen sich diese umso schneller, je weniger komplementäre Basen sie aufweisen. Gemessen wird die Temperatur, bei der die Hälfte aller Brücken aufgelöst ist (Schmelzpunktbestimmung). Je niedriger dieser Schmelzpunkt ist, desto geringer ist somit die Ähnlichkeit der beiden hybridisierten DNA-Einzelstränge und desto geringer die Verwandtschaft der untersuchten Arten.

Datierungsmethoden (ÜA 14)

Um Fossilien in Stammbäumen einordnen zu können, ist es besonders hilfreich, deren Alter zu bestimmen. Bei der relativen Altersbestimmung stellt man fest, in welchen Gesteinsschichten die fraglichen Fossilien enthalten sind. Tiefere Schichten sind älter als die darüber liegenden, solange sie flach gelagert sind und sich nicht übereinander geschoben haben. In den Schichten eingelagerte Leitfossilien, die in nur kurzen geologischen Zeitspannen weit verbreitet waren, zeigen das Alter auch an weit voneinander entfernten Fundstellen an.

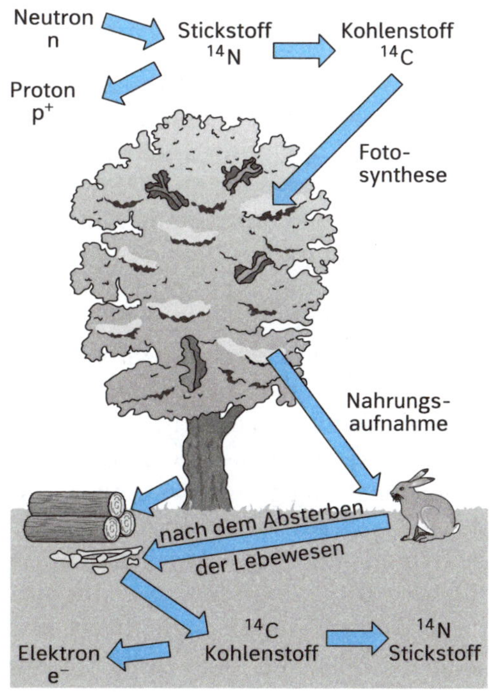

Altersbestimmung über die Radiocarbonmethode

Das exakte Alter wird durch Methoden der absoluten Altersbestimmung ermittelt. Eine davon ist die Radiocarbon- oder ^{14}C-Methode. Sie beruht auf dem Zerfall des Kohlenstoffisotops ^{14}C. Aufgrund der kosmischen Strahlung wird dieses Isotop in der Erdatmosphäre aus Stickstoffatomen (^{14}N) immer neu gebildet und hat dann im Kohlenstoffdioxid einen annähernd konstanten Anteil. Über die Fotosynthese gelangt es in die Pflanzen, dann über die Nahrungskette in die Pflanzen- und Fleischfresser. Mit dem Tod der Lebewesen unterbleibt der Nachschub an radioaktivem Kohlenstoff, der mit einer Halbwertzeit von 5730 Jahren in dem Körper bzw. Fossil abnimmt. Nach 11 460 Jahren ist also nur noch ein Viertel der ursprünglichen Menge an ^{14}C vorhanden. Die ^{14}C-Methode ist nur für Fossilien geeignet, die nicht älter als ca. 70 000 Jahre alt sind. Dagegen kann man mit der Kalium-Argon-Methode Gesteine bis zu einem Alter von 4,6 Milliarden Jahre bestimmen. Beim radioaktiven Zerfall von ^{40}K entstehen neben Calcium-Atomen zu 11 % das Edelgas Argon (^{40}Ar) mit einer Halbwertszeit von $1{,}25 \cdot 10^9$ Jahren. Diese Methode beruht darauf, dass Argon aus flüssigem Gestein entweicht, nach dem Erkalten des Vulkangesteins in diesem eingeschlossen bleibt. Bei der Datierung des Gesteins wird der Anteil des Argons durch Erhitzen aufgefangen und seine Masse ins Verhältnis zum enthaltenen Kalium gesetzt.

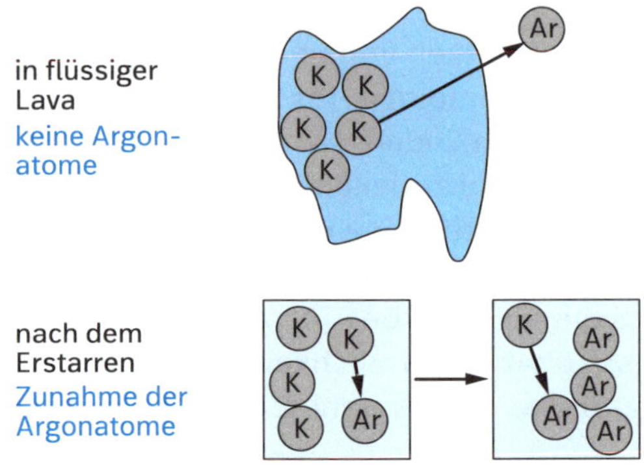

Gesteinsdatierung durch die K-Ar-Methode

Grundlagen evolutiver Veränderung

Eine Population ist eine Gruppe von artgleichen Individuen, die eine Fortpflanzungsgemeinschaft bilden, also einen gemeinsamen Genpool besitzen. Die Mitglieder der Population unterscheiden sich nicht nur in ihren Genen (Genotyp), sondern auch im Aussehen (Phänotyp) voneinander. Die daraus resultierende Variabilität kann durch neue Mutationen und zusätzlich durch unterschiedliche Kombinationen der Allele des gesamten Genpools vergrößert werden. Die genotypische Variabilität und somit auch die phänotypische ist die Grundlage für evolutive Veränderungen.

Auch Viren, wie z. B. Grippeviren, evolvieren stetig. Die Grippe wird durch Influenzaviren ausgelöst. Diese lassen sich in die Typen A, B und C unterscheiden. Während Influenzaviren B und C ausschließlich den Menschen als Wirt nutzen, befallen die des Typs A auch verschiedene Tiere. Das Genom der Grippeviren liegt als einzelsträngige RNA vor, die als Matrize für die mRNA-Synthese dient. Wird der Mensch von einem Influenzavirus befallen, bildet er gegen diesen Stamm eine Immunität. In der Wirtszelle durchlaufen die Viren jedoch Mutationen. Diese führen z. B. zu Veränderungen der Virenoberfläche, sodass aufgrund nun veränderter Antigene die Immunantwort ausbleibt. Eine solche Mutation bedeutet einen Selektionsvorteil für das Virus. Man spricht dann von Antigendrift.

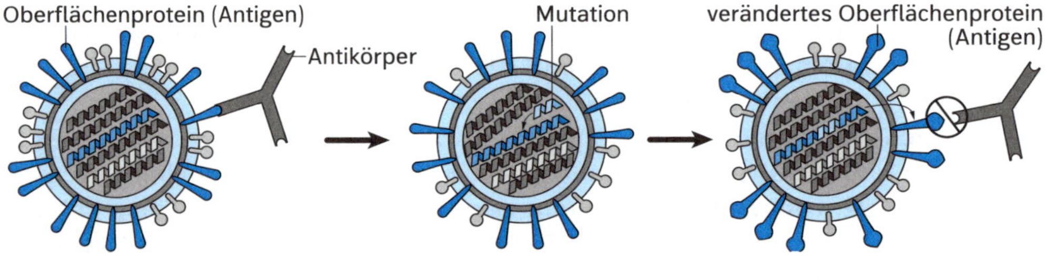

Bei einer Doppelinfektion durch zwei verschiedene Typ A-Influenzaviren wird die Erbinformation beider Viren in der Wirtszelle repliziert. Dabei kann es zu einer Neukombination von genetischem Material kommen, d. h. das menschliche Influenzavirus vom Typ A, dessen Genom sich auf 8 RNA-Moleküle verteilt, tauscht genetisches Material mit einem tierischen Influenzavirus aus (Genshift). Eine mögliche Folge ist, dass die entstandenen Mosaikviren eine veränderte Zusammensetzung von Oberflächenproteinenhaben. Dann hat sich ein neuer Virenstamm gebildet (Antigenshift). Wird der Mensch von einem solchen Virus befallen, ist keine Immunität gegeben, da sich der neue Stamm stark vom früheren unterscheidet.

Mögliche Aufgabenstellung zu evolutiven Veränderungen

Influenzaviren vom Typ A lassen sich aufgrund der Zusammensetzung der Oberflächenproteine Hämagglutinin und Neuraminidase in verschiedene Subtypen unterteilen. Einer dieser Subtypen ist das in den Medien immer wieder auftauchende H5N1-Virus, das die Vogelgrippe auslöst. Vor rund 10 Jahren tauchte es erstmalig auch in Deutschland auf, nachdem es zunächst vorwiegend im asiatischen Raum zu massenhaftem Vogelsterben führte. Aber auch Menschen steckten sich mit dem Virus an. Das Genom der Grippeviren von Vögeln und Menschen unterscheidet sich so sehr, dass es eher selten zu Übertragungen von Tier zu Mensch kam und in den meisten Fällen zuvor ein sehr enger Kontakt mit dem Tier stattgefunden haben muss. Eine Übertragung von Mensch zu Mensch ist bisher nicht bekannt. Trotzdem ist bei einem neuen Ausbruch von Vogelgrippe auch immer wieder von Pandemiegefahren zu hören. Tatsächlich könnte das Vogelgrippevirus für den Menschen gefährlich werden, nämlich wenn in den Zellen eines Menschen Antigenshift stattfinden würde. Das könnten passieren, wenn ein Mensch, der bereits von einem Influenzavirus des Typs A infiziert ist, sich zusätzlich mit dem Vogelgrippevirus infiziert. Eine weitere und wahrscheinlichere Möglichkeit besteht darin, dass sich Antigenshift in Schweinezellen ereignet. Schweine sind sowohl für Influenzaviren von Vögeln als auch von Menschen empfänglich. Eine neue Virusvariante kann dann vom Schwein auf den Menschen und von Mensch zu Mensch übertragen werden.

1. Beschreiben Sie in Grundzügen den Lebenszyklus eines Influenzavirus.
2. Stellen Sie den Prozess des oben beschriebenen Antigenshifts in einer Wirtszelle schematisch dar.
3. Erörtern Sie die möglichen Auswirkungen von Antigenshift für den Menschen und die Möglichkeiten eines dauerhaften Impfschutzes gegen Influenzaviren.

Kompetenzerwartungen

1. Ein Virus benötigt eine Wirtszelle und deren Replikationsapparat, um sich vermehren zu können. Es dockt an die Wirtszelle an und dringt durch rezeptorvermittelte Endocytose in sie ein. Die Virus-RNA wird freigesetzt, gelangt in den Zellkern, wo sie repliziert wird. Die Translation findet im Cytoplasma statt. Die Produkte beider Vorgänge werden von einer Proteinhülle umgeben und das Virus verlässt durch Ausknospung die Wirtszelle und kann weitere Wirtszellen befallen.

2.

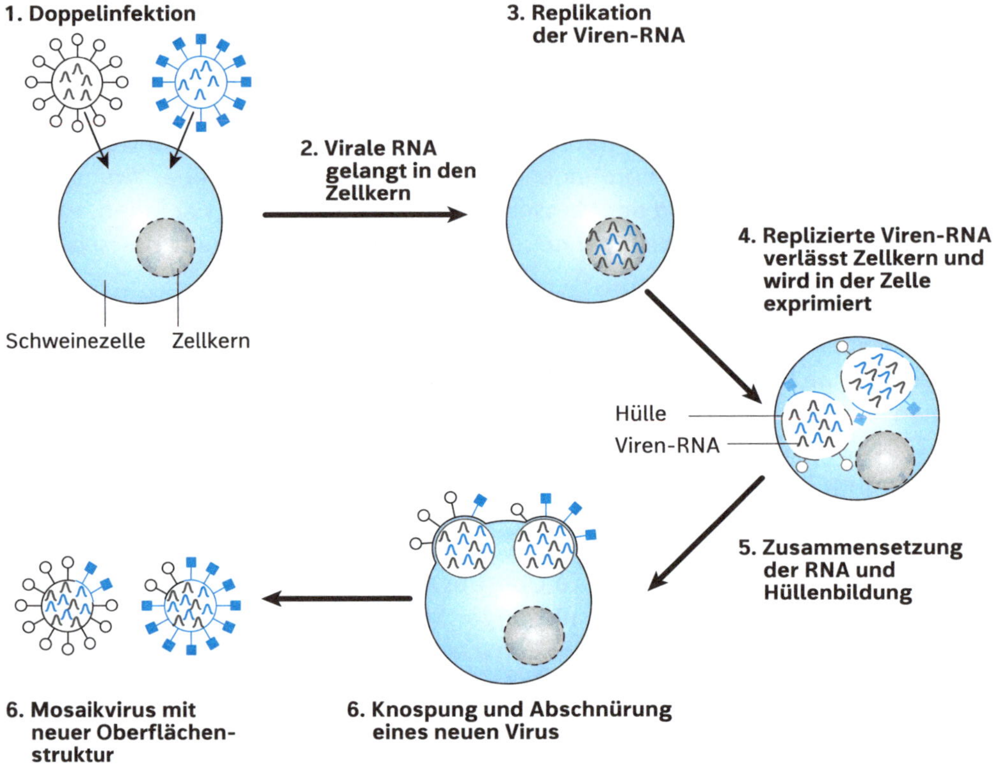

3. Immer wenn neue Varianten des Vogelgrippevirus auftreten, infizieren sich auch Menschen. Aufgrund der Vogel-Mensch-Barriere geschieht dies selten. Wenn aber etwa ein Mosaikvirus durch Antigenshift in Schweinen entsteht, können sich Menschen infizieren. Dies kann eine besondere Gefahr für den Menschen bedeuten, denn die Antigenzusammensetzung des Virus ist dem Immunsystem des Menschen unbekannt. In der menschlichen Population finden sich deshalb keine Antikörper gegen die neue Virusvariante. Ist das Virus von Mensch zu Mensch übertragbar, kann es sich schnell verbreiten und, da es keinen Impfschutz gibt, eine Pandemie auslösen.
   Influenzaviren verändern sich ständig aufgrund von Mutationen. Diese Veränderungen können bedingen, dass die Immunantwort des Wirtes ausbleibt. Die Viren, die diese Eigenschaft tragen, können sich erfolgreicher vermehren. Ein Impfschutz gegen Influenzaviren ist demnach nur temporär. Darüber hinaus schützt eine Impfung nicht vor allen verschiedenen Influenzaviren.

Art und Artbildung (ÜA 15)

Zu einer Art werden alle diejenigen Individuen zusammengefasst, die unter natürlichen Bedingungen miteinander fertile Nachkommen haben. Zwischen diesen findet also ein Genfluss statt. Eine Art wird mit ihrem Gattungs- und Artnamen

bezeichnet (z. B. *Homo sapiens*). Einflüsse, die einen Artenwandel hervorrufen können, werden als Evolutionsfaktoren bezeichnet. Dazu zählen:
Mutation und Rekombination: Mutationen liefern neue Allele. Sie verändern damit die Allelfrequenz in einer Population. Sexuelle Rekombination erhöht die Variabilität einer Population, ohne allerdings die Häufigkeit der Allele (Allelfrequenz) in einem Genpool zu verändern.
Selektion: Durch Auslese wird die Allelfrequenz im Genpool verändert. Der künstlichen Selektion, die vom Menschen ausgeht (Züchtung) steht die natürliche gegenüber. Sie kann sowohl von abiotischen Faktoren wie Temperatur, Wind etc. hervorgerufen werden als auch von biotischen wie Fressfeinden, Parasiten (zwischenartliche Selektion) sowie von Artgenossen (innerartliche Selektion, die z. B. zum Sexualdimorphismus führt).
Bei der Auswirkung der Selektion auf eine Population unterscheidet man die stabilisierende von einer gerichteten bzw. transformierenden und einer aufspaltenden bzw. disruptiven Selektion.

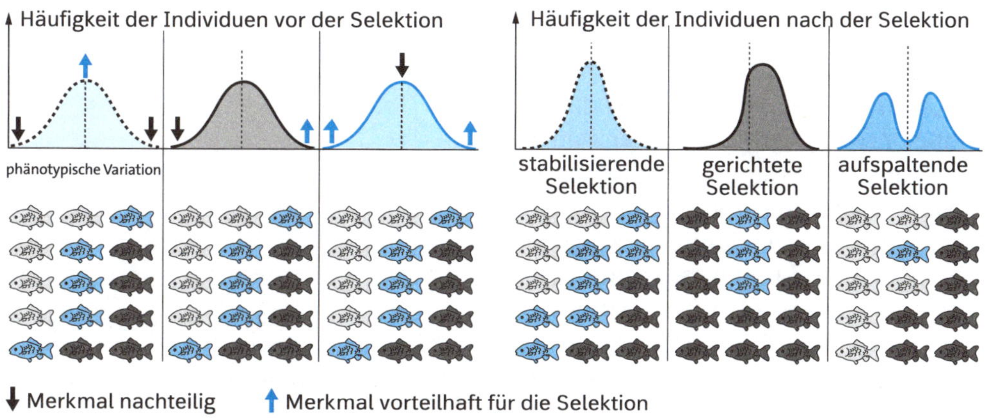

Auswirkungen der Selektion auf eine Population

Gendrift: Dieser Evolutionsfaktor bewirkt eine zufallsbedingte Änderung eines Genpools und damit der Allelfrequenz. Er ist für kleine Populationen bedeutend und spielt z. B. bei kleinen Inselpopulationen (Gründerpopulationen) eine Rolle.
Migration: Eine Veränderung des Genpools kann durch Zu- und Abwanderungen von artgleichen Individuen hervorgerufen werden.
Isolation: Werden Individuen von anderen Individuen derselben Art räumlich, zeitlich oder allgemein durch Änderungen, die sich auf den Bereich der Fortpflanzung auswirken, getrennt, so kann dies unterschiedliche Veränderungen für den einzelnen Genpool hervorrufen. Aufgrund des zunächst gebremsten und schließlich unterbrochenen Genflusses können z. B. unterschiedliche Neumutationen nicht mehr ausgetauscht werden. Die Isolation der Genpools kann durch vielfältige Faktoren bewirkt werden:

- geografisch (Kontinentalverschiebung, Insel-, Gebirgs- und Flussbildung, Meeresströmung, Autobahn etc.),
- ökologisch (unterschiedliche Nahrung, Paarungszeiten, Nistplätze etc.),

- ethologisch (verschiedene Balzrituale, Gesänge, Gefiederfarbe, Sexuallockstoffe und andere Locksignale),
- genetisch (Genomunverträglichkeit, unfruchtbare Nachkommen etc.),
- mechanisch (Geschlechtsorgane passen nicht mehr zusammen, kommt vor allem bei Insekten vor).

All diese Isolationsformen verhindern die Fortpflanzung zwischen Gruppen von Individuen und führen zur Aufspaltung eines vormals gemeinsamen Genpools. Dabei unterscheidet man grundsätzlich zwischen zwei Formen der Artenbildung: Bei der **sympatrischen** Artenbildung entstehen in einem Lebensraum ohne geografische Isolation zwei neue Arten durch Ausbildung einer biologischen Fortpflanzungsschranke aufgrund ökologischer, ethologischer, mechanischer oder genetischer Isolationsfaktoren.

Mögliche Aufgabenstellung zur sympatrischen Artaufspaltung (ÜA 14):

1. **Beschreiben** Sie die Hornlängenverteilung innerhalb der Population des kolumbianischen Zuckerrohrkäfers aufgrund des Punktdiagramms. Erläutern Sie die Bedeutung des durch einen Kreis gekennzeichneten Punkt im Kurvendiagramm (Beschreibung eines Diagramms, S. 52).
2. **Zeichnen** Sie zur Häufigkeitsverteilung der Hornlängen des kolumbianischen Zuckerrohrkäfers **ein Kurvendiagramm**, das die Verhältnisse der Abbildung auf der Basis relativer Werte wiedergibt (Erstellen eines Diagramms, S. 54).
3. **Stellen Sie eine Hypothese auf** zur Wirkung der vorherrschenden Selektion auf den Zuckerrohrfeldern (Umgang mit Experimenten und Hypothesen, S. 66 ff.).

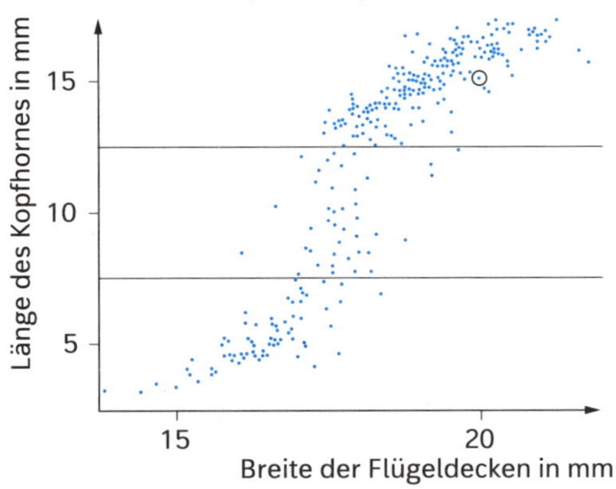

Hornlängen des kolumbianischen Zuckerrohrkäfers

Kompetenzerwartungen:

1. Beschreibung Punktdiagramm
   - Für den kolumbianischen Zuckerrohrkäfer ist die Länge des Kopfhorns in mm auf der senkrechten (y) Achse gegen die Breite der Flügeldecken auf der waagerechten (x) Achse in mm aufgetragen.
   - Die Punkte in der Abbildung stehen für jeweils einen vermessenen Käfer. Der hervorgehobene Punkt in der Abbildung bedeutet, dass bei einem Käfer mit einer Flügeldeckenlänge von 20 mm eine Kopfhornlänge von 15 mm festgestellt wurde.
   - Auffällig ist, dass es viele Käfer mit einem kleinen Kopfhorn von etwa 5 mm gibt, deren Flügeldeckengröße zwischen etwa 13 und 17 mm liegt, und gleichzeitig sehr viele Käfer mit einem großen Kopfhorn von ca. 15 mm gibt, die Flügeldecken zwischen 17 und 22 mm Länge besitzen.

- Die beiden grauen waagerechten Linien in der Abbildung teilen die Population in drei Käfergruppen, in die bereits erwähnten kleinen Käfer mit einem kleinen Kopfhorn und die großen Käfer mit großem Kopfhorn, die den größten Anteil an der Population haben. Daneben gibt es mittelgroße Käfer mit einer Flügeldeckenlänge um die 17,5 mm, deren Kopfhornlänge zwischen 7,5 und 12,5 mm schwankt. Diese Gruppe von Käfern ist die kleinste innerhalb der Population.

2. Erstellen eines Kurvendiagramms

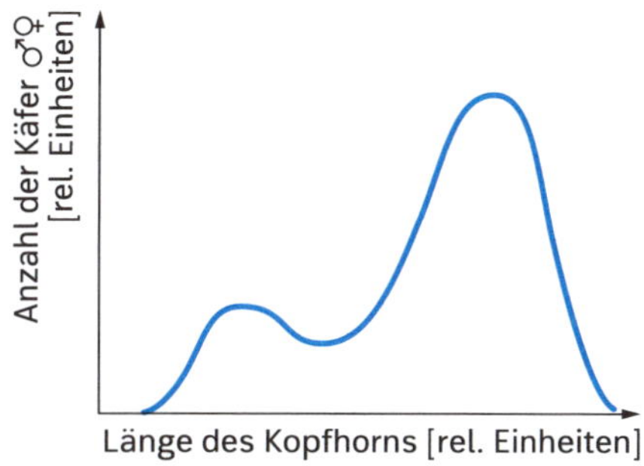

3. Hypothese
   Auf den Zuckerrohrfeldern herrscht eine disruptive Selektion. Sowohl Käfer mit einem großen Kopfhorn als auch solche mit einem kleinen Kopfhorn werden in der Population selektiert, während solche mit einem mittelgroßen Kopfhorn benachteiligt sind. Durch die Wirkung verschiedener Umwelt- bzw. Selektionsfaktoren könnte es in der Zukunft zu einer sympatrischen Artaufspaltung von großen und kleinen Käfern kommen.

Bei der **allopatrischen** Artenbildung führt die räumliche Trennung von Teilpopulationen zu einer Aufspaltung und Veränderung der beiden Genpools aufgrund unterschiedlicher Mutationen und Selektionen, die von den unterschiedlichen Umwelteinflüssen ausgehen. Bei beiden Formen der Artbildung kommt es zu einer genetischen Separation, also der Auftrennung des Genpools. Bei einer allopatrischen Artbildung zeigt sich dies aber erst, wenn nach einem Wegfall der geografischen Isolationsschranken die zuvor getrennten Populationen keine gemeinsamen Nachkommen mehr erzeugen.

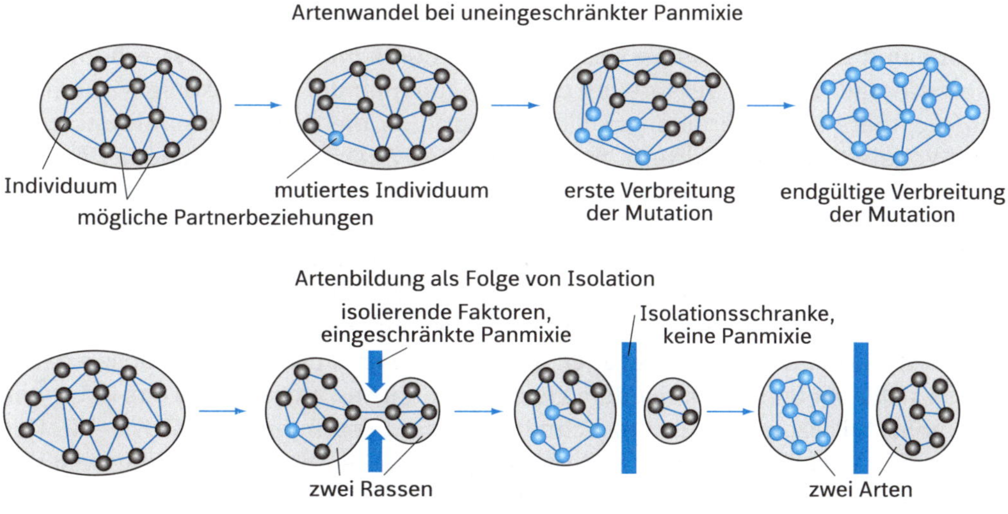

Entwicklung von Arten

Gelangen Gründerindividuen in einen Raum, in dem noch wenige ökologische Nischen ausgebildet sind, divergiert die neue Stammpopulation aufgrund vielfältiger Evolutionsfaktoren sehr schnell in viele Teilpopulationen. Dabei bilden die Teilpopulationen viele unterschiedliche ökologische Nischen aus (Einnischung). Dieser Vorgang wird adaptive Radiation genannt. Beispiele hierfür sind die Darwinfinken auf dem Galapagos-Archipel, die Kleidervögel auf Hawaii, die Beuteltiere Australiens oder die Tanreks auf Madagaskar, aber auch die vielen heimischen Hummelarten.

Evolution und Verhalten

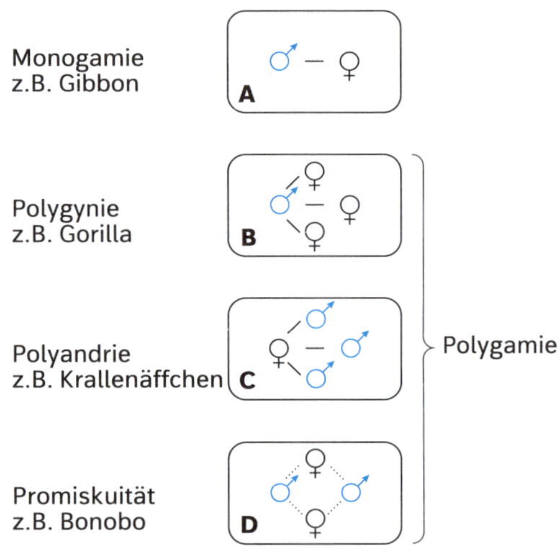

Schematische Darstellung von Paarungssystemen

Pflanzen sich Individuen fort, geben sie ihre Gene in den Genpool der nächsten Generation weiter. Das Ausmaß dieser Weitergabe ist abhängig von der Anzahl eigener Nachkommen im Vergleich zu denen anderer Artgenossen und wird als Fitness bezeichnet. Neben der direkten Weitergabe eigener Gene (direkte Fitness) werden diese auch indirekt durch Verwandte weitergegeben (indirekte Fitness). Je näher dabei die Verwandtschaft, desto größer ist die Wahrscheinlichkeit, dass deren Gene mit den eigenen übereinstimmen. Die Summe aus direkter und indirekter Fitness bezeichnet man als Gesamtfitness eines Individuums. Folglich lässt sich uneigennütziges (altruistisches) Verhalten Verwandten gegenüber damit erklären, dass die Gesamtfitness durch indirekte Fitness erhöht wird. Darunter fällt z. B. die Versorgung der Nachkommen der Bienenkönigin durch die unfruchtbaren Arbeiterinnen im Bienenstaat oder die Verwandtenunterstützung von Vogeleltern beim Füttern der Jungen. Das Paarungsverhalten im Tierreich ist vielfältig. Mit Monogamie wird ein Paarungssystem bezeichnet, bei dem ein Weibchen sich immer nur mit einem Männchen paart. Polygamie bezeichnet ein Paarungssystem, bei dem ein Individuum mehrere Partner hat. Hier wird noch weiter unterschieden: Hat ein Weibchen mehrere Männchen, mit denen es sich paart, diese sich aber immer nur mit dem gleichen Weibchen paaren, nennt man dies Polyandrie. Wenn sich dagegen ein Männchen mit mehreren Weibchen paart, diese sich aber immer nur mit dem gleichen Männchen paaren, wird das Polygynie genannt. Mit Promiskuität bezeichnet man ein System, in dem sich beide Geschlechter jeweils mit mehreren Partnern paaren. Die Angehörigen der jeweiligen Paarungssysteme zeigen entsprechend angepasste Körpermerkmale. So sind z. B. die Hoden von in Konkurrenz stehenden Männchen (z. B. Schimpansen) relativ größer als die solcher, die in Monogamie leben (z. B. Gibbon).

Sexuelle Selektion

Zwischen männlichen und weiblichen Vertretern einer Art lassen sich zum Teil eindeutige Unterschiede im Aussehen feststellen. Man bezeichnet sie als Sexualdimorphismen (z. B. prächtige Federkleider, große Geweihe). Das Vorhandensein solcher Strukturen, die gegenüber den Weibchen (intersexuell) oder gegenüber anderen Männchen (intrasexuell) eine Signalwirkung haben, wirkt sich auf den Fortpflanzungserfolg aus. Es handelt sich also um eine innerartliche Form der Selektion, der sexuellen Selektion.

Die auffälligen phänotypischen Ausprägungen sind im Sinne der natürlichen Selektion häufig eher von Nachteil. Ein Beispiel hierfür ist die Schwanzlänge des Hausschweif-Widas, einem Vertreter der Webervögel, der bis zu 23 cm groß wird. Untersuchungen zur Aerodynamik haben ergeben, dass eine Schwanzlänge von 20 – 25 % im Verhältnis zur Körperlänge optimal ist. Für den Hausschweif-Wida würde sich so eine Länge von etwa 5 – 6 cm ergeben. Während der Paarungszeit erreicht der Schwanz eine Länge von bis zu 50 cm. In Bezug auf die Flugeigenschaft, die sowohl für das Fluchtverhalten als auch den Beutefang entscheidend sind, bedeutet dies einen Selektionsnachteil. Männchen mit längeren Schwanzfedern bauen jedoch mehr Nester mit verschiedenen Weibchen und zeugen mehr Nachkommen, was einen Selektionsvorteil darstellt.

Stammbäume

a. Systematik und phylogenetischer Stammbaum (ÜA 14)

Die heute benutzte Systematik der Pflanzen und Tiere geht auf Carl von Linné (1707 – 1778) zurück. Er gab den Lebewesen zweiteilige Namen (Gattung und Art) und ordnete sie auf der Basis von morphologischen Ähnlichkeiten. So fasste er ähnliche Arten zu Gattungen, ähnliche Gattungen zu Familien usw. zusammen. Dieses System von Linné wird heute noch fast unverändert benutzt. Die Wirbeltiere werden z. B. in Klassen gegliedert: Fische, Amphibien, Reptilien, Vögel und Säuger. Linné ging von der Konstanz der Arten aus.
Stammbäume werden u. a. aufgrund von Vergleichen, also durch Feststellung von Ähnlichkeiten und Unterschieden, erstellt (s. o. Ähnlichkeiten im Bauplan, Biochemie etc.). Aufgrund des unterschiedlichen Vergleichsmaterials können sie dann natürlich ganz verschieden aussehen. Der *Stammbaum der Wirbeltiere* in der folgenden Abbildung beruht auf dem Vergleich bestimmter Organe im Bauplan der Tiere.

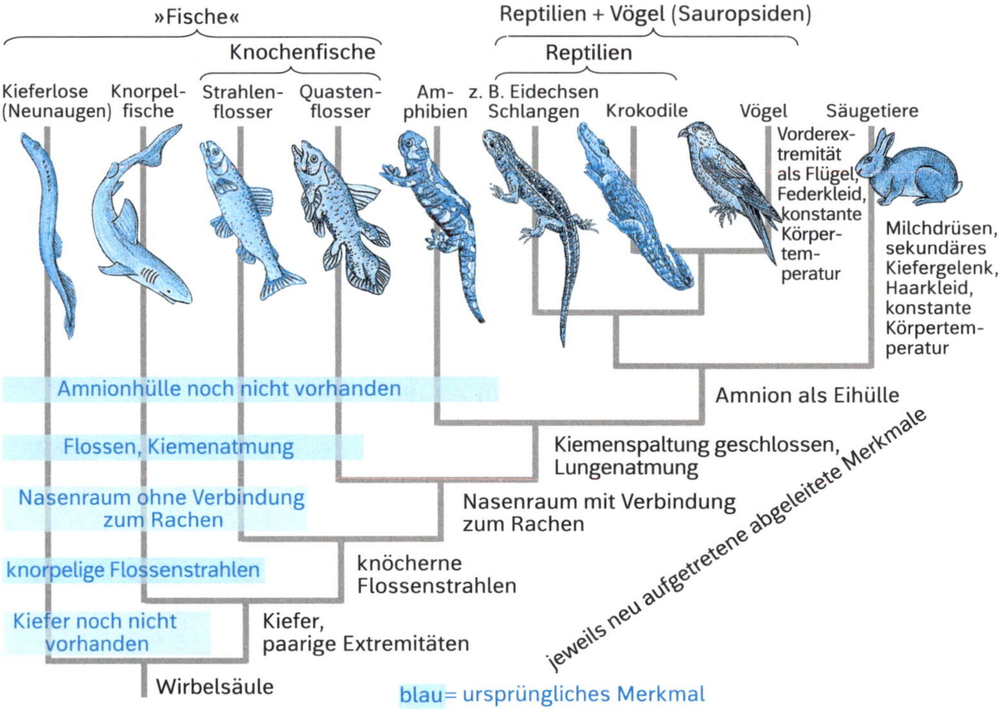

Stammbaum der Wirbeltiere

Vergleicht man dagegen funktionsgleiche Proteine bei unterschiedlichen Lebewesen, kann man aufgrund der Abweichungen in der Aminosäuresequenz einen anderen Stammbaum aufstellen.

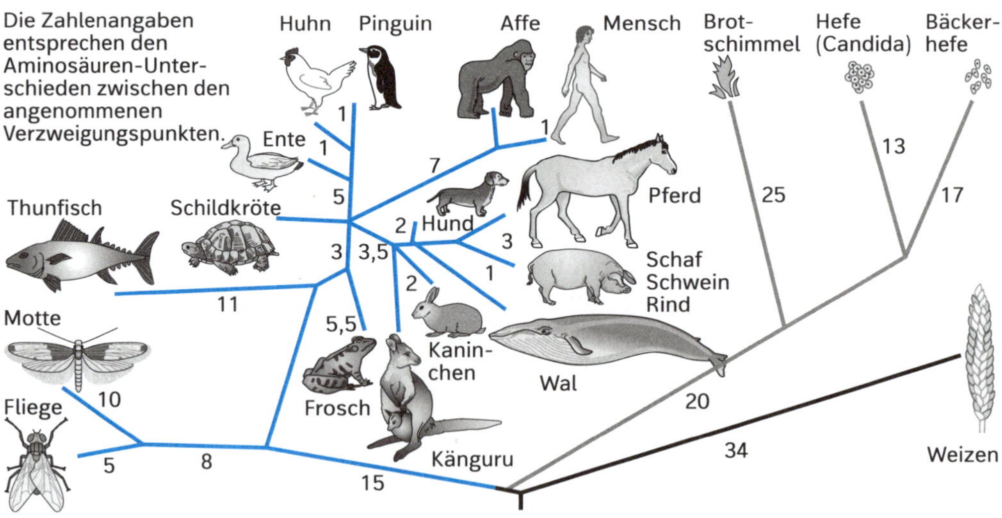

Stammbaum nur auf Basis des Vergleichs des Enzyms Cytochrom

Stammbaum der Primaten

Schon LINNÉ hat den Menschen problemlos in sein System eingeordnet und ihn mit den Affen und Halbaffen zur Ordnung der Primaten (Herrentiere) zusammengefasst. Durch neuere Erkenntnisse konnte die Klassifikation der Primaten verfeinert und mithilfe weiterer Methoden zu einer Erstellung des Stammbaums der Primaten genutzt werden.

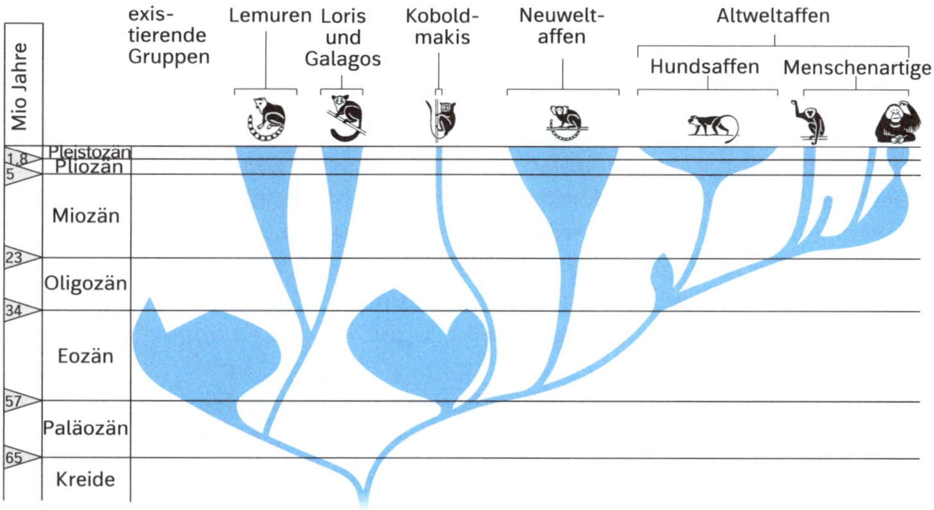

Stammbaum der Primaten

Oft unterstützen unterschiedliche Hinweise die gleiche Hypothese über die stammesgeschichtliche Entwicklung. Manchmal können diese Hinweise auch widersprüchlich sein. Dann können verschiedene Hypothesen aufgestellt werden und somit unterschiedliche Stammbäume erstellt werden. Wichtig ist: Stammbäume sind nur Hypothesen und sind nicht immer widerspruchsfrei. Sie können je nach Gewichtung der verschiedenen Hinweise unterschiedlich sein und sich im Laufe der Zeit ändern.

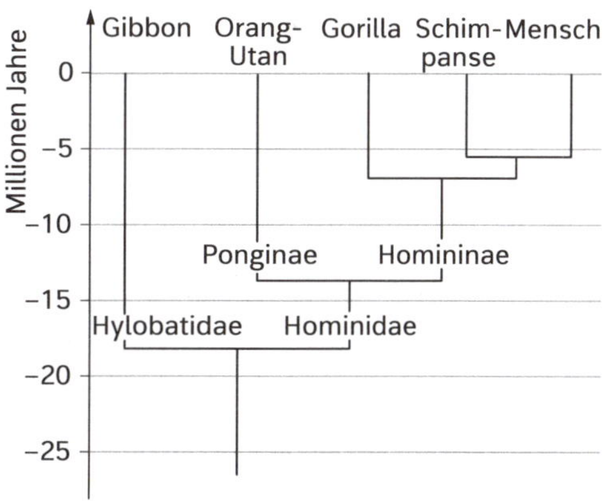

Stammbaum der Hominoiden

Methodischer Hinweis: Umgang mit phylogenetischen Stammbäumen

In einer Stammbaumdarstellung werden Gruppierungen von Organismen dargestellt, die sowohl auf eine Ausgangsart zurückzuführen sind als auch zusammen alle bekannten Nachkommen dieser Ausgangsart umfassen. Dabei steht eine Ausgangsart jeweils an einer Verzweigung des Stammbaums.

Man nennt Gruppen, die Nachkommen einer nur ihnen gemeinsamen Ausgangsart sind, monophyletisch (auf eine Stammart zurückgehend). Eine monophyletische Gruppe enthält alle abgeleiteten Gruppen einer einzigen Ausgangsart.

Wie erkennt man einen monophyletischen Verwandtschaftskreis?

- Man benötigt möglichst viele homologe Merkmale bei unterschiedlichen Arten. Diese fasst man dann in einer Großgruppe zusammen und schätzt ab, wie groß der Grad der Ableitung von einem ursprünglichen Merkmal ist.
- Durch Ordnen von Untergruppen und Probieren erhält man dann ein Stammbaumdiagramm einer monophyletischen Gruppe, die durch abgeleitete Merkmale gekennzeichnet ist.
- Alle Vertreter eines monophyletischen Verwandtschaftskreises weisen abgeleitete Merkmale auf, die bei der Stammart dieser Gruppe erstmals aufgetreten waren. Auf die monophyletische Entstehung einer Gruppe kann man also nur mithilfe abgeleiteter Merkmale schließen, nicht mit ursprünglichen; denn solche können auch nicht monophyletischen Gruppen gemeinsam sein.

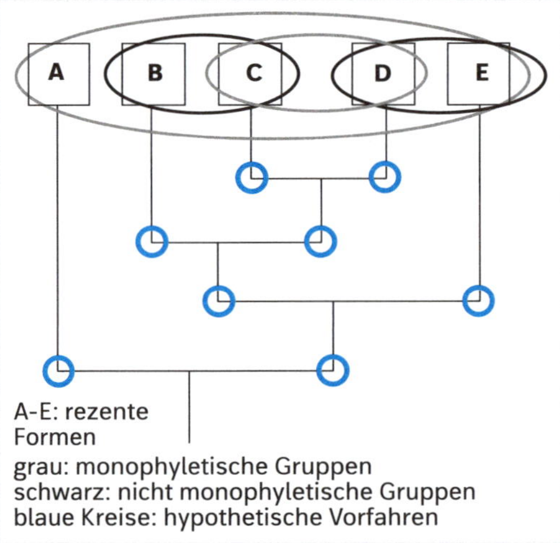

Monophyletische und polyphyletische Gruppen

Evolution des Menschen (ÜA 14)

Stammbaum des Menschen

Folgende **fossile** anatomisch-morphologische Merkmale spielen bei der Erstellung des Stammbaums der Menschen und Menschenaffen eine Rolle:

- Die Lage des Hinterhauptloches in der Schädelbasis ist ein Hinweis auf die Angepasstheit an den aufrechten Gang (je mehr das Loch in der Mitte liegt, desto fortgeschrittener ist der Grad der Angepasstheit).
- Form des Schädels: Kräftige Überaugenwülste, eine weit vorspringende Schnauze (Prognathie) und ein fliehendes Kinn sind Merkmale der Menschenaffen. Größeres Hirnvolumen, Stirn und ein spitz zulaufendes Kinn sind Menschenmerkmale.
- Das Becken gibt Hinweise über die Angepasstheit an den aufrechten Gang. Eine schüsselartige Form ist ein Hinweis auf den aufrechten Gang.
- Eine doppel S-förmige Wirbelsäule zeigt wegen ihrer mechanischen Eigenschaften ebenfalls die Angepasstheit an den aufrechten Gang an.
- Form des Gebisses: Menschenaffen haben im Gegensatz zum Menschen parallele Zahnreihen und eine Lücke zwischen Schneidezähnen und Eckzähnen.
- Die Füße können mehr als Greiffuß oder mehr als Standfuß entwickelt sein.
- Die Hände können mit einem kurzen fast funktionslosen Daumen mehr ans Hangeln oder mit einem opponierbaren (gegenübergestellten) Daumen mehr ans Greifen angepasst sein.

Name: Homo rudolfensis
Größe: bis 1,55 m
Fundort: Turkana-(Rudolf-)See
Alter: 2,5 bis 1,8 Mio. Jahre
Gehirnvolumen: 600 bis 800 cm^3

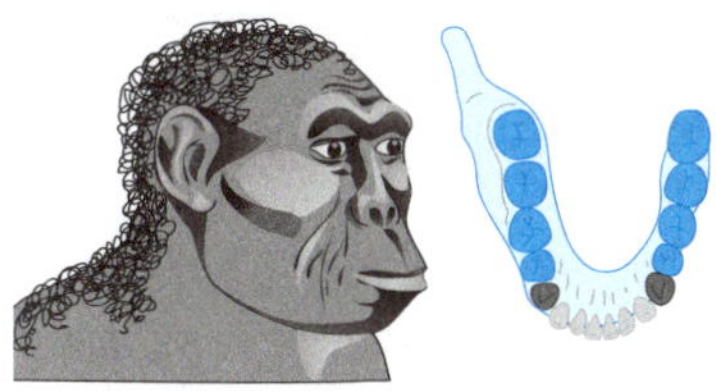

Name: Homo habilis
Größe: bis 1,65 m
Fundort: Olduvai-Schlucht
Alter: 2,1 bis 1,5 Mio. Jahre
Gehirnvolumen: 500 bis 650 cm^3

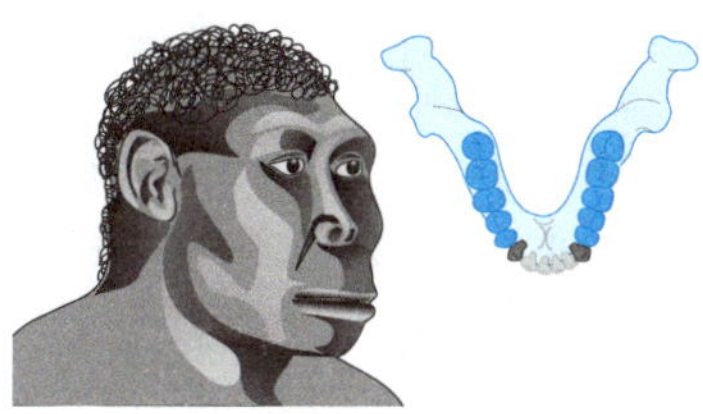

Name: Homo erectus
Größe: bis 1,65 m
Fundort: Turkana-See, Java, China
Alter: 1,8 Mio. bis 40000 Jahre
Gehirnvolumen: 750 bis 1250 cm^3

Merkmale und Lebend-Rekonstruktion dreier Arten der Gattung Homo

Für den exakten Stammbaum des Menschen hat man sehr viele und unterschiedliche Evolutionshinweise miteinander verglichen. Zudem hat man die paläontologischen Funde der Vorfahren des Menschen mit Hilfe unterschiedlichsten Datierungsmethoden versucht, zeitlich möglichst exakt einzuordnen, sodass heute die phylogenetische Entwicklung des Menschen recht genau nachvollzogen werden kann, was sich in einem detaillierten Stammbaum niederschlägt. Allerdings wird dieser aufgrund aktueller fossiler Neufunde immer wieder in Einzelheiten verbessert. Manchmal stehen sich auch unterschiedliche Einschätzungen von paläontologischen Funden einander gegenüber, sodass verschiedene Hypothesen über die Entwicklung des Menschen sich in verschiedenen Stammbäumen finden. Im Folgenden finden Sie einen Stammbaum, der der heutigen gängigen Hypothese entspricht.

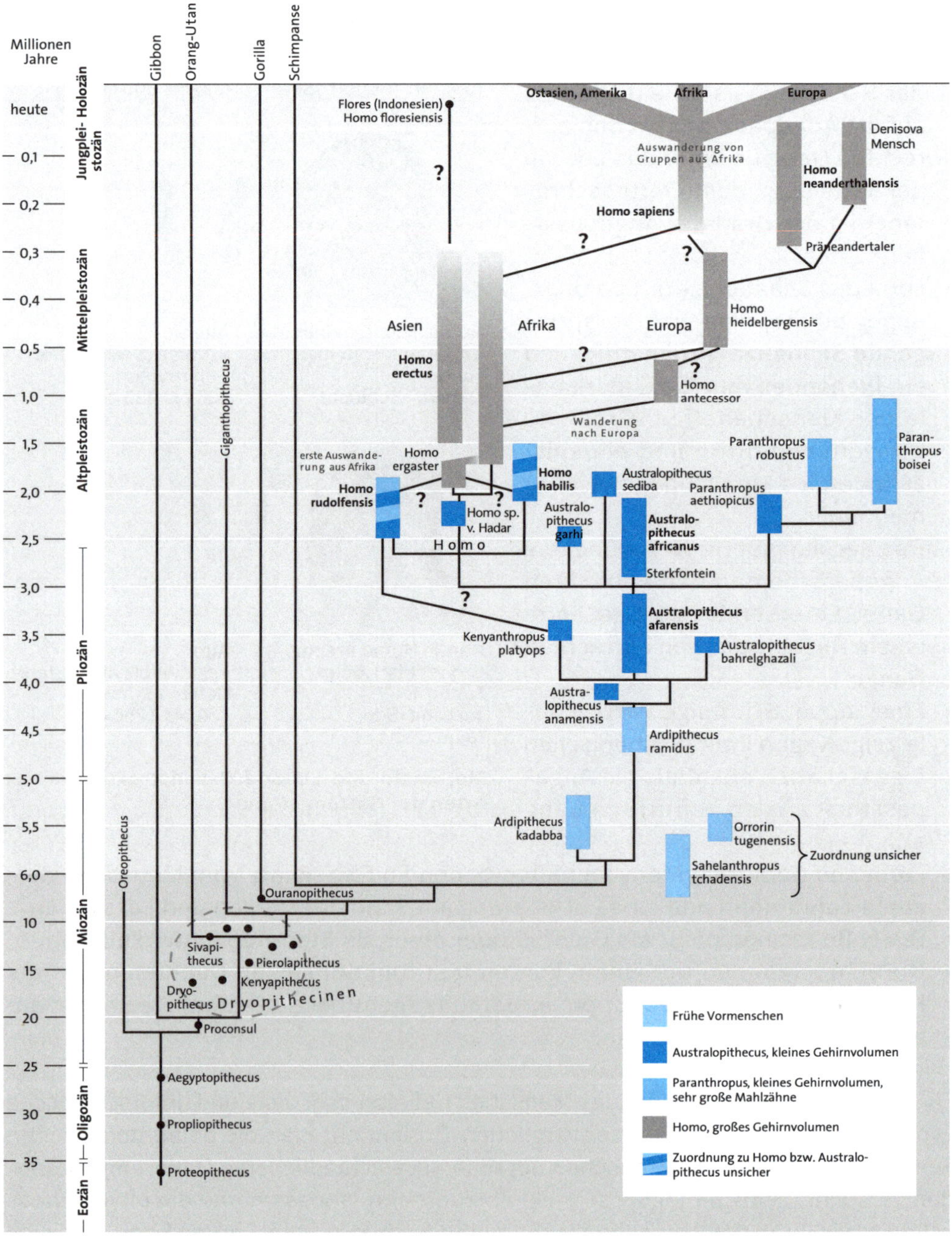

Zum Begriff der menschlichen Rasse

Alle Menschen gehören einer Art an, *Homo sapiens*. Es ist jedoch unumstritten, dass sich Menschen in verschiedenen Merkmalen, wie z. B. der Haut- und Haarfarbe, Form der Augen oder der Struktur ihrer Haare unterscheiden. Doch kann man sie aufgrund der phänotoypischen Unterschiede in weitere Untergruppen, wie z. B. Rassen unterteilen? In der Vergangenheit wurden in diesem Zusammenhang viele verschiedene Rassensystematiken aufgestellt. Diese basierten häufig auf sichtbaren Merkmalen und waren i. d. R. an eine soziale Bewertung gebunden.
Aus historischer und gesellschaftlicher Sicht ist eine Einteilung in menschliche Rassen äußerst kritisch zu sehen. Immer wieder wurden vermeintlich wissenschaftliche Klassifizierungen in verschiedene Rassen genutzt, um Menschen aufgrund bestimmter Merkmale zu bewerten und einzelne Gruppen zu diskriminieren. So wurden in der Vergangenheit, durch Rassenpolitik und Rassenideologie begründet, grausame Verbrechen an Menschen verübt, wie z. B. während Zeit der Sklaverei, der Apartheid oder des Nationalsozialismus.
Wie lassen sich aber die unterschiedlichen und sichtbaren Merkmale bei den Menschen biologisch erklären und wie kann man sie sprachlich beschreiben?
Genetische Unterschiede zwischen einzelnen Populationen lassen sich durch Mutation, Selektion, Gendrift und Genfluss erklären. Eine dunklere Hautfarbe oder die Lidfalte bedeuten für die Menschen in bestimmten Regionen einen Selektionsvorteil (z. B. Schutz vor UV-Licht, Schnee, Sand). Diese zwischen einzelnen Populationen voneinander abweichenden Merkmale des Menschen werden jedoch durch nur wenige Gene codiert, sodass der genotypische Unterschied zu anderen Menschen vergleichsweise minimal ist.
Menschen lassen sich auch aufgrund genetischer Abweichungen in nicht codierenden DNA-Abschnitten unterschiedlichen Verwandtschaftsgruppen zuordnen. Das sind Unterschiede in einzelnen Basen, die man SNPs (*single nucleotid polymorphisms*) nennt. Populationen, die ein charakteristisches SNP-Muster teilen, können sogenannten Haplogruppen zugeordnet werden.
Doch der Begriff Rasse trennt, spaltet auf. Biologen verwenden ihn im Zusammenhang mit dem Menschen in der Regel nicht mehr. In der Zoologie wird der Begriff Rasse heute mit dem der Unterart gleichgesetzt. Eine Unterart bezeichnet Populationen, die geografisch voneinander getrennt sind, sich klar unterscheiden und über längere Zeit getrennte Stammeslinien bilden. Beim modernen Menschen gibt es keine Unterarten.
Eine Folge der Globalisierung ist die zunehmende Durchmischung der Weltbevölkerung, durch die Trennlinien immer mehr aufgehoben werden. Lässt man die beschriebenen Merkmale, in denen sich die Menschen so offensichtlich unterscheiden, außer Acht und betrachtet seine gesamte DNA-Sequenz, zeigt sich, dass die wenigen Gene, in denen sich Populationen voneinander unterscheiden, bedeutungslos sind. Zwei beliebige Menschen unterscheiden sich in 0,1 bis 0,3 % des Genoms. So können die Unterschiede z. B. zwischen zwei Individuen einer Haplogruppe genetisch größer sein als die zwischen zwei Individuen unterschiedlicher Haplogruppen. M. a. W. können sich ein Franzose und ein Deutscher genetisch stärker voneinander unterscheiden als ein Deutscher und ein Chinese.

4 Übungsaufgaben

Die Identifizierung von Verwandten mithilfe des genetischen Fingerabdrucks beim Menschen

Aufgabe 1: Vaterschaftstest

Einleitung

Zu den Methoden von Vaterschaftstests gehört u. a. die Untersuchung bestimmter DNA-Abschnitte, in denen sich wiederholende DNA-Muster zu finden sind. Die Molekulargenetiker bezeichnen diese Wiederholungseinheiten, die eine Länge von 2 bis 7 Basenpaaren haben, als STRs (short tandem repeats). Sie liegen in den nicht codierenden Abschnitten der DNA und enthalten somit keine Gene für bestimmte Merkmale.
Auf der Suche nach ihren Eltern wurde bei Anne eine DNA-Analyse durchgeführt, bei der drei unterschiedliche DNA-Abschnitte mit STRs verwendet wurden: D3S1358, vWA und FGA. Diese Abschnitte wurden herausgeschnitten, vervielfältigt und mit einem Fluoreszenzfarbstoff angefärbt.
Die Länge dieser Abschnitte und damit die Anzahl der Wiederholungseinheiten wurden über eine Kapillarelektrophorese bestimmt.

Aufgabenstellung

1. **Beschreiben** Sie aufgrund der Angaben in M1, wie sich die Kapillarelektrophorese von der Gelelektrophorese unterscheidet.
2. **Erläutern** Sie, was man unter einer Wiederholungseinheit innerhalb eines DNA-Abschnitts versteht.
3. **Ermitteln** Sie das STR-Muster, das Anne aufgrund der DNA-Analyse laut Abbildung 4 besitzt.
4. **Geben** Sie für jede STR-Region **an**, welche STR-Muster für den Vater von Anne und welche jeweils für ihre Mutter in Frage kommen könnten.
5. **Ermitteln** Sie die Wahrscheinlichkeit, dass irgendeine andere Person in der Bevölkerung das gleiche STR-Muster für alle drei untersuchten DNA-Abschnitte wie Anne aufweist unter der Annahme, dass die Häufigkeit des jeweiligen STR-Musters für den einzelnen DNA-Abschnitt (D3S1358, vWA und FGA) jeweils bei 10 % liegt.
6. **Begründen** Sie, warum Vaterschaftstests nur unter Einwilligung der betroffenen Person durchgeführt werden dürfen.

Material

M1 Kapillarelektrophorese

Bei der Kapillarelektrophorese wandern die geladenen Teilchen (im vorliegenden Fall die DNA-Fragmente) unter Einfluss eines elektrischen Feldes in einem dünnen Kapillarrohr. Die Kapillaren haben eine Länge von mehr als 30 cm und einen Durchmesser von wenigen µm. Dadurch können DNA-Fragmente, die sich nur um ein Nukleotid unterscheiden, sicher voneinander getrennt werden. Kurz vor dem Ende der Kapillare erfasst ein Laser aufgrund ihrer Fluoreszenzmarkierung die Ankunft der unterschiedlich langen DNA-Abschnitte. Kleine Fragmente werden aufgrund ihrer Wanderungsgeschwindigkeit eher erfasst als größere.

M2 Elektropherogramm

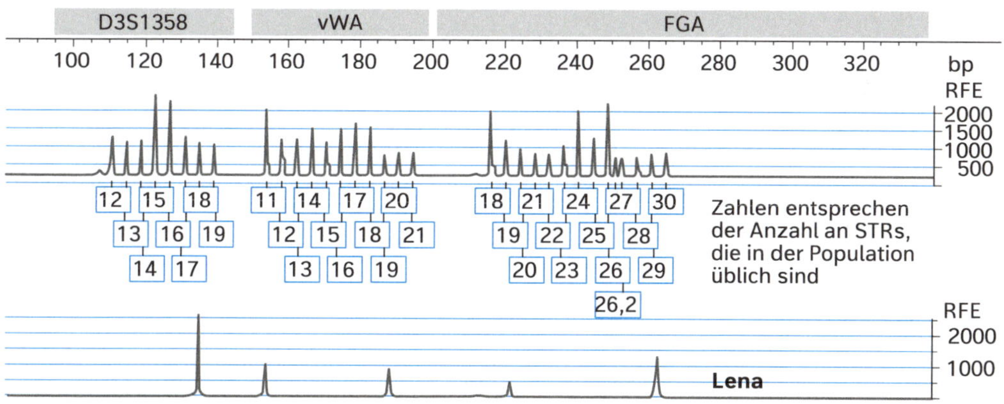

M2 Ergebnis der DNA-Analyse dreier DNA-Abschnitte mit STRs bei Anne (unten). Oben die mögliche Anzahl an Basenpaaren (bp) bzw. die Länge der untersuchten DNA-Abschnitte D3S1358, vWA und FGA; Mitte: Bezugssequenzen aller bekannter STRs der Population.

Anmerkung: Deutliche Ausschläge der Fluoreszenzmessung (in relativen Einheiten: RFE) zeigen bestimmte STR-Sequenzen an. Dabei entspricht ein Peak an einer bestimmten Position der angegebenen Anzahl von Wiederholungseinheiten.

Lösungen

1. Im Gegensatz zur Gelelektrophorese, die in einer Elektrophoresekammer abläuft, wandern die Ionen bei einer Kapillarelektrophorese durch eine Kapillare. Bei beiden Methoden müssen die DNA-Fragmente markiert bzw. angefärbt werden, um sie identifizieren zu können. Die Länge der DNA-Fragmente wird in der Gelelektrophorese aufgrund ihrer zurückgelegten Wanderungsstrecke bestimmt, bei der Kapillarelektrophorese wird über die Wanderungsgeschwindigkeit der DNA-Stücke durch die ganze Kapillare hindurch ihre Länge ermittelt.

2. Wiederholungseinheiten bestehen aus Nukleotidsequenzen der DNA, die stets direkt aufeinander folgen. Sie sind durch eine bestimmte Basenabfolge aus den vier Nucleinbasen Adenin (A), Thymin (T), Guanin (G) und Cytosin (C) gekennzeichnet, z. B. ist ATA eine Einheit aus 3 bp.

3. D3S1358: 18/18, vWA 11/20, FGA 19/29

4. D3S1358: ♂ 18/X(12-19) und ♀ 18/X(12-19); vWA: ♂ 11/X(11-21) und ♀ **20**/X(11-21) oder ♂ 20/X(11-21) und ♀ 11/X(11-21); FGA: ♂ 19/X(18-29) und ♀ **29**/X(18-29) oder ♂ 29/X(18-29) und ♀ **19**/X(18-29)

5. 0,1 x 0,1 x 0,1 = 0,001 entspricht 0,1 %.

6. In der Art Ihrer Argumentation sind Ihnen große Freiheiten eingeräumt. Inhaltliche Anhaltspunkte kann das Gendiagnostikgesetz bieten. Danach sind genetische Untersuchungen zur Feststellung der Abstammung nur dann zulässig, wenn die Personen, von denen eine genetische Probe untersucht werden soll, in die Untersuchung eingewilligt haben. Die Vornahme oder Veranlassung einer „heimlichen" Abstammungsuntersuchung wird als Ordnungswidrigkeit geahndet. Das Gesetz stärkt die informationelle Selbstbestimmung und damit das Recht auf Wissen und Nichtwissen. Argumente der betroffenen Personen, also der Kinder, können auch psychisch, z. B. Ängste vor dem Verlust der emotionalen Sicherheit, oder finanziell bestimmt sein.

Selbstdiagnosebogen

Aufgabe Nr.	Kernkompetenz	AFB	Punkte	erreichte Punkte	Förderung
1	Vergleich der Kapillarelektrophorese mit der Gelelektrophorese	II	3		Gelelektrophorese
2	Beschreibung der Wiederholungseinheiten (Tandem-Repeats) in der DNA	I	3		molekularer Aufbau der DNA, besonders nicht-codogene Abschnitte mit Tandem-Repeats (S. 20 ff.)
3	Erfassen der variablen Wiederholungen von Basenfolgen innerhalb eines DNA-Abschnitts aufgrund eines Elektropherogramms	I	3		Umgang mit Diagrammen (S. 52 ff.)
4	Aufgrund des Genotyps des Kindes Rückschließen auf die Genotypen der Eltern	II	6		1. und 2. MENDEL-Regel (S. 17)
5	Einfache Wahrscheinlichkeitsberechnung	II	2		Wahrscheinlichkeitsrechnung
6	Beurteilung des Einsatzes von Vaterschaftstests	III	4		Diskussion um das Gendiagnostikgesetz (S. 33)

Gesamtpunkte: 21, davon AFB I: 6 Punkte (30 %); AFB II: 11 Punkte (50 %); AFB III: 4 Punkte (20 %)

Materialgrundlage:

Köhnemann S.: Einsatz spurenkundlicher und molekulargenetischer Untersuchungen in der Rechtsmedizin. Institut für Rechtsmedizin, Universitätsklinikum Münster 2009

http://campus.uni-muenster.de/fileadmin/einrichtung/rechtsmedizin/medizin/molekulargenetik.PDF

http://www.fbi.gov/about-us/lab/codis

http://www.biology.arizona.edu/human_bio/activities/blackett2/str_description.html

Umgang mit Experimenten: Fragestellung, Hypothesenbildung, Auswertung der Ergebnisse; der genetische Code

Aufgabe 2: Entschlüsselung des genetischen Codes

Einleitung

Nachdem 1953 WATSON und CRICK den Aufbau der Erbsubstanz und damit die Struktur der DNA entdeckt hatten, gingen schon bald Wissenschaftler der Frage nach, wie sich die Abfolge der Nukleotide in der DNA in eine Abfolge von Aminosäuren übersetzen lässt. NIRENBERG und MATTHAEI führten in den 1960iger Jahren eine Vielzahl von Versuchsreihen zur Entschlüsselung des genetischen Codes durch und fanden u. a. heraus, dass jeweils drei Nukleotide eine Aminosäure codieren.

Aufgabenstellung

1. **Beschreiben** Sie den Teilvorgang der Proteinsynthese, der im Reaktionsgemisch der drei Versuchsreihen von NIRENBERG und MATTHAEI ablief, und gehen Sie dabei auf die Unterschiede zum normalen Ablauf der Proteinbiosynthese ein.
2. **Erläutern** Sie, welche Substanzen im Gemisch der Versuchsreihe 1 enthalten sein mussten und welche nicht enthalten sein durften. **Stellen** Sie **dar**, welche allgemeine Fragestellung der Versuchsreihe 1 zugrunde lag. **Stellen** Sie dann konkrete **Hypothesen auf**, die NIRENBERG und MATTHAEI mit ihrer Versuchsreihe 1 beweisen oder falsifizieren wollten. Nennen Sie das Ergebnis der Versuchsreihe.
3. **Beschreiben** Sie aufgrund von Tabelle 2 das Beobachtungsergebnis der Versuchsreihe 2 und **werten** Sie es im Hinblick auf die zugrundeliegenden Hypothesen **aus**.
4. **Beschreiben** Sie aufgrund von Tabelle 3 das Beobachtungsergebnis der Versuchsreihe 3 und **begründen** Sie es mit Hilfe der Code-Sonne aus M2.

Material

M1 Versuchsreihen zur Entschlüsselung des genetischen Codes

NIRENBERG und MATTHAEI arbeiteten im zellfreien System mit einem Extrakt aus zerriebenen Bakterien, der alle für die Proteinbiosynthese wichtigen Zellbestandteile enthielt. Um bestimmte Aminosäuren in den synthetisierten Peptidsträngen nachweisen zu können, wurden sie radioaktiv markiert. Im Reagenzglas gaben sie dem Extrakt künstlich synthetisierte mRNA, Aminosäuren und ATP zu, um die Proteinsynthese zu aktivieren. Allerdings hatten sie keinen Einfluss auf den Startpunkt der Translation. Es blieb dem Zufall überlassen, an welcher Stelle der synthetisierten mRNA die Translation begann. Dann filtrierten Sie das Gemisch und prüften die radioaktive Strahlung

im Filtrat und im Filter, der für nicht gebundene markierte Aminosäuren, aber nicht für Aminosäureketten durchlässig war.
Für die Synthese von mRNA wie z. B. dem Polynukleotid Poly-U, das aus einer Nukleotidkette von ausschließlich Uracil-Nukleotiden bestand, verwendeten sie das Enzym Polynukleotid-Phosphorylase, das die Reaktion M1 a katalysiert.
Anmerkung: Vor den Experimenten war noch nicht bewiesen, wie viele Nukleotide (mit ihren jeweiligen Basen) eine Aminosäure codieren. Auch war noch nicht geklärt, welches Basentriplett für welche Aminosäure steht.

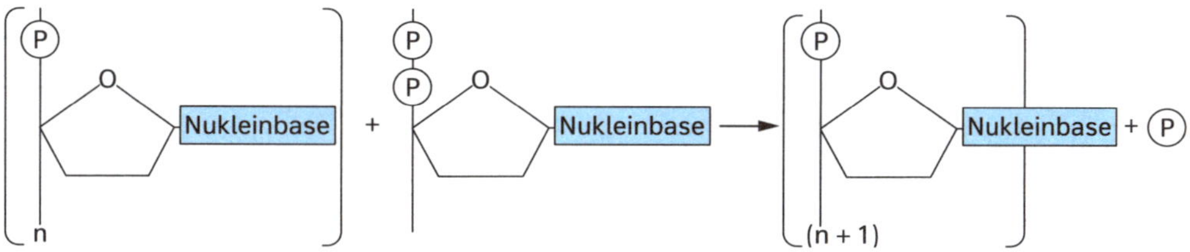

M1 a Enzymreaktion der Polynukleotid-Phosphorylase: Anheftung eines Nukleotids an eine Polynukleotidkette

Tabelle 1: Ergebnisse der Versuchsreihe 1 mit synthetisierten mRNA-Abschnitten (Poly-Nukleotiden), die nur aus Nukleotiden eines Basentyps bestand

zugefügtes Polynucleotid	^{14}C-Impulse im Filter bei Zugabe von markierten Aminosäuren		
	Phenylalanin	**Lysin**	**Serin**
keines	weniger als 70	weniger als 70	weniger als 70
Poly-U	39.800	weniger als 70	weniger als 70
Poly-C	weniger als 70	weniger als 70	weniger als 70
Poly-A	weniger als 70	43.700	weniger als 70

Tabelle 2: Ergebnisse der Versuchsreihe 2 mit synthetisierten mRNA-Abschnitten (Poly-Nukleotiden), die nur zwei Basentypen enthielt

zugefügtes Polynucleotid	synthetisierte Peptidkette	
Poly-UC	Poly-Ser	Poly-Leu
Poly-AG	Poly-Arg	Poly-Glu

Tabelle 3: Ergebnisse der Versuchsreihe 3 mit synthetisierten mRNA-Abschnitten (Poly-Nukleotiden), die drei Basentypen enthielt

zugefügtes Polynucleotid	synthetisierte Peptidkette		
Poly-UUC	Poly-Phe	Poly-Ser	Poly-Leu
Poly-GUA	Poly-Val	Poly-Ser	–

M2 Der genetische Code

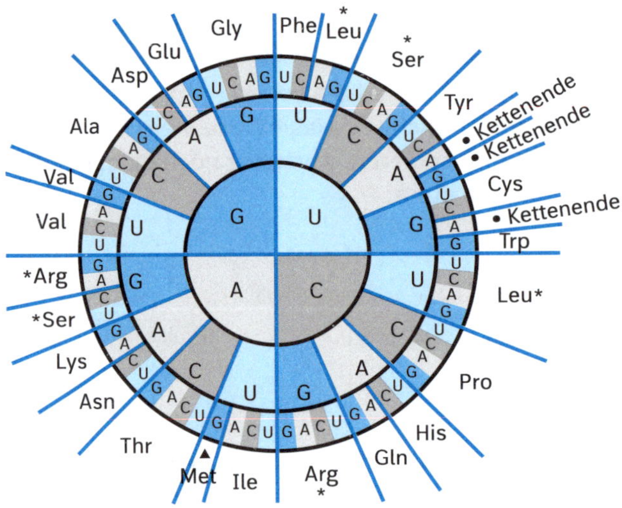

Phe	Phenylalanin
Leu	Leucin
Ser	Serin
Tyr	Tyrosin
Cys	Cystein
Trp	Tryptophan
Pro	Prolin
His	Histidin
Gln	Glutamin
Arg	Arginin
Ile	Isoleucin
Met	Methionin
Thr	Threonin
Asn	Asparagin
Lys	Lysin
Val	Valin
Ala	Alanin
Asp	Asparaginsäure
Glu	Glutaminsäure
Gly	Glycin

* zweimal auftretende Aminosäuren
• Stopp-Codon
▲ Start-Codon

M2 a Der genetische Code als Code-Sonne mit der Liste der Aminosäuren und ihren Abkürzungen

Erste Base	Zweite Base				Dritte Base
5`	U	C	A	G	3`
U	Phe Phe Leu Leu	Ser Ser Ser Ser	Tyr Tyr Stopp Stopp	Cys Cys Stopp Trp	U C A G
C	Leu Leu Leu Leu	Pro Pro Pro Pro	His His Gln Gln	Arg Arg Arg Arg	U C A G
A	Ile Ile Ile Met (Start)	Thr Thr Thr Thr	Asn Asn Lys Lys	Ser Ser Arg Arg	U C A G
G	Val Val Val Val	Ala Ala Ala Ala	Asp Asp Glu Glu	Gly Gly Gly Gly	U C A G

M2 b Der genetische Code in Tabellenform

Lösungen

1. Im Reaktionsgemisch, das Nirenberg und Matthaei für ihre Versuchsreihen ansetzten, war der Ablauf der Translation Voraussetzung für die Auswertbarkeit der Ergebnisse. In der Translation wird die mRNA abgelesen und in eine Folge von Aminosäuren übersetzt. Ergebnis dieses Vorgangs ist ein neu synthetisierter Peptidstrang mit einer definierten Aminosäuresequenz. Die Translation findet an den aus einer kleineren und einer größeren Einheit bestehenden Ribosomen statt. Dabei wandert das Ribosom mit der kleineren Einheit voran in Richtung 3'-Ende der mRNA. Im Reaktionsgemisch von Nirenberg und Matthaei beginnt die Synthese des Proteins nicht wie in der Proteinbiosynthese am Startcodon AUG mit der Aminosäure Methionin. Offenbar sorgten die Forscher auf andere Weise für einen Synthesestart an beliebiger Stelle der Nukleotidkette. Als Lieferanten der radioaktiv markierten Aminosäuren und Übersetzer der mRNA in die Aminosäurekette mussten auch hier aktivierte tRNA-Moleküle angeboten werden. Diese besitzen an einer Stelle ein spezifisches Basentriplett (Anticodon) und auf der gegenüberliegenden Seite des Moleküls eine Bindestelle für eine spezifische Aminosäure. Spezifische Enzyme des Ribosoms bewirken die Bindung des Anticodons mit dem entsprechenden Triplett der mRNA (Codon) und die Ablösung der Aminosäure von der tRNA sowie die Verknüpfung der Aminosäure mit der vorherigen Aminosäure.

2. Das Reaktionsgemisch der Versuchsreihe 1 musste alle Enzyme und Coenzyme für die Translation der Proteinsynthese, Ribosomen, vorab mithilfe der Polynukleotid-Phosphorylase synthetisierten m-RNA-Abschnitte und an tRNA angeheftete markierte Aminosäuren enthalten. Das Gemisch durfte nur definierte, also frisch synthetisierte mRNA und auch nur markierte Aminosäuren einer Sorte und möglichst keine weiteren freien Aminosäuren enthalten, da diese evtl. einen störenden Einfluss haben könnten. Die allgemeine Fragestellung der Versuchsserien lautete: Wie lautet eine bestimmte Abfolge von Basen in der mRNA, die in der Translation der Proteinbiosynthese in eine bestimmt Aminosäure übersetzt wird? In der Versuchsserie 1 stellten Nirenberg und Matthaei die Hypothese auf, dass eine Folge von gleichen Basen dann für eine bestimmte Aminosäure codieren, wenn nach Filterung des Reaktionsgemisches eine deutlich Radioaktivität im Filter nachgewiesen wird. Wird dagegen keine Reaktivität nachgewiesen, codiert die definierte Basenabfolge die eingesetzte Aminosäure nicht. Durch die erste Versuchsreihe konnte bewiesen werden, dass eine Abfolge von Uracil Phenylalanin, nicht aber Lysin oder Serin codiert und dass eine Abfolge von Adenin für Lysin, nicht aber für Phenylalanin oder Serin steht.

3. Wurde in der Versuchsreihe 2 Poly-UA eingesetzt, wurde eine Aminosäurekette synthetisiert, die entweder nur aus Serin oder nur aus Leucin bestand. Da es zu der Serin-Kette nur eine Alternative gab, konnten auch nur 2 unterschiedliche und sich wiederholende Basenabfolgen dafür codieren, je nachdem, an welcher Stelle die Synthese der Peptidkette startete. Hypothese 1: Bei einem Dreiercode der Basen , also ein Basentriplett codiert eine Aminosäure, ergeben sich die beiden Basenab-

folgen UAU und AUA, also dürften nur zwei verschiedene Aminosäureketten entstehen. Eins der beiden Basentripletts steht dann für Serin, das andere für Leucin. Allerdings ist dadurch ein Zweiercode nicht falsifiziert, denn dann gäbe es ebenfalls nur zwei Möglichkeiten: UA und AU. Allerdings könnte die Anzahl möglicher Kombinationen (4^2) nicht für die Codierung aller 20 Aminosäuren ausreichen. Auch bei einem Vierercode gäbe es nur zwei Möglichkeiten: UAUA, AUAU. Hier ist die Anzahl möglicher Codierungen (4^4) im Vergleich zum Dreiercode (4^3) überdimensioniert und damit unökonomisch. Falsifiziert ist aufgrund dieser Versuchsreihe der Einercode, da dann eine Aminosäurekette aus zwei alternierenden Aminosäuren hätte entstehen müssen. (Aufgrund der Codesonne in M2 ist festzustellen, dass UAU für Serin und AUA für Lysin stehen. Durch die Versuchsreihe wurde das aber nicht nachgewiesen.)

4. In der Versuchsreihe 3 werden bei einer eingesetzten Poly-UUC-Kette je nach Startpunkt der Synthese drei unterschiedliche Aminosäureketten gebildet. Bei einem Dreiercode gibt es auch nur drei Möglichkeiten: UUC-Folge ergibt Poly-Phenylalanin, UCU-Folge ergibt Poly-Serin und eine CUU-Folge ergibt Poly-Leucin (s. M2).Bei einem Vierercode gäbe es folgende mögliche Basenquartetts: UUCU, UCUU und CUUC, die aber unabhängig vom Startpunkt alle in einer Aminosäurekette in stetem Wechsel eingebaut würden. Bei einem Zweiercode würden folgende Basenduetts entstehen, die auch mehrere Aminosäuren in einer Kette zur Folge hätten: UU, CU und UC. Also wird durch diese Versuchsreihe der Dreiercode bewiesen, indem gleichzeitig Zweier- und Vierercode falsifiziert werden. Nun bleibt nur noch zu klären, warum beim Einsatz von Poly-GUA nur zwei Aminosäureketten, Poly-Valin gemäß Start bei GUA sowie Poly-Serin gemäß Start bei AGU, synthetisiert werden. Mit Hilfe der Code-Sonne in M2 ist festzustellen, dass das Basentriplett AUG Kettenende bedeutet und nicht für eine Aminosäure steht. Somit wird keine dritte Aminosäurekette gebildet.

Selbstdiagnosebogen

Aufgabe Nr.	Kernkompetenzen	AFB	Punkte	erreicht	Förderung
1	Beschreiben der Translation Abweichungen von der Proteinbiosynthese	I II	6 6		Proteinbioynthese (S. 20 ff.)
2	Beschreibung des Reaktionsansatzes Umgang mit Experimenten: Fragestellung, Hypothesenbildung, Auswertung der Beobachtungen	II II III II	6 3 5 5		Umgang mit Experimenten (S.68)
3	Umgang mit Experimenten: Beobachtungsbeschreibung, Hypothesenbildung, Auswertung der Beobachtungen	 I III	 4 5		Umgang mit Experimenten (S.68)
4	Umgang mit Experimenten: Beobachtungsergebnis Lesen der Codesonne Auswertung	 I I II	 3 2 5		Umgang mit Experimenten (S. 68)

Gesamtpunkte: 50, davon AFB I: 15 Punkte (30 %); AFB II: 25 Punkte (50 %); AFB III: 10 Punkte (20 %)

Materialgrundlage:

Entschlüsselung des genetischen Codes
Feldermann, D. (Hrsg.): Linder Biologie Arbeitsbuch. Schroedel, Braunschweig 2005
Kay, L. E.: Das Buch des Lebens. Suhrkamp, Frankfurt/M., 2005.
Rheinberger, H. J.: Experimentalsysteme und epistemische Dinge, Wallstein-Verlag, Göttingen, 2002.
Nirenberg, M. W. and Matthaei, J. H.: Proc. Natl. Acad. Sci. USA 1961, 47, 1601.
Cold Spring Harbor Symposium, Vol. XXXI, 1966, S. 25 – 38
Weitze, M.-D.: Biologie in unserer Zeit 2006, Nr. 36, S. 18 – 25
Budisa, N. und Weitze, M.-D.: Spektrum der Wissenschaft, Januar 2009, S. 42 – 50
Weitze, M.-D.: Vor 50 Jahren geknackt: Der genetische Code in academics.de
https://www.academics.de/wissenschaft/vor_50_jahren_geknackt_der_genetische_code_48005.html

Analyse von Familienstammbäumen: Proteinbiosynthese und Genwirkketten; Gentechnik: Gensonde als Werkzeug der Gentechnik

Aufgabe 3: Glutarazidurie Typ I bei den Amish

Einleitung

Die Glutarazidurie Typ I (GA I) ist eine sehr seltene Stoffwechselerkrankung, die weltweit mit einer Häufigkeit von 1 auf 100 000 Neugeborenen vorkommt. Dagegen leidet eins von 400 Kindern bei den Amish an dieser Erbkrankheit. Die Amish gehören einer Glaubensgemeinschaft an, die heute vornehmlich in den USA und Kanada lebt. Sie sind bekannt dafür, dass sie viele Formen des technischen Fortschritts ablehnen und Neuerungen nur nach sorgfältiger Überlegung akzeptieren. Sie legen großen Wert auf Familie, Gemeinschaft und Abgeschiedenheit von der Außenwelt. Überwiegend stammen sie von Südwestdeutschen oder Deutschschweizern ab und sprechen untereinander meist Pennsylvaniadeutsch.

Aufgabenstellung

1. **Erklären** Sie die abweichende Häufigkeit der GA I bei den Amish.*
2. **Beschreiben** Sie die Erbkrankheit Glutarazidurie Typ I durch Auswertung der Materialien M1 bis M5 und **begründen** Sie Ihre Schlussfolgerungen. **Benennen** Sie auch den genetischen Defekt.
3. **Ermitteln** Sie mithilfe der Materialien M5 und M7 die Unterschiede im Bau der Glutaryl-CoA-Dehydrogenase von Gesunden und GA I-Patienten.
4. **Untersuchen** Sie den Erbgang der Glutarazidurie Typ I aufgrund von M6, **benennen** und **erläutern** Sie ihn.
5. **Erläutern** Sie, wie mithilfe der Amniozentese und einer Gensonde festgestellt werden kann, ob ein menschlicher Embryo die Krankheit Glutarazidurie Typ I in den ersten Lebensjahren ausbilden oder nicht ausbilden könnte.
6. **Begründen** Sie mithilfe von M1, wie bei einem Neugeborenen die Krankheit Glutarazidurie Typ I biochemisch festgestellt werden könnte.
7. **Beurteilen** Sie die Aufnahme eines Glutarazidurie-Tests in die Testverfahren, die jedes Neugeborene durchlaufen muss (Neugeborenenscreening).
8. **Stellen Sie eine Hypothese auf** für eine Glutarazidurie-Typ I-Therapie.

* **Ergänzung Aufgabe 1** (für LK bzw. Klausur, falls HARDY-WEINBERG-Formel durchgenommen wurde): **Ermitteln** Sie mithilfe der HARDY-WEINBERG-Formel $p^2 + 2pq + q^2 = 1$ den Anteil homozygoter und heterozygoter Merkmalsträger für das Gen für Glutarazidurie Typ 1 (a) weltweit und (b) bei den Amish.

Material

M1 Ausschnitt aus dem Aminosäurestoffwechsel

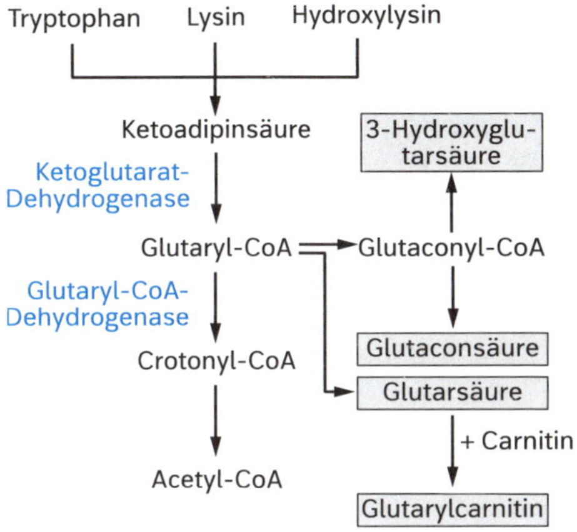

M1 Abbauwege der Aminosäuren Tryptophan, Lysin und Hydroxylysin. Das Abbauprodukt Acetyl-CoA kann z. B. im Citratzyklus weiterverarbeitet werden. Bei Patienten mit GA I kommt es zur Anreicherung von Glutaryl-CoA. Im Urin dieser Kranken findet man vor allem das *harmlose* Glutarylcarnitin, aber auch die *giftigeren* Stoffe Glutarsäure, Glutaconsäure und die *besonders gefährliche* 3-Hydroxyglutarsäure. Hinweis: Enzyme in blauer Schrift

M2 Symptome von GA I-Patienten

Die meisten Patienten mit GA I erleiden in den ersten Lebensjahren eine einzige enzephalopathische Krise. In wenigen Minuten werden dabei bestimmte Neurone im Bewegungszentrum des Gehirns zerstört. Die Folge ist eine äußerst schwere Bewegungsstörung. Die Intelligenz der Kinder dagegen ist weitgehend unbeeinträchtigt. Bleibt die Erkrankung unbehandelt, entwickelt sich in späteren Jahren oft zusätzlich eine geistige Retardierung. Ungefähr 25 Prozent der Patienten erleiden keine enzephalopathischen Krisen, sondern entwickeln schleichend eine Bewegungsstörung unterschiedlichen Ausmaßes.

M3 Strukturelle Ähnlichkeit des Neurotransmitters Glutamat

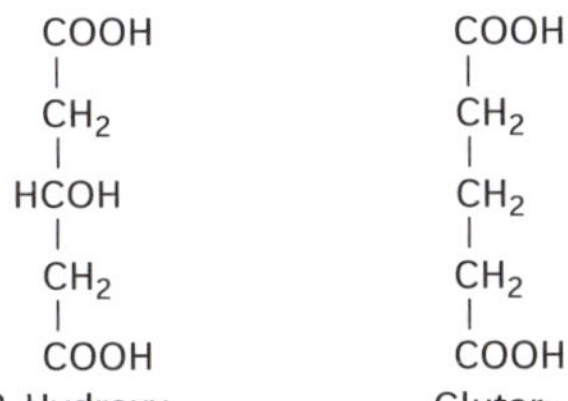

3-Hydroxyglutarsäure

Glutarsäure

M3 Das Salz der Glutarsäure Glutamat ist ein wichtiger erregender Neurotransmitter im Gehirn. Die Glutarsäure ist der 3-Hydroxyglutarsäure strukturell sehr ähnlich.

M4 Lokalisation des Gens für das Enzym Glutaryl-CoA-Dehydrogenase

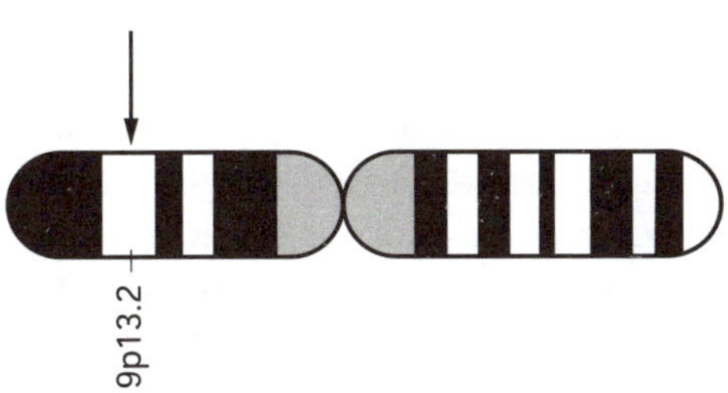

M4 Chromosoms 19 (schematisch): Das Gen für das Enzym Glutaryl-CoA-Dehydrogenase *GCGH* befindet sich auf dem kurzen Arm (p) des Chromosoms 19 an Position 13.2.

M5 Veränderung im *GCGH*-Gen

Das menschliche Glutaryl-CoA-Dehydrogenase-Gen *GCGH* enthält 11 Exons und umfasst 7 kb. Die Exons bestehen aus 438 Basentripletts. Das 421. Basentriplett von GA I-Patienten unterscheidet sich im codogenen Strang von dem der gesunden Menschen:

421. Basentriplett im Matrizenstrang des *GCGH*-Gens	**gesunde Person**	3′ CGT 5′
421. Basentriplett im Matrizenstrang des *GCGH*-Gens	**GA I-Patient**	3′ CAT 5′

M6 Stammbaum mit an GA I Erkrankten

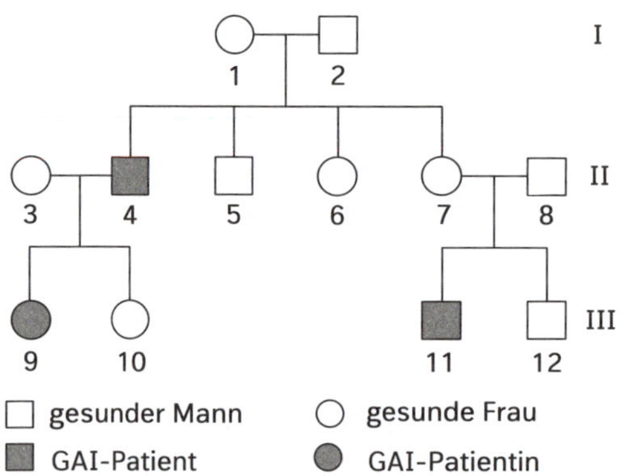

M6 Stammbaum über drei Generationen von einer Familie mit GA I-Patienten

M7 Der genetische Code

Genetischer Code als Code-Sonne S. 98
Genetischer Code als Tabelle S. 98

Lösungen

1. Dass der Anteil an Trägern des GCGH-Gens bei den Amish besonders hoch ist, liegt daran, dass sie sich anderen menschlichen Gruppen gegenüber abgrenzen und nur einen kleinen Genpool bilden, der sich nicht neu mischt. Dadurch können auch defekte Gene unter ihnen schneller Verbreitung finden (S. 79).

2. Die Erbkrankheit Glutarazidurie Typ I ist eine Stoffwechselkrankheit, die aufgrund eines Enzymdefekts entsteht. Arbeitet die Glutaryl-CoA-Dehydrogenase nicht mehr, kann Glutaryl-CoA nicht mehr zu Crotonyl-CoA abgebaut werden (M1). Dann reichert sich das Glutaryl-CoA an und wird zu Glutarsäure, 3-Hydroxyglutarsäure und Glutaconsäure umgebaut. Diese Stoffe können den Körper schädigen und werden mit dem Urin ausgeschieden. Die Glutarsäure kann vorher noch zum weniger giftigen Glutarylcarnitin umgewandelt werden. M3 legt nahe, dass die 3-Hydroxyglutarsäure deshalb besonders gefährlich ist, weil sie im Gehirn aufgrund

ihrer strukturellen Ähnlichkeit anstelle des Neurotransmitters Glutamat angelagert werden kann. Das kann zu Fehlfunktionen im Gehirn führen (M3). Während einer enzephalopathischen Krise werden in frühen Lebensjahren Neuronen des Bewegungszentrums zerstört, sodass es zu Fehlfunktionen in der Bewegung kommt (M2).
Die Krankheit ist auf ein defektes Gen zurückzuführen, das auf dem kurzen Arm des Chromosoms 19 liegt (M4). Es ist, die Introns nicht eingerechnet, 438 Basentripletts lang. Das 421. Basentriplett ist gegenüber dem gesunden Gen verändert, im Basentriplett CGT befindet sich an der zweiten Position anstelle von Guanin Adenin (M5). Hier handelt es sich um eine Punktmutation. Als Folge davon wird in dem Enzym Glutaryl-CoA-Dehydrogenase an der 421. Stelle eine falsche Aminosäure eingebaut. Dieser Fehler macht das Enzym unbrauchbar, möglicherweise deshalb, weil das aktive Zentrum von der Mutation betroffen ist.

3. Mithilfe der Code-Sonne kann herausgefunden werden, dass bei der Krankheit als 421. Aminosäure in der Glutaryl-CoA-Dehydrogenase anstelle von Alanin (mRNA 5′ GCA 3′) Valin (mRNA 5′ GUA 3′) eingebaut wird.

4. Während die Eltern 1 und 2 in der Generation keine Glutarazidurie ausbilden, taucht diese Krankheit erst bei einem ihrer Kinder auf. Insofern wurde eine Generation übersprungen. Das deutet darauf, dass das Gen für die Krankheit rezessiv ist und es sich somit um einen dominant-rezessiven Erbgang handelt. Die Krankheit tritt bei den eng miteinander verwandten Amish häufiger auf als in anderen Populationen. Da rezessive Krankheiten statistisch gehäuft bei Familien mit Verwandtenehen auftreten, da bei diesen die Wahrscheinlichkeit des „Aufeinandertreffens“ krankmachender rezessiver Gene höher ist, spricht dies auch für einen dominant-rezessiven Erbgang. Statistisch gesehen liegt die Erkrankungswahrscheinlichkeit für ein Kind von phänotypisch gesunden, jedoch heterozygoten Eltern bei 25 %. Im Stammbaum von M6 müssen die Eltern 1 und 2 (Generation I) und 7 und 8 (Generation II) jeweils heterozygot sein, sonst hätten sie keine phänotypisch kranken Kinder. Zwei von sechs ihrer Kinder, das sind 33 %, sind krank. Hier kann nicht ein statistisch abgesicherter Wert erwartet werden, weil die Strichprobe zu klein ist. Trotz der kleinen Stichprobe ist zu erkennen, dass sowohl Männer als auch Frauen gleichermaßen von dieser Krankheit betroffen sein können. Also handelt es wahrscheinlich sich um einen autosomal-rezessiven Erbgang. Hierfür spricht auch, dass das *GCDH*-Gen auf einem Autosom, hier auf Chromosom 19 (M4) liegt.

5. Wenn die Basensequenz des *GCDH*-Gens bekannt ist, lässt sich dazu eine komplementäre Gensonde, die mit einem Fluoreszenzfarbstoff markiert ist, synthetisieren. Sinnvoll wäre es, den entsprechenden DNA-Abschnitt des Chromosoms 19 mithilfe von Restriktionsenzymen herauszuschneiden und mit der PCR zu vervielfältigen. Oft benötigt man keine Restriktionsenzyme, wenn man geeignete Primer für die PCR zur Verfügung hat. Nach dem Auftrennen der isolierten DNA (durch erhöhte Temperatur) in die Einzelstränge könnte man nun die Gensonde hinzufügen. Nach dem Abkühlen sind dann DNA-Hybride aus DNA-Fragmenten mit dem *GCDH*-Gen

und der Gensonde zu erwarten, allerdings nur dann, wenn alle Basentripletts des *GCDH*-Gens mit der Gensonde übereinstimmen. Findet man also fluoreszierende DNA-Hybride, ist das Kind mit Sicherheit gesund. Für diesen Nachweis lassen sich die Zellen des Embryos aus dem Fruchtwasser der Mutter gewinnen, da der Embryo abgestorbene Hautzellen in das Fruchtwasser abgibt.
Findet man keine entsprechenden DNA-Hybriden, wäre es möglich, dass das Kind die Glutarazidurie in einer enzephalopathischen Krise ausbilden könnte. Allerdings kann die Gensonde auch dann keine DNA-Hybride bilden, wenn nicht das 421. Basentriplett betroffen wäre, sondern ein anderes, das z. B. aufgrund einer folgenlosen stummen Mutation vorliegen könnte.

6. Da kranke Neugeborene einen erhöhten Glutarylcarnitin-Spiegel im Urin aufweisen, könnte man diesen mit geeigneten Reagenzien nachweisen.

7. Beim Neugeborenenscreening werden alle Neugeborenen auf verschiedene genetische Erkrankungen untersucht. Die Aufnahme eines „Windeltests" auf Glutarazidurie Typ I in das Neugeborenen-Screening ist zu begrüßen, da die Krankheit vor allem in den ersten Lebensjahren in Erscheinung treten kann. Allerdings ist ein Test nur dann sinnvoll, wenn sich das Ausbrechen dieser schweren Krankheit nach der Diagnose verhindern ließe. Aus M2 geht hervor, dass die Erkrankung behandelbar ist, sodass sich auch eine in späteren Jahren zusätzliche geistige Retardierung verhindern lässt. Aber auch diese Tatsache ist für den Gesetzgeber nicht allein maßgeblich, wenn ein solcher Test zusätzlich in einem Screening aufgenommen werden soll. Die Kosten dafür müssen in einem vernünftigen Verhältnis zur Häufigkeit dieser Krankheit stehen. Auch bei hohen Kosten sollten aufgrund der Schwere der Krankheit die Neugeborenen der Amish im Screening auf Glutarazidurie Typ I untersucht werden, da bei ihnen die Krankheit gehäuft auftritt. Sicherlich muss auch dann untersucht werden, wenn in bestimmten Familien die Krankheit schon aufgetreten ist und das Genom der Eltern noch nicht hinsichtlich eines defekten *GCDH*-Gens untersucht wurde. Um im Gesundheitssystem die Kosten nicht zu sehr in die Höhe zu schrauben, wäre es aufgrund des seltenen Auftretens dieser Krankheit volkswirtschaftlich vernünftiger, bei einem Massenscreening auf diesen Test zu verzichten. Solange die Kosten tragfähig sind, sollte man aber nicht darauf verzichten, da den Betroffenen viel Leid erspart würde.

8. Aufgrund der Materialien lassen sich für eine Therapie folgende Hypothesen aufstellen: Da der Abbau von Tryptophan, Lysin und Hydroxylysin bei einem Defekt der Glutaryl-CoA-Dehydrogenase zu einer Erhöhung der Glutaryl-CoA-Konzentration im Körper führt, die für die Krankheit verantwortlich ist, könnte eine Diät, die möglichst wenig Tryptophan, Lysin und Hydroxylysin enthält, und die vor allem in den ersten Lebensjahren eingehalten werden muss, weiterhelfen, sodass es gar nicht erst zu einer enzephalopathischen Krise kommt. Da zur Entgiftung der Glutarsäure Carnitin benötigt wird, könnte man diesen Stoff zuführen, sodass Glutarsäure sofort zu dem weniger giftigen Glutarylcarnitin umgesetzt werden kann. Weil die Bildung von Glutarsäure aus Glutaryl-CoA und ihre Weiterverarbeitung zu Glutarylcarnitin mit

der Synthese der gefährlichen 3-Hydroxyglutarsäure aus Glutaryl-CoA konkurriert, wäre es möglich, durch die Carnitin-Gaben auch die Konzentration von 3-Hydroxyglutarsäure zu senken.
Anmerkung: Diese beiden Maßnahmen reichen, wenn sie in den ersten sechs Lebensjahren beachtet werden, tatsächlich aus, um die Krankheit dauerhaft nicht ausbrechen zu lassen.

***Ergänzung Aufgabe 1:** (a) Der Anteil der GA I-Kranken und damit der homozygoten Merkmalsträger entspricht weltweit 0,001 %, damit ist $q^2 = 0{,}00001$ und q rund 0,00316. Da $p + q = 1$, ist p $1 - 0{,}00316 = 0{,}99684$. Der Anteil der Heterozygoten ist dann $2 \times 0{,}99684 \times 0{,}00316 = 0{,}0063$, das sind 0,63 % der Bevölkerung weltweit.
(b) Bei den Amish ist der Anteil der GA I-Kranken und damit der homozygoten Merkmalsträger 0,25 %, damit ist $q^2 = 0{,}0025$ und q rund 0,05. Da $p + q = 1$, ist p $1 - 0{,}05 = 0.95$. Der Anteil der Heterozygoten ist dann $2 \times 0{,}95 \times 0{,}05 = 0{,}095$, das sind 9,5 % der Amish, das heißt, etwa jeder 10. Amish trägt das defekte Gen in sich.

Selbstdiagnosebogen

Aufgabe Nr.	Kernkompetenzen	AFB	Punkte	erreicht	Förderung
1 *1(a) *1(b)	Interpretation von Genfrequenzen Berechnung von Genfrequenzen mithilfe der HARDY-WEINBERG-Formel	III II II	2 4 4		MENDEL-Regeln, dominant-rezessive Erbgänge (S. 17) Wdhl. HARDY-WEINBERG-Formel und Üben ihrer Anwendung
2	Erfassen von Genwirkketten aufgrund eines Diagramms Erfassen der Symptome der Glutarazidurie sowie der Ursachen aufgrund von Textstellen und Abbildungen Analyse und begründete Einordnung der Krankheit in einen größeren Zusammenhang	II I II II	3 4 4 5 5		Ein-Gen-ein-Enzym-Hypothese; Enzyme, Texterfassung und Umgang mit Diagrammen und Abbildungen (S. 51 f.), Aufbau der DNA; Mutationstypen und ihre molekularen Grundlagen (S. 23 ff.)
3	Umcodierung der DNA in mRNA und in Aminosäuren	II	4		Proteinbiosynthese und Anwendung des genetischen Codes auf Transkription und Translation (S. 20 ff.)
4	Ableiten eines autosomal-rezessiven Erbgangs aufgrund einer Stammbaumanalyse	II	6		MENDEL-Regeln, Stammbaumanalyse Kriterien für bestimmte Erbgänge (S. 17 ff.)

Aufgabe Nr.	Kernkompetenzen	AFB	Punkte	erreicht	Förderung
5	Darstellen eines gentechnischen Werkzeugs am Beispiel der Gensonde zur Genanalyse und Interpretationsmöglichkeiten des Ergebnisses	I II	9 4 2 S		DNA-Hybridisierung, gentechnische Genomanalysen, z. B. mit Gensonden; genetische Beratung
6	Ableitung einer Nachweismöglichkeit aufgrund der Analyse unterschiedlichen Aufgabenmaterials	III	3		Diagnose und Therapie von PKU, Umgang mit Diagrammen (S. 52)
7	Darstellung und Beurteilung von Tests im Massenscreening von Neugeborenen mit eigener Stellungnahme	I II III	5 3 4		Neugeborenenscreening, kriteriengeleitete Beurteilung
8	Aufstellen einer Hypothese zu Therapiemöglichkeiten aufgrund einer Materialanalyse analog zur PKU-Diät aufgrund der Analyse von M1	III III	3 2 2 S		Therapie PKU, Umgang mit Abbildungen und Diagrammen (S. 51 ff.)

Gesamtpunkte: 72, davon AFB I: 20 Punkte (28 %); AFB II: 38 Punkte (53 %); AFB III: 14 Punkte (19 %), zusätzlich 4 Sonderpunkte (S)

Materialgrundlage:

Hoffmann G. F.: Glutarazidurie Typ I. In: Deutsches Ärzteblatt 94, Heft 15, April 1997
Bayrhuber H., Hauber W., U. Kull (Hrsg.): Linder Biologie, Schroedel 2010
http://www.welt.de/reise/article4769200/Amish-People-leben-noch-so-wie-vor-300-Jahren.html
http://www.uni-duesseldorf.de/AWMF/ll/027-018.htm
http://www.ncbi.nlm.nih.gov/

Replikation der DNA im Zellzyklus, Mutationen, Lesen und Darstellen von Abbildungen, DNA-Methylierung als epigenetischer Mechanismus Modell zur Wechselwirkung von Proto-Onkogenen und Tumor-Suppressorgenen im Hinblick auf die Regulation des Zellzyklus, Entwicklung eines Modells auf der Grundlage von p53 und Ras

Aufgabe 4: Krebs

Einleitung

Derzeit erkranken jedes Jahr rund 500 000 Menschen in Deutschland neu an Krebs, rund 224 000 Menschen sterben jährlich daran. Damit bleibt Krebs nach den Herz-Kreislauferkrankungen die zweithäufigste Todesursache.
Krebs ist die Folge einer Veränderung des Zellgenoms. Diese ruft eine ungehemmte Zellvermehrung hervor, die sich in einer malignen (bösartigen) Neubildung von Gewebe (Tumor) manifestiert. Durch fortgesetztes Wuchern kommt es zu einer weiter voranschreitenden Zerstörung gesunder Gewebe und Organe. Schädliche Stoffe oder andere Umweltfaktoren (Cancerogene) können das Entstehen von Krebstumoren fördern. Dazu gehören unter anderem die UV-Strahlung der Sonne und Benzpyrene im Zigarettenrauch. Fehler im Erbgut entstehen aber oft auch mehr oder weniger zufällig.

Aufgabenstellung

1. **Beschreiben** Sie die in M1 a als Folge eines Mutagens dargestellten Mutationen. **Definieren** Sie den Begriff Mutation und **benennen** Sie die jeweilige Mutationsform. **Erläutern** Sie ihre Folgen für den Organismus.
2. **Begründen** Sie die im Vergleich zur Mitose lange Dauer der Interphase im Zellzyklus (M1 a), indem Sie die Abläufe in der G1-, S- und der G2-Phase **erläutern**.
3. **Erläutern** Sie aufgrund der Abbildung M2 b die Funktion des *Ras-Gens* und **stellen Sie eine Hypothese** zur Bedeutung des *Ras-Gens* für den Zellzyklus **auf**.
4. **Erläutern** Sie die Abbildung M3 b. **Stellen** Sie dabei den Wirkmechanismus des p53-Proteins **heraus**. **Begründen** Sie, wieso gerade an den in M3 a angegebenen Kontrollpunkten die Zellzyklus-Regulation durch p53 ökonomisch sinnvoll ist.
5. **Begründen** Sie auf der Basis der Materialien M2 und M3, inwiefern Ras- und Tumorsuppressor-Proteine antagonistisch wirken, indem Sie die wesentlichen Unterschiede in der Wirkungsweise zwischen den beiden Proteinen herausstellen.
6. **Stellen** Sie mehrere **Hypothesen auf**, unter welchen Bedingungen DNA-Schädigungen Krebs auslösen können. Berücksichtigen Sie dabei sowohl die Rolle der *Ras-* und *Tumorsuppressor-Gene* als auch die Tatsache, dass die Krankheit meist erst im hohen Alter auftritt. **Fertigen** Sie analog zur Abbildung M2 b **eine Zeichnung an**, die eine Ihrer Hypothesen illustriert.

Material

M1 Cancerogene

Stressoren aus der Umwelt, die DNA-Schäden hervorrufen, werden als Mutagene bezeichnet. Sie werden dann zu Cancerogenen (cancer, engl. Krebs), wenn sie Krebs auslösen. Dazu gehört z. B. die UV-Strahlung, der man sich beim Sonnen oder im Bräunungsstudio aussetzt und die Hautkrebs verursachen kann. Benzpyrene aus dem Tabakrauch können in der Lunge leicht zu Epoxiden oxidiert und als Alkylreste an Guaninbasen der DNA angeheftet werden. Eine solche Veränderung einer Nukleinbase hat meist zur Folge, dass eine Replikation oder Transkription der DNA an dieser Stelle nicht mehr fortgesetzt werden kann. In der Abbildung M1 a sind einige mutagene Wirkungen schematisch dargestellt.

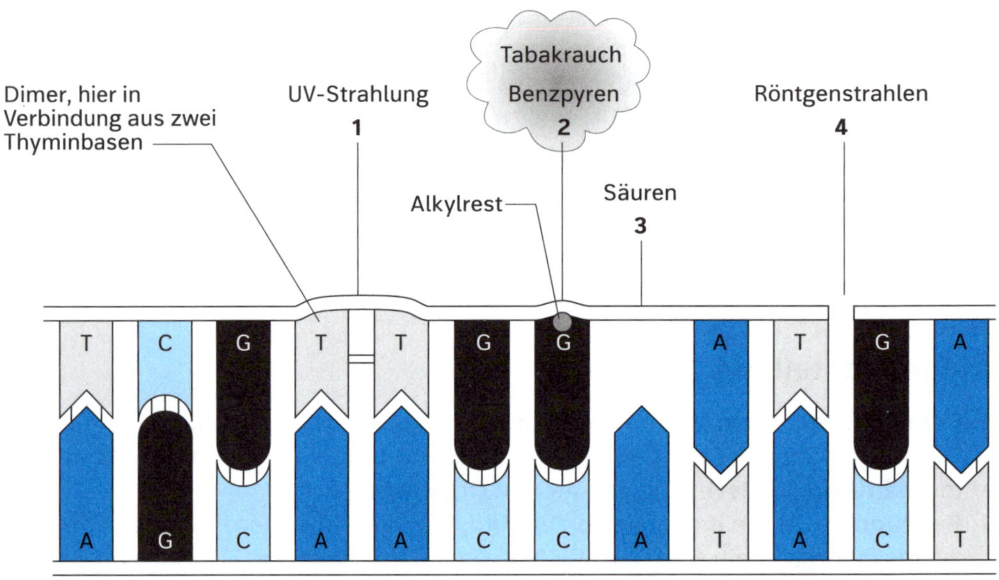

M1 a Auswirkungen von Mutagenen auf die DNA (Schema)

M2 Der Zellzyklus

Das Wachstum höherer Organismen wird durch Zellvermehrung vorangetrieben. Dazu muss sich jede Zelle viele Male immer wieder neu teilen. Diese Zellteilungen können jedoch nicht zeitlich direkt nacheinander ablaufen. Bei den Säugetieren z. B. benötigen die Zellen zwischen den Teilungen etwa 24 Stunden, in der sie ganz bestimmte Phasen durchlaufen. Die Mitose selbst benötigt dagegen nur etwa eine Stunde.

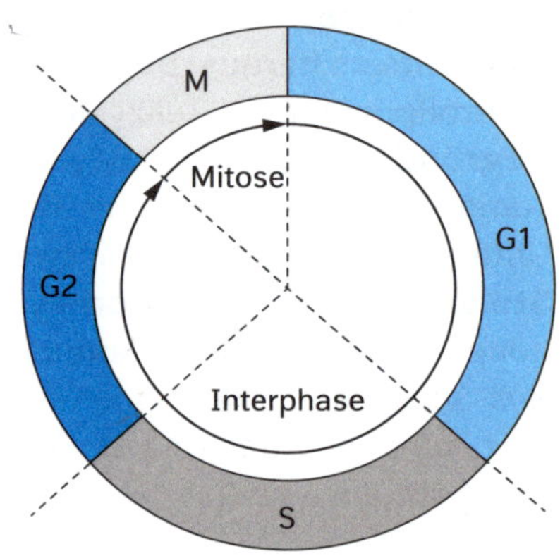

M2 a Die Phasen des Zellzyklus

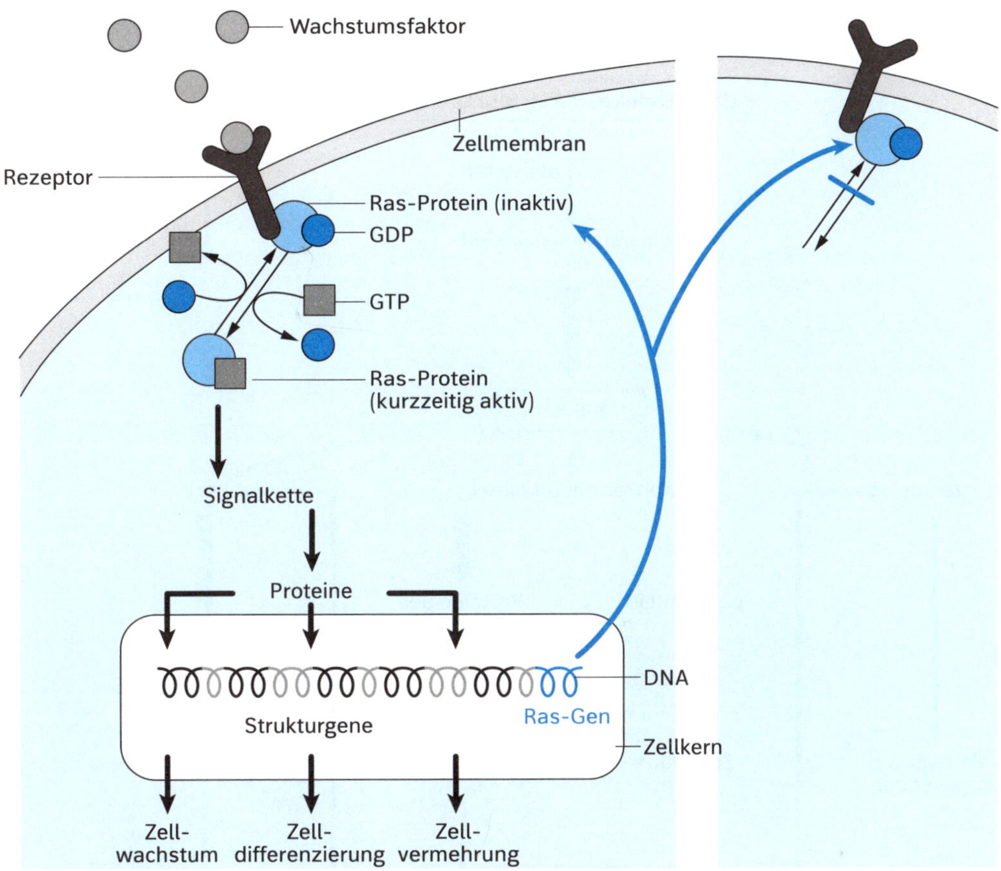

M2 b Die Bedeutung eines *Ras-Gens* für den Zellzyklus

M3 Die Regulation des Zellzyklus

Der Zellzyklus wird von mehreren Genen reguliert und kontrolliert. Dazu zählen vor allem die *Ras-Gene* und das *Tumorsuppressor-Gen p53*. Sie codieren für die antagonistisch wirkenden Ras-Proteine und das Tumorsuppressor-Protein p53.
In M3 a sind zwei Kontrollpunkte im Zellzyklus angegeben, an denen das p53-Protein seine Wirkung entfaltet.

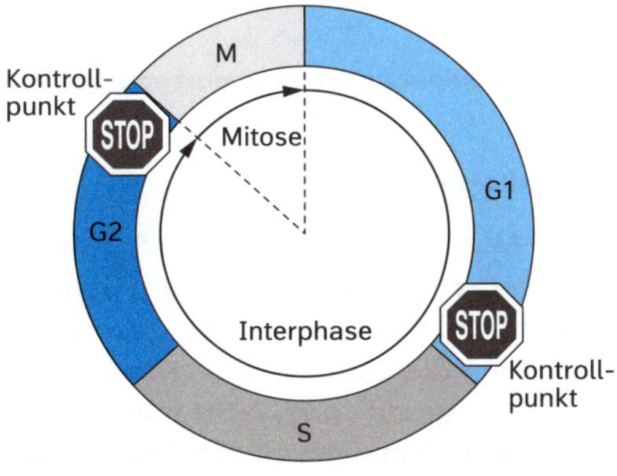

M3 a Positionen zweier Kontrollpunkte im Zellzyklus

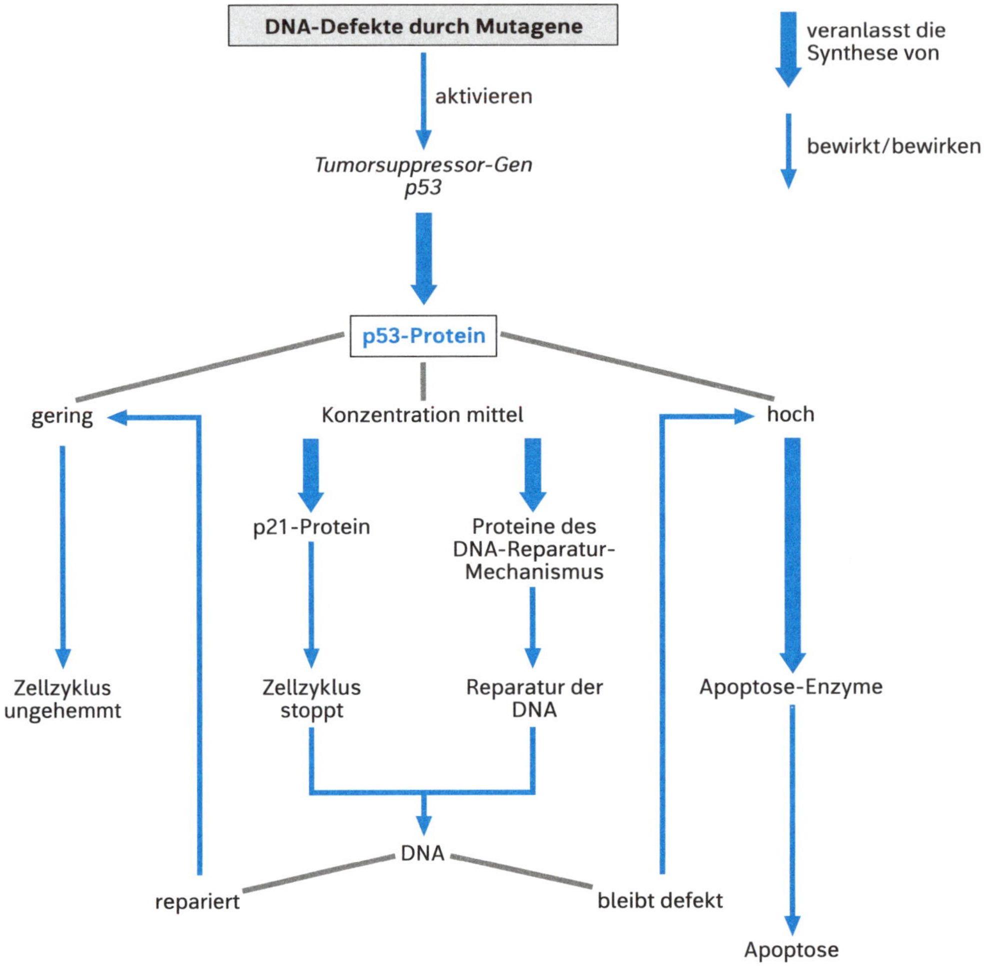

M3 b Die Bedeutung des Tumorsuppressor-Proteins p53

Lösungen

1. (1) Mutationen sind spontan auftretende, zufällige Veränderungen des Zellgenoms. Sie können einzelne Gene auf einem Chromosom, aber auch ein ganzes Chromosom oder den gesamten Chromosomensatz betreffen. Mutagene können die Wahrscheinlichkeit ihrer Entstehung erhöhen. In M1 a bildet sich z. B. aufgrund von UV-Strahlung sich ein Thymin-Dimer, d. h. die Wasserstoffbrückenbindungen zu den Adenin-Basen des komplementären Stranges werden aufgelöst und zwei auf einem Strang benachbarte Thymin-Basen verbinden sich miteinander. Dadurch verändert sich die räumliche Struktur der DNA. Die DNA-Polymerase kann an dieser Stelle die Replikation nicht weiterführen. Es handelt sich um eine Punktmutation. Tritt sie im Bereich eines Gens auf, kann

man sie als Genmutation bezeichnen. (2) Benzpyrene werden zu Epoxid oxidiert, das als Alkylrest an Guanin angeheftet wird. Die Umstrukturierung der Base hat ebenfalls eine Strukturveränderung der DNA zur Folge (Punktmutation/Genmutation). (3) Durch die Einwirkung von Säuren kommt es zu einem Basenverlust. Bei einer Replikation der DNA führt das zu einer fehlerhaften Kopie, die eine Veränderung des Ableserasters herbeiführt. Bei einer Translation hätte dies möglicherweise ein eingeschränkt oder nicht mehr funktionsfähiges Protein zur Folge. Diese Punktmutation ist also auch als Rastermutation zu bezeichnen. Weil durch sie fehlerhafte Proteine synthetisiert werden können, handelt es sich auch um eine Missense-Mutation und folglich auch um eine Genmutation. (4) Röntgenstrahlen lösen Punktmutationen aus, die als DNA-Strangbruch bei der Replikation oder auch der Translation zu Problemen führen können. Der Bruch kann auch zur Destabilisierung der DNA-Struktur führen, was sich auf fehlerhafte Kondensation der DNA z. B. bei Zellteilungen auswirken und zu Fehlverteilungen in der Mitose beitragen könnte.

2. Da sich zum Ende der Mitose die Zelle teilt, wird das ursprüngliche Zellmaterial auf beide Tochterzellen verteilt. Diese kleineren Zellen wachsen nun in der G1-Phase zur ursprünglichen Größe heran. Dazu müssen neue Stoffe synthetisiert werden und die Protein- und RNA-Synthese ist in vollem Gange. In dieser Phase liegt die DNA noch in Form von Ein-Chromatidsträngen vor. Am Ende der G1-Phase beginnt die Synthese der für die DNA-Replikation benötigten Substanzen wie z. B. DNA-Polymerase, Elongationsfaktoren etc., sodass in der nachfolgenden S-Phase die DNA zügig verdoppelt werden kann. Schließlich liegt sie dann in Form von Zwei-Chromatidsträngen vor. Um diese Phase zu starten, sind S-Phase-Aktivatoren (Zykline) nötig. Die G2-Phase bereitet die Zelle dann auf die Mitose vor. Es werden nun verstärkt Proteine des Zellspindelapparats und weitere mitosespezifischen Proteine und RNA-Moleküle synthetisiert. Schließlich bewirkt ein bestimmter Wachstumsfaktor den Eintritt in die Mitose.
   Die Interphase dauert also deshalb so lange, weil die Zelle erst viele Syntheseprozesse durchlaufen muss, sodass auf diese Weise eine erneute Zellteilung erst ermöglicht wird.

3. *Ras-Gene* codieren für das Ras-Protein, an das GDP angelagert wird. In diesem Zustand liegt es in einer inaktiven Form vor. Wird ein Rezeptor von einem spezifischen Wachstumsfaktor besetzt, wird das inaktive Ras-Protein umgebaut: GDP wird dabei durch GTP ersetzt und dadurch aktiviert. Es setzt eine Signalkette in Gang, in der Proteine synthetisiert werden. Diese regen den Stoffwechsel an, indem sie das Ablesen von Genen im Zellkern veranlassen, die für Zellwachstum, Zelldifferenzierung und Zellvermehrung zuständig sind. Besetzen die Wachstumsfaktoren nicht die Rezeptoren an der Zellmembran, unterbleibt die Aktivierung des Ras-Proteins und somit die Anregung des Stoffwechsels. Die *Ras-Gene* sorgen somit für die Synthese eines Ras-Proteins, das auf ein bestimmtes Signal hin aktiviert wird und den Zellstoffwechsel des Zellzyklus antreibt.

4. DNA-Schädigungen aktivieren das *Tumorsuppressor-Gen p53*, das für das p53-Protein codiert und dessen Synthese veranlasst. Erreicht die Konzentration dieses Proteins einen bestimmten Wert, wird die Synthese des p21-Proteins veranlasst, sodass der Zellzyklus gestoppt wird. Gleichzeitig wird die Synthese von Proteinen des DNA-Reparaturmechanismus angeregt, die nun, da der Zellzyklus abgebremst wurde, die geschädigte DNA reparieren können. Ist die Reparatur erfolgreich, sinkt die Konzentration des p53-Proteins und der Zellzyklus nimmt wieder Fahrt auf. Bleibt die DNA defekt, steigt die Konzentration des P53-Proteins so stark an, dass Apoptose-Enzyme gebildet werden, die den Tod dieser Zellen hervorrufen, sodass die Zellen mit zu stark geschädigter DNA vernichtet werden. Der Kontrollpunkt in der G1 Phase liegt an einer Stelle, an der die Zelle auf die S-Phase vorbereitet wird und somit Substanzen für die DNA-Verdoppelung synthetisiert werden. Nicht sinnvoll wäre die Replikation einer beschädigten DNA. So kann einerseits der Zellzyklus nach einer Reparatur fortgesetzt und nachfolgend die DNA synthetisiert werden, andererseits wird die Zelle abgetötet, wenn die Schädigung zu groß ist, sodass der Organismus die Kosten für die DNA-Replikation einspart. Ähnlich verhält es sich am Kontrollpunkt am Ende der G2-Phase. Ist hier eine DNA-Schädigung so groß, dass sie nicht mehr repariert werden kann, belastet die Zelle den Organismus. Sie wird nicht mehr vermehrt, sondern abgetötet.

5. Ras-Proteine beschleunigen über Signalketten den Zellzyklus-Stoffwechsel. Tumorsuppressor-Proteine bremsen ihn ab, sodass DNA-Schädigungen beseitigt werden können. Während das eine Protein also beschleunigt, bremst das andere. Insofern arbeiten beide antagonistisch.

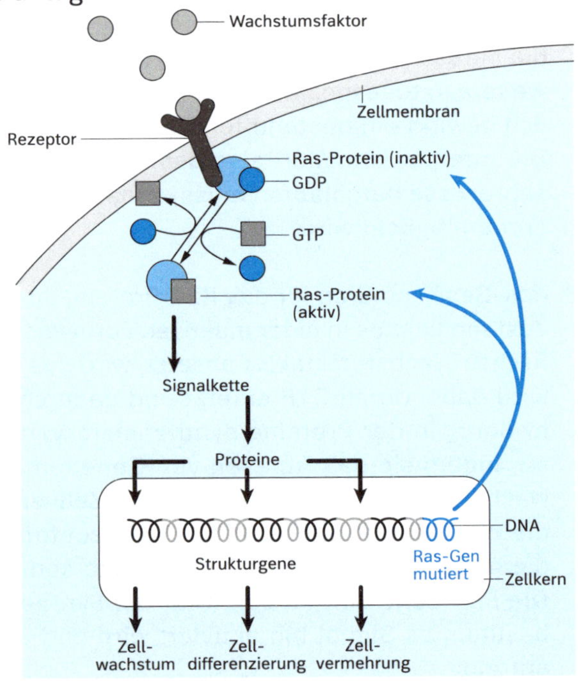

6. Wie jedes andere Gen kann auch das *Ras-Gen* mutieren. Folglich könnten fehlerhafte Ras-Proteine gebildet werden, z. B. auch solche, die nur noch GTP anlagern können, ohne dass ein Signal von einem Wachstumsfaktor aufgenommen werden muss. Alternativ könnten auch Ras-Proteine gebildet werden, deren GDP dann sogleich durch GTP ersetzt wird und die nicht mehr in die Ursprungsform mit GDP rückgebildet werden könnten: Die Folge dieser Mutation wäre eine ungebremste Zellvermehrung dieser mutierten Zelle,

die zu eine Tumorbildung führen könnte. Ebenso wäre auch die Mutation des *Tumorsuppressor-Gens* denkbar. Je nach resultierendem Proteindefekt könnten z. B. keine funktionierenden p21-Proteine mehr gebildet werden. Die Folge wäre eine ungebremste Vermehrung mutierter Zellen, die nicht mehr oder nur unzulänglich zu reparieren sind. Auch könnten mit denselben Folgen Enzyme des Reparatursystems fehlerhaft ausgebildet werden. Dass die Wahrscheinlichkeit einer bösartigen Tumorbildung mit zunehmenden Alter steigt, lässt sich dadurch erklären, dass auch bei der zunehmenden Anzahl von Reparaturen Fehler auftreten können und die Wirkung des p53-Proteins an seine Grenzen stößt.

Selbstdiagnosebogen

Aufgabe Nr.	Kernkompetenzen	AFB	Punkte	erreicht	Förderung
1	Beschreiben von Mutationen aufgrund einer Abbildung Definition Mutation Benennen der Mutationen Beschreibung der Folgen	II I I III	4 3 4 2		Mutationen (S. 23 f.); Umgang mit Abbildungen (S. 51)
2	Abläufe in den Zellzyklusphasen Dauer der Interphase	I II	8 3		Ablauf des Zellzyklus (S. 26 ff.)
3	Funktion des *Ras-Gens* aufgrund einer Abbildung Hypothese Bedeutung des *Ras-Gens*	II III	6 2		Umgang mit Abbildungen (S. 51); Umgang mit Hypothesen (S. 68)
4	p 53 Wirkmechanismus, Begründung der Funktion	II III	6 2		Umgang mit Abbildungen (S. 51)
5	Antagonismus p53- und Ras-Proteine	II	4		Umgang mit Abbildungen (S. 51)
6	Hypothesen Krebsentstehung über *Ras-Gen*-Mutation, *p53-Gen*-Mutation	III II	4 2		Umgang mit Hypothesen (S. 68)

Gesamtpunkte: 50, davon AFB I: Punkte 15 (30 %); AFB II: Punkte 25 (50 %); AFB III: Punkte 10 (20 %)

Materialgrundlage:

http://www.krebshilfe.de/wir-informieren/ueber-krebs/krebszahlen
http://www.genomxpress.de/seiten/genomxpress-scholae-2010-1.php
Wolfgang Deppert: Schutzengel oder Beelzebub? Die zwei Seiten des Tumorsuppressors p53. Heinrich-Pette-Institut für Experimentelle Virologie und Immunologie, Universität Hamburg.2003
http://www.biospektrum.de/blatt/d_bs_pdf&_id=934308

Erregungsentstehung, Erregungsleitung, Synapsenvorgänge

Aufgabe 5: Schmerzen

Einleitung

Jeder dritte Europäer leidet einmal pro Woche unter Schmerzen, mancher vor allem an chronischen, also dauerhaften Schmerzen. Schmerzforscher suchen nach Lösungen, um nicht nur akute, sondern gerade auch chronische Schmerzen nachhaltig zu lindern.

Aufgabenstellung

1. **Erläutern** Sie die Entstehung von Schmerzen:
   (a) **Stellen** Sie allgemein **dar**, wie eine Sinneszelle durch einen Reiz erregt werden kann und erläutern Sie, in welcher Form und unter welchen Bedingungen die Erregung weitergeleitet wird.
   (b) **Stellen** Sie eine **Hypothese auf** über die Entstehung von Schmerzerregungen in den freien Nervenzellen (M1) und ihre Modulation durch Prostaglandine (M5).
2. **Erläutern** Sie die Erregungsleitung:
   (a) **Erläutern** Sie, wie eine Erregung über ein Axon geleitet wird. Vergleichen Sie dazu die kontinuierliche mit der saltatorischen Erregungsleitung.
   (b) **Begründen** Sie, welcher der beiden Fasertypen des Schmerz wahrnehmenden Systems (M2 und M1) den ersten und welcher den zweiten Schmerz von der Hand zum ZNS leitet.
3. **Erläutern** Sie auch mithilfe von M3 die Weitergabe der Schmerzerregung an die Neuronen der Schmerzbahn im Hinterhorn des Rückenmarks.
4. **Beschreiben** Sie Veränderungen der synaptischen Verschaltung (M4) der Schmerzbahn im Hinterhorn des Rückenmarks bei chronischen Schmerzen, und **entwickeln** Sie eine **Hypothese** über den Mechanismus des Schmerzgedächtnisses.
5. (a) **Erklären** Sie die schmerzlindernde Wirkung von Aspirin.
   (b) **Begründen** Sie, warum eine fortgesetzte Einnahme von Aspirin die Magenwände angreifen kann.

Material

M1 Nozizeptoren

Die freien Nervenendigungen der Schmerzfasern reichen bis in die Oberhaut. Sie werden als Schmerzrezeptoren oder Nozizeptoren bezeichnet. Ihre Membranen enthalten Rezeptoren, die z. B. auf Serotonin oder auf Acetylcholin ansprechen. Bei Verwundungen der Haut wird Serotonin von den Blutplättchen an der verletzten Stelle freigesetzt und verengt dort kleine Blutgefäße, sodass die Wunde schneller geschlossen wird. Serotonin ist zugleich auch ein Neurotransmitter, der ähnlich wie z. B. Acetylcholin in chemischen Synapsen für die Erregungsübertragung von einem Neuron auf das nächste Neuron als Botenstoff wirkt.

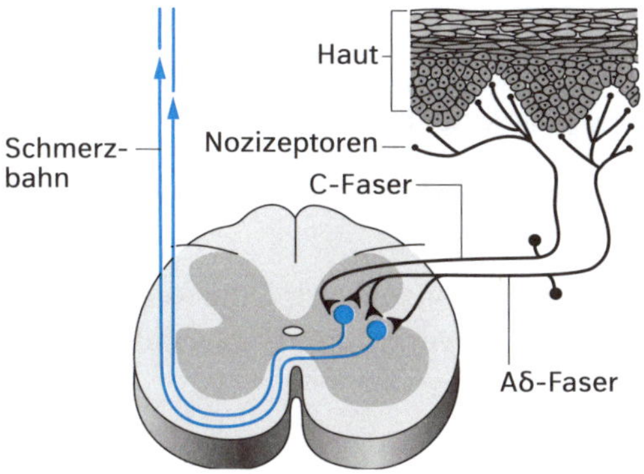

M1 Nozizeptoren der C- Fasern und Aδ-Fasern sind die reizaufnehmenden Strukturen der Schmerzbahn

M2 Zwei Arten von Schmerzfasern

Beim Öffnen einer Konservendose kann es vorkommen, dass man sich an der scharfen Kante des Dosendeckels schneidet. Ein erster stechend brennender Schmerz zeigt die Verletzung an. Die Wunde wird versorgt und ein Pflaster verhindert die Blutung. Erst jetzt setzen je nach Schwere der Verletzung bohrende dumpfe Schmerzen ein. Dafür macht man zwei Arten von Schmerzfasern des Schmerz wahrnehmenden Systems ver-antwortlich: Aδ-Fasern sind relativ dicke Axone (ca 3 – 5 µm), die von einer Myelinscheide umhüllt sind. C-Fasern sind dünn (ca 1 µm) und nicht von einer Myelinscheide umhüllt.

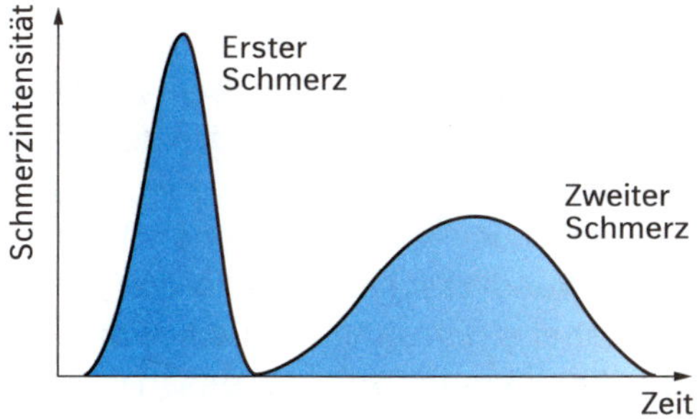

M2 zeitlicher Verlauf unterschiedlicher Schmerzwahrnehmungen nach einer Verletzung

M3 Synaptische Verschaltung der Schmerzbahn im Rückenmark

Über Synapsen im Hinterhorn des Rückenmarks werden akute Schmerzerregungen an das Gehirn weitergeleitet.

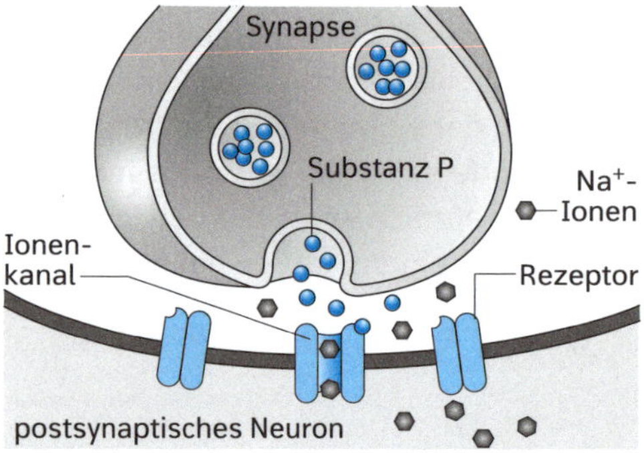

M3 Synapse aus der Schmerzbahn im Hinterhorn des Rückenmarks

M4 Veränderungen chemischer Synapsen der Schmerzbahn im Hinterhorn des Rückenmarks

Durch lang anhaltende oder besonders starke Schmerzreize werden die Neuronen im Hinterhorn des Rückenmarks verändert. Die dadurch hervorgerufenen physiologischen Veränderungen be-zeichnet man als Schmerzgedächtnis.

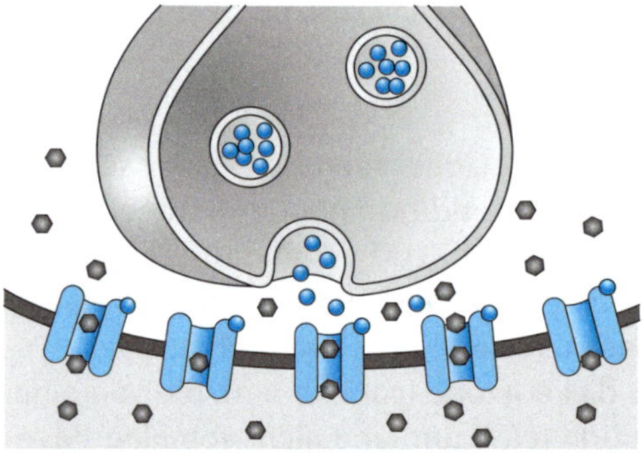

M4 veränderte Synapse aus der Schmerzbahn im Hinterhorn des Rückenmarks

M5 Prostaglandine und Acetylsalicylsäure

Prostaglandine werden von zwei Enzymen in unterschiedlichen Geweben synthetisiert, COX-1 und COX-2. Während COX-1 in den blutgerinnungsauslösenden Blutplättchen (Thrombozyten) vorkommt, wird COX-2 in entzündeten oder verletzten Geweben synthetisiert. Die Prostaglandine aktivieren bei Verletzungen der Haut die Thrombozytenaggregation und fördern somit den Wundverschluss. Sie fördern allerdings auch Entzündungsreaktionen und senken dabei gleichzeitig den Schwellenwert in den Schmerzrezeptoren. Zudem hemmen sie die Sekretion von Magensaft.
Acetylsalicylsäure (ASS) ist ein Schmerzmittel, das unter dem Namen Aspirin bekannt ist. Es hemmt die Enzyme COX-1 und COX-2, indem sie in der Aminosäurekette der Enzyme kurz vor dem aktiven Zentrum einen Acetylrest auf Serin überträgt

Lösungen

1. (a) Freie Nervenendigungen oder auch Sinneszellen können einen adäquaten Reiz über ihre Membranrezeptoren aufnehmen. Dabei wird ein Reiz in Erregung umgewandelt, indem durch den ankommenden Reizes die Membran für Kationen (meist Na^+-Ionen) durchlässig wird, sodass diese in die Zelle diffundieren: Die Membran wird depolarisiert. Das Ruhepotenzial der Zelle wird herabgesetzt und es entsteht ein Generator- bzw. Rezeptorpotenzial. Die Höhe der Potenzialänderung entspricht dabei der Größe des ankommenden Reizes. Ob die hervorgerufene Erregung zum Gehirn weitergeleitet wird, hängt davon ab, ob ein ein Schwellenwert erreicht wird. Ist dies der Fall, wird die Erregung in Form von Aktionspotenzialen (APs) weitergeleitet. Die Anzahl der APs pro Zeiteinheit entspricht dabei der Höhe des Generatorpotenzials und die Dauer der AP-Frequenz der Dauer des Reizes. Die APs folgen dem Alles-oder-Nichts-Gesetz, d. h. ihre Höhe ist immer gleich groß.
   (b) Serotonin wird an den verletzten Stellen der Haut freigegeben. Es stellt somit den Schmerzreiz dar. Werden die Serotoninrezeptoren der freien Nervenendigungen von Serotonin besetzt, öffnen sich Na^+-Ionenkanäle, sodass es zu einem Rezeptorpotenzial kommt. Die Stärke dieses lokalen Potenzials hängt von der Anzahl der andockenden Serotoninmoleküle ab. Erreicht es den Schwellenwert, werden APs zum Gehirn geleitet, die im Schmerzzentrum die Schmerzempfindung hervorrufen. Prostaglandine können den Schwellenwert herabsetzen, sodass die Anzahl der APs und somit auch die Schmerzwahrnehmung durch ihre Zugabe erhöht werden.

2. (a) In Axonen von Nervenzellen wird die Erregung in Form von APs weitergeleitet. Je nachdem, ob das Axon myelinisiert, das heißt von SCHWANNschen Zellen umgeben ist oder nicht, unterscheidet man zwei verschiedene Arten der Weiterleitung: Bei marklosen Nervenfasern, d. h. bei fehlender Myelinisierung, wird das AP über das Axon von Abschnitt zu Abschnitt übertragen, indem der vorhergehende Abschnitt ein AP an dem benachbarten, noch nicht erregten Abschnitt, auslöst. Der vorhergehende Abschnitt ist dann bereits in der Repolarisationsphase, während am benachbarten eine Potenzialänderung ausgelöst werden kann, sodass dort ein AP erfolgt. Diese Form der Weiterleitung ist relativ langsam. Die Leitungsgeschwindigkeit kann durch eine Verdickung des Axons vergrößert werden. Bei Axonen, die von einer Myelin-scheide umhüllt sind, findet die saltatorische Erregungsleitung statt. Die Myelinscheide wird von SCHWANNschen Zellen gebildet und ist deshalb im Abstand von 0,2 mm bis 1,5 mm unterbrochen. Diese Unterbrechungen heißen RANVIERsche Schnürringe. Die zur Erzeugung des AP nötigen spannungsabhängigen Na^+-Kanäle befinden sich nur an den RANVIERschen Schnür-ringen. Ein AP, das an einem Schnürring entsteht, löst ein nächstes AP erst am nächsten Schnürring aus. Da die APs nicht kontinuierlich an der Membran entlang laufen wie bei marklosen Fasern, sondern von Schnürring zu Schnürring springen, nennt man dies eine

saltatorische Erregungsleitung. Sie ist viel schneller und verbraucht weniger Energie als die kontinuierliche Form.
(b) Da die Aδ-Fasern relativ dicke Axone und von einer Myelinscheide umhüllt sind, leiten sie schneller als die dünnen marklosen C-Fasern. Der erste stechend brennende Schmerz kommt also durch die Erregung der Aδ-Fasern, der zweite dumpfe Schmerz durch die Erregung der C-Fasern zustande.

3. An der Synapse im Hinterhorn des Rückenmarks laufen Aktionspotenziale ein, die die Ca^{2+}-Kanäle im synaptischen Endknöpfchen des Axons der sensorischen Nervenzelle öffnen, sodass Calciumionen in das Endknöpfchen einströmen. Dies bewirkt die Verschmelzung der mit der Substanz P gefüllten synaptischen Bläschen mit der präsynaptischen Membran und so eine Transmitterausschüttung der Substanz P. Diese diffundiert durch den synaptischen Spalt und verbindet sich mit den Rezeptoren der postsynaptischen Membran, sodass sich dort Na^{+}-Kanäle öffnen und Natriumionen in die postsynaptische Nervenzelle gelangen. Dadurch wird ein EPSP (exzitatorisches postsynaptisches Potenzial) an der postsynap-tischen Membran ausgelöst. Diese postsynaptische Erregung wird unter Abschwächung (Dekrement) weitergeleitet. Erreicht sie am Axonhügel den Schwellenwert, entstehen dort wieder Aktionspotenziale, die über das Axon des Neurons weitergeleitet werden.

4. Lang anhaltende oder besonders starke Schmerzreize bewirken an der Synapse des Hinterhorns eine Vermehrung von postsynaptischen Rezeptoren für die Substanz P. Dadurch können die Substanz P-Moleküle bei ihrer Ausschüttung in den synaptischen Spalt gleichzeitig an mehr Rezeptoren andocken als es ohne anhaltende Schmerzen der Fall wäre. Die Folge sind stärkere postsynaptische Po-tenziale, die stärkere und länger andauernde Schmerzen verursachen. So wird die Schmerzbahn für ankommende Erregungen sensibilisiert. Man spricht vom Schmerzgedächtnis.

5. (a) Die Wirkungsweise von ASS bzw. Aspirin beruht darauf, dass es die Enzyme COX-1 und COX-2 hemmt, die für die Produktion von Prostaglandinen zuständig sind. Prostaglandine senken die Reizschwelle der Schmerzrezeptoren bei Verletzungen und Entzündungen; dementsprechend steigt mit hoher Prostaglandinkonzentration auch die Schmerzempfindlichkeit eines Gewebes, das sich an und um eine Verletzung befindet. Diese Konzentration ist bei Entzündungen besonders hoch, da die COX-2-Synthese und damit die Produktion von Prostaglandinen durch Entzündungen und Verletzungen ausgelöst wird. Aufgrund der Enzymhemmung wirkt Aspirin daher nicht nur schmerz- sondern auch entzündungshemmend.
Aspirin verändert das aktive Zentrum der Enzyme, sodass diese die erforderlichen Substrate für die Prostaglandinsynthese nicht mehr anlagern und umsetzen können. (b) Weil Prostaglandine zudem die Sekretion von Magensäuren hemmen, wird bei längerer oder höherer Dosierung von ASS zu viel Magensaft gebildet.

Selbstdiagnosebogen

Aufgabe Nr.	Kernkompetenzen	AFB	Punkte	erreicht	Förderung
1(a)	Beschreibung, wie ein Reiz in Erregung umgewandelt wird	I	10		Neurobiologie (S. 34 ff.) Rezeptorpotenzial, Umcodierung Reiz in Erregung
1(b)	Ableitung einer Hypothese aus den vorgelegten Materialien	II III	12 3		
2(a)	Beschreibung der kontinuierlichen und saltatorischen Erregungsleitung am Axon	I	8		Aktionspotenzial, kontinuierliche und saltatorische Erregungsleitung (S. 36)
2(b)	Analyse von M1 und M2 sowie begründete Erklärung der unterschiedlichen Funktionen der beiden Schmerzfasern	II	6		Texterfassung und Umgang mit Diagrammen und Abbildungen (S. 51), Verknüpfung bekannten Wissens mit neuen Sachverhalten
3	Beschreibung synaptischer Vorgänge / Erklären der Übertragung von Schmerzerregungen im Hinterhorn	I II	4 8		Vorgänge an Synapse (S. 37)
4	Beschreibung synaptischer Veränderungen (M4) / Erläuterung der direkten und der weitreichenden Folgen derr Veränderung als Schmerzgedächtnis	I II III	2 4 6		Umgang mit Abbildungen (S. 51)
5(a)	Erklären der Wirkungsweise von Aspirin durch Ableitung aus verschiedenen Sachtexten	II III	6 2		Bedeutung und Wirkungsweise von Enzymen; Enzymhemmung und ihre Folgen
5(b)	Erfassen einer Nebenwirkung	III	3		

Gesamtpunkte: 74, davon AFB I: 24 Punkte (32 %); AFB II: 36 Punkte (49 %); AFB III: 14 Punkte (19 %)

Materialgrundlage:

Campbell N. A., Reece J. B.: Biologie. Spektrum Akademischer Verlag Heidelberg 2003
Feldermann D.: Was schmerzt denn da? In: LINDER Biologie. Neurobiologie. Sekundarstufe 2. Abitur- und Klausurtrainer. CD-ROM. Schroedel 2009
Hedewig R.: Die Haut – ein vielseitiges Organ. In: Unterricht Biologie, (1989) 142, S. 4 – 13
http://www.sinnesphysiologie.de/hvsinne/schmerz/schmerzin.htm

Funktion des Neurons, Erregungsentstehung, Erregungsleitung, Synapsenvorgänge einschließlich molekularer Grundlagen, synaptische Verschaltung

Aufgabe 6: Die Gifte der Kegelschnecken

Einleitung

Kegelschnecken (*Conidae*) sind schön gemusterte Schnecken mit einem 5 bis 15 cm großen kegel- bzw. konusförmigen Haus. Die Gattung Conus ist mit rund 500 verschiedenen Arten im gesamten indo-pazifischen Raum verbreitet, wo sie besonders die flachen und warmen Korallenriffe besiedeln. Alle Kegelschnecken sind Raubtiere, die überwiegende Zahl jagt Würmer oder Schnecken. An die 70 Arten haben sich auf die Jagd nach Fischen spezialisiert.

Aufgabenstellung

1. **Beschreiben** Sie zusammenfassend die Abläufe während eines Aktionspotenzials an der Axonmembran eines Neurons und **skizzieren** Sie die Veränderungen des Membranpotenzials im Verlaufe eines Aktionspotenzials.
2. **Skizzieren** Sie den Verlauf eines Aktionspotenzials unter dem Einfluss von δ-Conotoxin und **erläutern** Sie die Folgen für den Beuteorganismus. **Vergleichen** Sie diese Folgen anschließend mit der Wirkung von κ-Conotoxin.
3. **Stellen** Sie die Entstehung eines EPSP und eines IPSP **dar**. Beschränken Sie sich dabei auf die Vorgänge an der postsynaptischen Membran. **Erläutern** Sie die Wirkungsweise von α-, und μ-Conotoxinen und die Folgen für den Beuteorganismus.
4. **Beurteilen** Sie, inwieweit sich ω-Conotoxine zum möglichen Einsatz in der Schmerztherapie eignen. **Beziehen** Sie in diesem Zusammenhang auch zur Verabreichungsform (Tabletten, Injektion, Injektionsort) **Stellung**.

Material

M1 Basisinformationen

Fischfressende Kegelschnecken lauern in der Regel im Boden eingegraben und bieten vorbei schwimmenden Fischen ihr Atemrohr, den Sipho, als Köder an. Wenn der Fisch den Köder angreift, fährt die Schnecke die rüsselartig verlängerte Schnauze aus und schießt dem Fisch einen Giftpfeil ins Maul.

M1 Giftapparat der Kegelschnecke

Das Gift wird in einem langen schlauchförmigen Giftkanal gebildet und in der Giftblase gespeichert. (M1 a). Der sackförmige Anhang des Schlundes enthält die pfeilförmige „Harpune",die in den Schlund transportiert, mit Gift geladen und aus dem Schlundrohr in die Beute geschossen wird (M1 b und c).

M2 Gifte der Kegelschnecke

Das Gift einer Kegelschnecke besteht nicht aus einem einzigen Giftstoff, sondern aus einem Gemisch unterschiedlicher Stoffe. Jede Kegelschneckenart hat anscheinend einen arttypischen Satz von 50 – 200 Conotoxinen. Es gibt also Tausende unterschiedlicher Conotoxine (Stand identifizierter Conotoxine im April 2010: 3369), eine Vielfalt, die im Tierreich ohne Beispiel ist.
Kegelschneckengifte sind Oligopeptide, also kleine Eiweißverbindungen, die aus 10 bis 30 Aminosäuren bestehen. Man unterscheidet fünf Conotoxinfamilien (α-, μ-, ω, κ- und δ-Conotoxine). Die Toxine werden nach ihren Zielen im Beuteorganismus zusammengefasst.

Conotoxin	Ansatzstelle / Wirkung
α-Conotoxine	blockieren die Rezeptoren für Acetylcholin an neuromuskulären Synapsen
δ-Conotoxine	verhindern die Inaktivierung der spannungsgesteuerten Na^+-Ionenkanäle am Axon eines Neurons
κ-Conotoxine	blockieren die spannungsgesteuerten K^+-Ionenkanäle am Axon eines Neurons
μ-Conotoxine	blockieren die Na^+-Ionenkanäle in der postsynaptischen Membran neuromuskulärer Synapsen
ω-Conotoxine	blockieren die Ca^{2+}-Ionenkanäle an Synapsen des N-Typs mit dem Transmitter Glutamat (siehe M3)

M3 Ausschnitt aus der Schmerzbahn

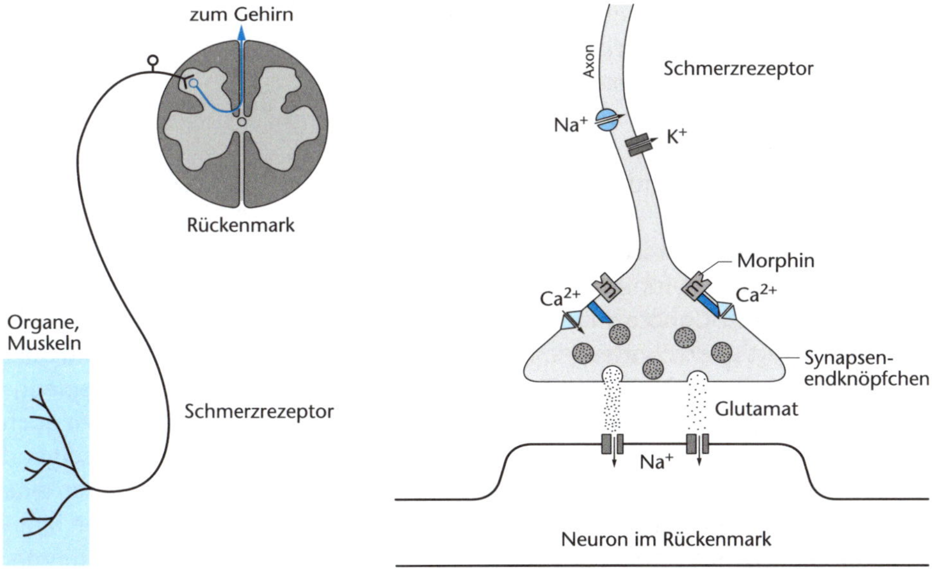

M3 Schmerzweiterleitung über das Rückenmark an Synapsen des N-Typs

Schmerzrezeptoren durchdringen mit einem Geflecht von Nervenendigungen nahezu alle äußeren und inneren Organe, die Muskeln und Gelenke. Schmerzsignale entstehen durch die Erregung dieser spezialisierten Sinnesnervenzellen, die nur durch sehr starke Reize wie Verletzungen oder Verbrennungen ausgelöst und weitergeleitet werden. M3 zeigt den Mechanismus der Weiterleitung bis zur Wahrnehmung im Gehirn.
Zur Unterbrechung dieser Erregungsleitung werden in der Schmerztherapie auch Opiate wie z. B. Morphin eingesetzt. Morphin bindet in den dargestellten Synapsen des N-Typs an Rezeptoren der Ca^{2+}-Ionenkanäle und verhindert somit die Öffnung dieser Ionenkanäle. Als Folge kommt es zu einer Verminderung der Glutamat-Ausschüttung. Bei längerfristigem Einsatz von Morphin kommt es allerdings zur verstärkten Bildung neuer, zusätzlicher Rezeptoren, sodass die Dosis bei gleicher Wirkung stetig erhöht werden muss, was zu stärkeren Nebenwirkungen führt.

Lösungen

1. Als Aktionspotenzial bezeichnet man eine starre Abfolge von Spannungsänderungen. Im Ruhezustand (I) sind die spannungsgesteuerten Na^+- und K^+-Ionenkanäle geschlossen. Überschreitet die Erregung eine bestimmte Schwelle, kommt es zur Depolarisationsphase (II). Die spannungsgesteuerten Na^+-Ionenkanäle werden geöffnet, woraufhin Na^+-Ionen ihrem Konzentrationsgefälle folgend in das Cytoplasma strömen. Die Spannung über der Membran steigt bis auf circa +30 mV.
   In der sich nun anschließenden Repolarisationsphase (III) werden die spannungsgesteuerten Na^+-Ionenkanäle (zeitgesteuert nach 1 bis 2 ms) inaktiviert und schließen. Die sehr viel langsamer arbeitenden spannungsgesteuerten K^+-Ionenkanäle öffnen erst jetzt voll. K^+-Ionen strömen ihrem Konzentrationsgefälle folgend nach außen. Das Membranpotenzial wird negativer.
   Da die spannungsgesteuerten K^+-Ionenkanäle langsam schließen, kommt es zu einer kurzfristigen Hyperpolarisation (IV). In dieser Phase sinkt das Membranpotenzial noch unter den Wert im Ruhezustand.
   Anschließend stellt die Na^+-K^+-Pumpe die ursprüngliche Ionenverteilung wieder her.

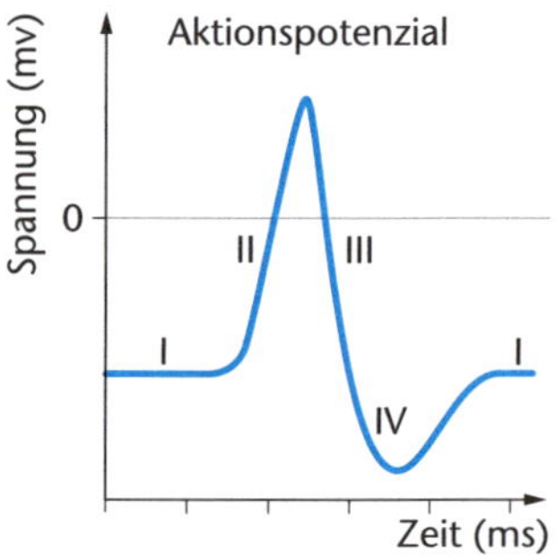

2. Unter Einfluss von δ-Conotoxin lässt sich ein Aktionspotenzial auslösen, sobald der Schwellenwert überschritten ist. Nach der Depolarisation kommt es dann aber nur zu einer stark abgeschwächten Repolarisationsphase. Da δ-Conotoxin eine Inaktivierung der spannungsgesteuerten Na^+-Ionenkanäle verhindert, strömen auch während der Repolarisationsphase Na^+-Ionen ihrem Konzentrationsgefälle folgend in das Axon und sorgen für eine anhaltende Depolarisation. Hieraus resultieren eine Dauererregung der betroffenen Neuronen und Krämpfe der angeschlossenen Muskulatur, die zum Tod oder zumindest zur Immobilität des Beuteorganismus führen.

κ-Conotoxine blockieren zwar die spannungsgesteuerten K^+-Ionenkanäle des Axons, führen aber zu denselben Folgen für den Beuteorganismus. Eine Blockierung dieser Ionenkanäle verhindert ebenfalls die Repolarisation der Axonmembran. Auch in diesem Fall liegen eine andauernde Depolarisation des Neurons mit Dauererregung nachfolgender Neurone und Muskelkrämpfen vor.

3. Ein EPSP (exzitatorisches postsynaptisches Potenzial) führt zu einer Depolarisation der postsynaptischen Membran. Dies geschieht, indem durch Transmitterwirkung Na^+-Ionenkanäle geöffnet werden und Na^+-Ionen, ihrem Konzentrationsgefälle folgend, in die postsynaptische Zelle einströmen.
   Ein IPSP (inhibitorisches postsynaptisches Potenzial) führt zu einer verstärkten Polarisation der postsynaptischen Membran. Dies geschieht, indem K^+- oder Cl^--Ionenkanäle geöffnet werden und K^+-Ionen in das extrazelluläre Milieu oder Cl^--Ionen in das Cytoplasma gelangen.
   α- und μ-Conotoxine wirken an der motorischen Endplatte, damit also an exzitatorischen neuromuskulären Synapsen. Durch die Blockade der Acetylcholin-Rezeptoren (α-Conotoxine) bzw. der angeschlossenen Na^+-Ionenkanäle (μ-Conotoxine) verhindern beide Conotoxine den Einstrom von Na^+-Ionen in die postsynaptische Zelle. Somit kann kein Endplattenpotenzial ausgelöst werden, eine Muskelkontraktion bleibt aus. Die hieraus resultierenden Lähmungserscheinungen führen beim Beuteorganismus zumindest zur Immobilität, ggf. sogar zum Tod, falls lebenswichtige Muskelgruppen betroffen sein sollten.

4. ω-Conotoxine eignen sich grundsätzlich zum Einsatz in der Schmerztherapie. Durch die Blockade der Ca^{2+}-Ionenkanäle an Synapsen des N-Typs kommt es zu einer Unterbrechung der Erregungsleitung der Schmerzrezeptoren im Rückenmark. In ihrer Wirkung gleichen ω-Conotoxine somit Morphin. Durch die direkte Blockade der Kanäle, Morphin blockiert die Rezeptoren, ist bei Langzeittherapien ggf. nicht einmal eine Steigerung der Dosis notwendig. Somit stünde mit den ω-Conotoxinen ein Mittel zur Schmerztherapie zur Verfügung, das langfristig ohne starke Nebenwirkungen eingesetzt werden könnte.
   Eine Verabreichung in Tablettenform würde vermutlich zum Abbau der Conotoxine (kleine Eiweißstoffe) in Magen und Darm führen. Eine Injektion ins Blut brächte die Gefahr mit sich, auch Synapsen des N-Typs zu blockieren, die andere Funktionen als die der Schmerzweiterleitung erfüllen. Aus diesen Gründen scheint die effektivste und sicherste Form der Verabreichung in einer Injektion direkt in den Rückenmarkskanal zu bestehen.

Selbstdiagnosebogen

Aufgabe Nr.	Kernkompetenzen	AFB	Punkte	erreicht	Förderung
1	zusammenfassende Darstellung eines APs Skizze eines APs	I I	10 2		Erregungsentstehung und Erregungsleitung (S. 34 ff.)
2	Skizze eines APs unter Einfluss von δ-Conotoxin Folgen für den Beuteorganismus Vergleich mit der Wirkung von κ-Conotoxin	II II II	5 5 5		Erregungsentstehung und Erregungsleitung
3	Darstellung EPSP, IPSP Erläuterung der Wirkung von α-Conotoxinen Erläuterung der Wirkung von μ-Conotoxinen	I II II	6 4 4		Erregungsübertragung an einer chemischen Synapse; synaptische Verschaltung, Synapsengifte
4	Erläuterung der Wirkung von ω –Conotoxinen Beurteilung der Einsatzmöglichkeit in der Schmerztherapie Stellungnahme zur Verabreichungsform	II III III	4 4 6		Erregungsübertragung an einer chemischen Synapse; Synapsengifte

Gesamtpunkte: 55 davon AFB I: 18 Punkte (33 %); AFB II: 27 Punkte (49 %); AFB III: 10 Punkte (18 %)

Materialgrundlage:

Bowersox S. S., Luther R.: „Pharmacotherapeutic potenzial of omega-conotoxin MVIIA (SNX-111), an N-type neuronal calcium channel blocker found in the venom of Conus magus". Toxicon 36 (11/1998): 1651 – 8

Frings S., Grammig, D.: Vorlesungsskripte Zoophysiologie: Conotoxine - Muskelgifte der Kegelschnecken, Uni-Heidelberg, 1998, unveröffentlicht

Leipold E., Hansel A., Olivera B.M., Terlau H., Heinemann S.H.: „Molecular interaction of delta-conotoxins with voltage-gated sodium channels". FEBS Lett. 579 (18/2005): 3881 – 4.

Li R.A., Tomaselli G.F.: „Using the deadly mu-conotoxins as probes of voltage-gated sodium channels". Toxicon 44 (2/2004): 117 – 22.

Mebs, D.: Gifttiere. Ein Handbuch für Biologen, Ärzte und Apotheker, 1992

Nicke A., Wonnacott S., Lewis R. J.: „Alpha-conotoxins as tools for the elucidation of structure and function of neuronal nicotinic acetylcholine receptor subtypes". Eur. J. Biochem. 271 (12/2004): 2305 – 19

Shon K. J., et al.: „kappa-Conotoxin PVIIA is a peptide inhibiting the shaker K^+ channel". J. Biol. Chem. 273 (1/1998): 33 – 8

Grundlagen der Wahrnehmung: Bau und Funktion der Netzhaut, Erregungsentstehung, Erregungsleitung

Aufgabe 7: Hemeralopie – verminderte Sehleistung in Dämmerung und Dunkelheit

Einleitung

Anzeichen einer Hemeralopie können Orientierungsprobleme in einem dunklen Schlafzimmer sein. Auch wer sich nachts häufiger an Möbeln stößt, sollte aufmerksam werden. Es könnten erste Symptome einer Nachtblindheit (Hemeralopie) sein. Fahren Betroffene aus einer hellen Umgebung z. B. in einen dunklen Tunnel, beschreiben sie es wie eine Reise in ein schwarzes Loch. Setzt die Dämmerung ein verschwimmen die Scheinwerfer entgegenkommender PKWs und die Konturen werden zunehmend unscharf.
Daher schätzen manche Experten, dass Hemeralopie als Ursache für Unfälle mit Personenschäden ebenso häufig ist wie Fahren unter Alkoholeinfluss, häufig als Unfallursache aber unerkannt bleibt.

Aufgabenstellung

1. **Beschreiben** Sie die Aufnahme und Verarbeitung eines Reizes durch die Fotorezeptoren am Beispiel der Stäbchen der menschlichen Netzhaut (Signaltransduktion).
2. **Erläutern** Sie auch mithilfe von M1 (Abbildung 1) die Hell- und Dunkeladaptation der verschiedenen Fotorezeptoren (Zapfen und Stäbchen) des menschlichen Auges.
3. **Stellen** Sie mithilfe von M2 die häufigsten Ursachen für Hemeralopie **dar** und **erläutern** Sie mithilfe von M1 und M3 die zugrundliegenden Mechanismen.
4. **Erstellen** Sie eine **Hypothese** über die erhöhte Erkrankungswahrscheinlichkeit an Hemeralopie in den sogenannten Entwicklungsländern und **beschreiben** Sie eine mögliche Therapie sowie vorbeugende Maßnahmen.

Material

M1 Dunkeladaptation bei Normalsichtigen und Nachtblinden

Die Diagnose der Hemeralopie erfolgt mit relativ einfachen Mitteln. Die klassische Untersuchungsmethode besteht darin, einen Patienten für einige Minuten relativ hellem Licht auszusetzen, um dann die Empfindlichkeit der Netzhaut gegen die Zeit zu messen, d.h. den Zeitraum zu ermitteln, den der Patient benötigt, um sich an eine dunklere Umgebung zu gewöhnen, um dort vorgegebene Konturen oder Bilder zu erkennen.
Die Vorgänge in den Fotorezeptoren der Netzhaut zeigt Abbildung 1, die Ergebnisse der Messungen werden in Abbildung 2 dargestellt.

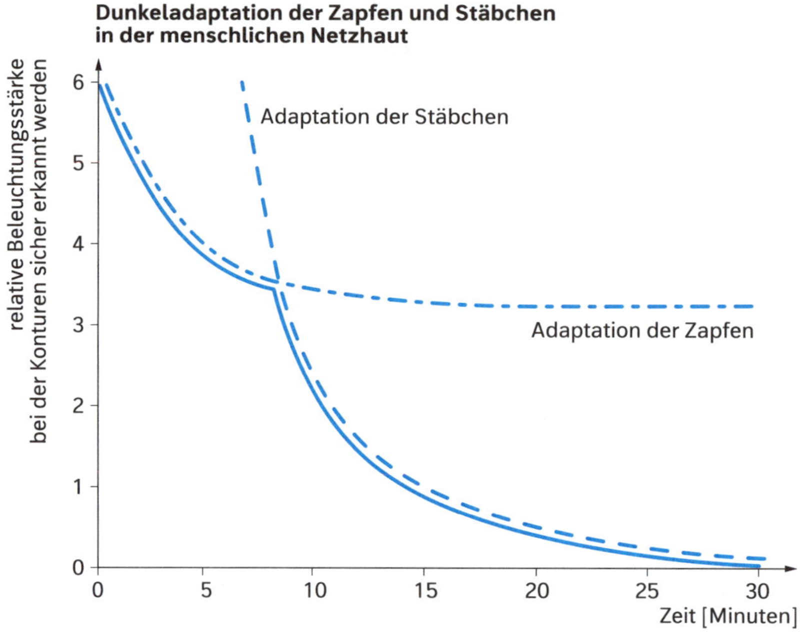

M1 a Dunkeladaptation der Zapfen und Stäbchen in der menschlichen Netzhaut

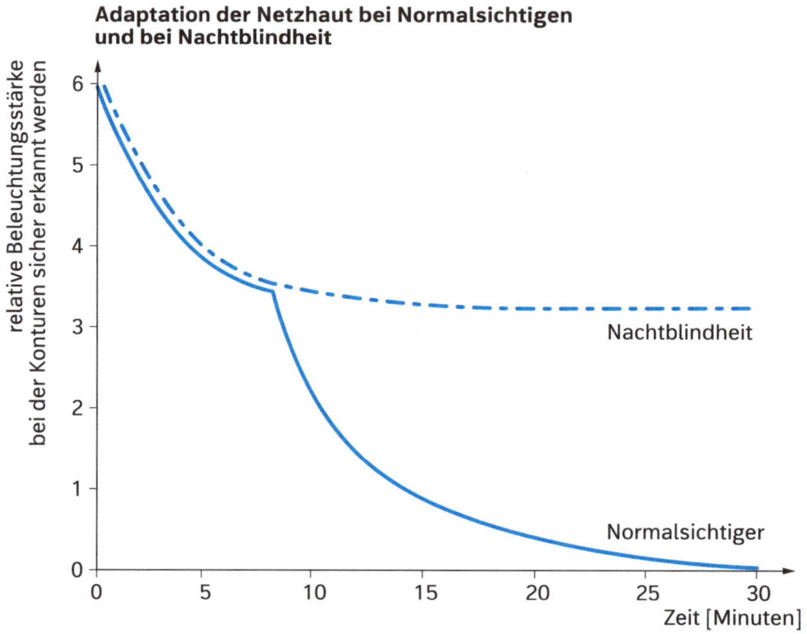

M1 b Dunkeladaptation der Zapfen und Stäbchen in der menschlichen Netzhaut bei Normalsichtigen und bei Nachtblindheit

M2 Ursachen der Hemeralopie

Nachtblindheit kann erbliche oder im Laufe des Lebens erworbene Ursachen haben. Eine Form der erblichen Nachtblindheit ist angeboren und auf verschiedene Mutationen zurückzuführen, die zu einer Funktionsunfähigkeit der Stäbchen führen.
Bei der vererbbaren Netzhauterkrankung Retinitis pigmentosa kommt es zum Absterben der Stäbchen, die bei der homozygoten Form bereits in der Kindheit zur Nachtblindheit führen. In der heterozygoten Variante tritt die Nachtblindheit oftmals erst im dritten Lebensjahrzehnt ein.
Weitaus häufiger treten jedoch erworbene Formen von Hemeralopie auf. Eine Chorioretinitis, eine Entzündung der Aderhaut, kann ebenso zu einem Absterben der Stäbchen führen wie ein Glaukom (Grüner Star) oder Gefäßschädigungen als Folge eines Diabetes mellitus.
Die häufigste Ursache der Hemeralopie ist jedoch ein Mangel an Vitamin-A (Retinol). Dieser kann durch eine Störung der Vitamin-A-Aufnahme in die Zellen, durch langanhaltende Magen-Darm-Erkrankungen oder Leberversagen begründet sein, lässt sich in der Regel aber auf ungenügende Vitamin-A-Zufuhr durch die Nahrung zurückführen. Durch Zufuhr von Retinol oder Carotinoiden tritt bei letzterer Gruppe rasch eine Besserung ein, bis die Nachtblindheit schließlich völlig verschwindet.
Tierische Produkte wie Fisch, Leber, Milchprodukte, Eier enthalten viel Retinol. Vorstufen des Retinols, die Carotinoide, findet man aber auch in Pflanzen, die gelb-rot-orange gefärbt sind. Dazu gehören beispielsweise Karotten, Paprika, Aprikosen, Kirschen, Grapefruits, Rote Bete, Papaya, aber auch Spinat, Broccoli, Petersilie, Feldsalat und Fenchel.

M3 Biochemie des Sehens – der Rhodopsinzyklus

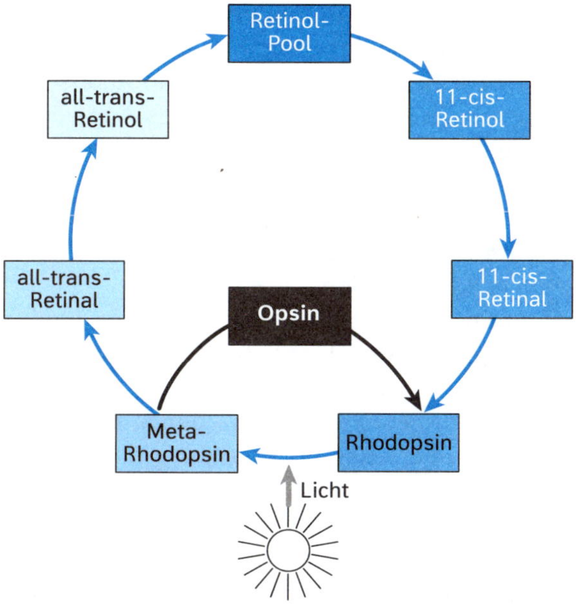

M3 Produktion und Recycling des Rhodopsins im menschlichen Auge

Lösungen

1. Die Fotosensoren der Netzhaut sind bei Dunkelheit depolarisiert. Die Depolarisation resultiert aus der Öffnung von cGMP-abhängigen Natriumionen-Kanälen. In den Stäbchen der Retina befindet sich Rhodopsin, das aus Opsin und 11-cis-Retinal hergestellt wird. Ein Lichtreiz bewirkt die Konformationsänderung des Rhodopsins in Meta-Rhodopsin. Das Meta-Rhodopsin aktiviert eine kaskadenartige Enzymkette (über das G-Protein Transducin und die Aktivierung einer Phosphodiesterase (Zusatzpunkte), welche cGMP von den Natriumionen-Kanälen abspaltet.
   Die Abnahme der cGMP-Konzentration führt zur Schließung der cGMP-abhängigen Natriumkanäle, sodass das Membranpotenzial nun stark von der Kalium-Leitfähigkeit beeinflusst wird. Es kommt zu einer Hyperpolarisation und infolgedessen zu einer Abnahme der AP-Frequenz in den nachgeschalteten Zellen.

2. Unter der Adaptation des menschlichen Auges versteht man die Anpassung des Auges an unterschiedliche Lichtverhältnisse.
   Dunkeladaptation: Wie M1 a zeigt wird bei schwächer werdenden Lichtverhältnissen von Zapfensehen auf das Stäbchensehen umgeschaltet, da die Stäbchen eine größere Lichtempfindlichkeit besitzen als die Zapfen. Daher können Farben nicht mehr erkannt werden und das Sehen erfolgt in Grauabstufungen. In der Dunkelheit wird die Pupille weitgestellt, sodass viel Licht in das Auge fallen kann.
   Die Empfindlichkeit der Stäbchen für Licht ist abhängig von der Konzentration des „Sehfarbstoffs“ Rhodopsin. In Helligkeit wird viel Rhodopsin für die Transduktion benötigt, die Konzentration des Rhodopsins nimmt ab. Verschlechtern sich die Lichtverhältnisse, kommt es zur Regeneration des Rhodopsins und dieses steht wieder in größerer Menge zur Verfügung, so dass das Auge lichtempfindlicher wird. Bis zur maximalen Empfindlichkeit im Dunkeln dauert es über 30 Minuten.
   Helladaptation: Die Hell-Adaptation führt zu gegenläufigen Veränderungen. Bei guten Lichtverhältnissen wird zum Stäbchen- auch das Zapfensehen zugeschaltet. Farbliches Sehen ist nun wieder möglich.
   Ein höherer Lichteinfall führt zu einer Engstellung der Pupille. Darüber hinaus sinkt die Sehfarbstoffkonzentration und das Auge wird lichtunempfindlicher.

3. Bei der Nachtblindheit ist offensichtlich die Funktionsweise der Stäbchen im Auge gestört. In der Netzhaut des Auges befinden sich die Sehsinneszellen, die Zapfen und Stäbchen. Die Zapfen dienen dem Farbensehen, die Stäbchen sind dagegen für das Nacht- und Dämmerungssehen verantwortlich. Sie können keine Farben erkennen. Durch das Zusammenspiel zwischen Zapfen und Stäbchen wird das Auge den jeweiligen Lichtverhältnissen angepasst. Wie M1 a zeigt, funktioniert die Dunkeladaptation bei einem Menschen, der an Nachtblindheit leidet, nur über die Zapfen. Die Stäbchen fallen aus.

Da die Zapfen erst bei größeren Lichtmengen tätig werden können, ist das Tagessehen erst einmal unbeeinflusst. Das Sehen in der Dämmerung oder während der Nacht ist jedoch beeinträchtigt oder weitgehend unmöglich. Die Anpassungsreaktion der Netzhaut an die Dunkelheit (Dunkeladaptation) ist offensichtlich gestört. Der Betroffene leidet unter Nachtblindheit (Hemeralopie). Die häufigste Ursache liegt in einem Vitamin-A-Mangel, der in der Regel durch ungenügende Vitamin-A-Zufuhr über die Nahrung, manchmal auch durch langanhaltende Durchfallerkrankungen zustande kommt.
Das hängt damit zusammen, dass Vitamin A (Retinol) notwendig ist, damit sich Rhodopsin, der Sehfarbstoff der Stäbchen, bilden kann. Aus Retinol entsteht über einen Zwischenschritt 11-cis-Retinal, das mit Opsin zu Rhodopsin verbunden wird (vgl. M3).
Weil die Dunkeladaptation der Stäbchen zum größten Teil über die zunehmende Bildung von Retinol verläuft führt ein Vitamin-A-Mangel zur Situation, dass kein oder zumindest nicht genügend Rhodopsin hergestellt werden kann. Damit ist eine Dunkeladaptation der Stäbchen nicht oder in zu geringem Maße möglich, so dass bei betroffenen Personen Nachtblindheit auftritt.

4. In den Entwicklungsländern reicht das Einkommen vieler Menschen nicht, um tierische Produkte (Fisch, Leber, Milchprodukte oder Eier) bzw. die Obst- und Gemüse-Sorten (z. B. Karotten, Paprika, Rote Beete, Aprikosen), die viel Vitamin-A enthalten, in ausreichender Menge zu kaufen. Damit steigt die Wahrscheinlichkeit an Hemeralopie zu erkranken rapide an, sodass sich der hohe Anteil an Menschen, die an Nachtblindheit leiden, erklären lässt.
Die Therapie der Erkrankten bestünde in einer hochdosierten Zufuhr von Retinol oder dessen Vorstufen, die den Retinol-Pool wieder auffüllen, sodass die Netzhaut der Betroffenen in ausreichendem Maße Rhodopsin herstellen kann. Die beste Prophylaxe bestünde natürlich in einer regelmäßigen Zufuhr von Retinol durch die Nahrung, d. h. durch Ergänzung der Nahrung um entsprechende tierische und pflanzliche Produkte. Letztendlich wird dies allerdings erst durch eine dauerhafte Verbesserung der ökonomischen Situation der Betroffenen möglich sein.

Selbstdiagnosebogen

Aufgabe Nr.	Kernkompetenzen	AFB	Punkte	erreicht	Förderung
1	Beschreibung der Signaltransduktion in den Stäbchen der menschlichen Netzhaut	I	8		Signaltransduktion in den Fotorezeptoren (S. 40)
2	Auswertung M1 a Zusammenfassende Darstellung der Dunkeladaptation Zusammenfassende Darstellung der Helladaptation	II II I	4 8 3		Umgang mit Abbildungen (S. 51)
3	Ermittlung der häufigsten Ursache der Hemeralopie Erläuterung der zugrunde liegenden Mechanismen	I II	4 13		Leistungen der Netzhaut (S. 39)
4	Hypothese Hemeralopie Entwicklungsländer Beschreibung Therapie und Prophylaxe	III III	5 5		Umgang mit Hypothesen (S. 68)

Gesamtpunkte: 50, davon AFB I: Punkte 15 (30 %); AFB II: Punkte 25 (50 %); AFB III: Punkte 10 (20 %)

Materialgrundlage:

Grehn, F.: Augenheilkunde. Springer, Berlin 2012
Hick, C., Hick, A. (Hrsg.): Intensivkurs Physiologie. Urban & Fischer, München 2012
Kanski, J.J.: Klinische Ophthalmologie. Urban & Fischer, München 2012
Gekle, M., et al.: Taschenlehrbuch Physiologie. Thieme, Stuttgart 2010
Patzelt, J.: Augenheilkunde. Urban & Fischer, München 2009
Szabo, V., Kreienkamp, H.-J., Rosenberg, T., Gal, A. p.Gln200Glu, a putative constitutively active mutant of rod alpha-transducin (GNAT1) in autosomal dominant congenital stationary night blindness. Hum. Mutat. 28: 741-742, 2007

Aufbau und Funktion von Neuronen, Informationsverarbeitung, degenerative Erscheinungen bei Morbus Alzheimer, fMRT

Aufgabe 8: Bekämpfung der Demenz – Frühdiagnostik von Morbus Alzheimer

Einleitung

Durch die erhöhte Lebenserwartung in nahezu allen Ländern nimmt die Zahl der Menschen mit einer neurodegenerativen Erkrankung stetig zu. So weisen von den über 90-jährigen rund 35 % eine zumindest mittelschwere Demenzerkrankung auf, wobei Morbus Alzheimer hier eine dominierende Rolle spielt.
Eine gesicherte Diagnose von Morbus Alzheimer ist oft erst durch eine Obduktion möglich oder erfolgt zu einem Zeitpunkt, wenn große Teile des Gehirns bereits irreversibel geschädigt sind.
Vor diesem Hintergrund gibt es eine Reihe von Forschungsprojekten, die sich der Frühdiagnostik von Morbus Alzheimer widmen, also der Diagnose zu einem Zeitpunkt, an dem die Symptome der Erkrankung noch nicht von normalen altersbedingten oder auf einer leichten Depression beruhenden Störungen des Gedächtnisses unterschieden werden können.
Ziel dieser Forschungsprojekte ist eine möglichst frühzeitige gesicherte Diagnose der Erkrankung, um den Krankheitsverlauf dauerhaft mit neuroprotektiven Medikamenten verlangsamen oder zukünftig auch stoppen zu können.

Aufgabenstellung

1. **Stellen** Sie die Ursachen für Morbus Alzheimer unter Einbeziehung von M2 zusammenfassend **dar**, und **erläutern** Sie die Folgen der Erkrankung anhand von M1.
2. **Stellen** Sie die Methode der funktionellen Magnetresonanztomographie (fMRT) **dar**, und **werten** Sie die Abbildungen 3 und 4 (M3) **aus**.
3. **Stellen** Sie die Erregungsübertragung an einer acetylcholinergenen Synapse zusammenfassend **dar**, und **erläutern** Sie in diesem Zusammenhang unter Einbeziehung von Abbildung 5 (M4), inwieweit die Aktivität der Achetylcholinesterase (AChE) ein geeigneter Anhaltspunkt für die Höhe des Acetylcholinspiegels in den beobachteten Synapsen ist.
   Stellen Sie eine begründete **Hypothese** für einen möglichen therapeutischen Ansatz zur Erhöhung des Acetylcholinspiegels **auf**, indem Sie einen möglichen Ansatzpunkt eines Medikamentes an einer cholinergenen Synapse **erläutern**.
4. **Beurteilen** Sie die in M2, M3 und M4 vorgestellten Methoden zur Frühdiagnostik von Morbus Alzheimer hinsichtlich ihrer Möglichkeiten und Grenzen. Berücksichtigen Sie in diesem Zusammenhang die Notwendigkeit körperlicher Eingriffe und den Zeitpunkt der Erkrankung, zu dem die jeweilige Frühdiagnostik erfolgen kann.

Material

M1 Veränderungen im Gehirn bei Morbus Alzheimer

Die klassischen Veränderungen, die sich im menschlichen Gehirn im Laufe der Erkrankung manifestieren, lassen sich sowohl in der Außenansicht eines von Morbus Alzheimer betroffenen Gehirns als auch im Schnitt nachweisen.

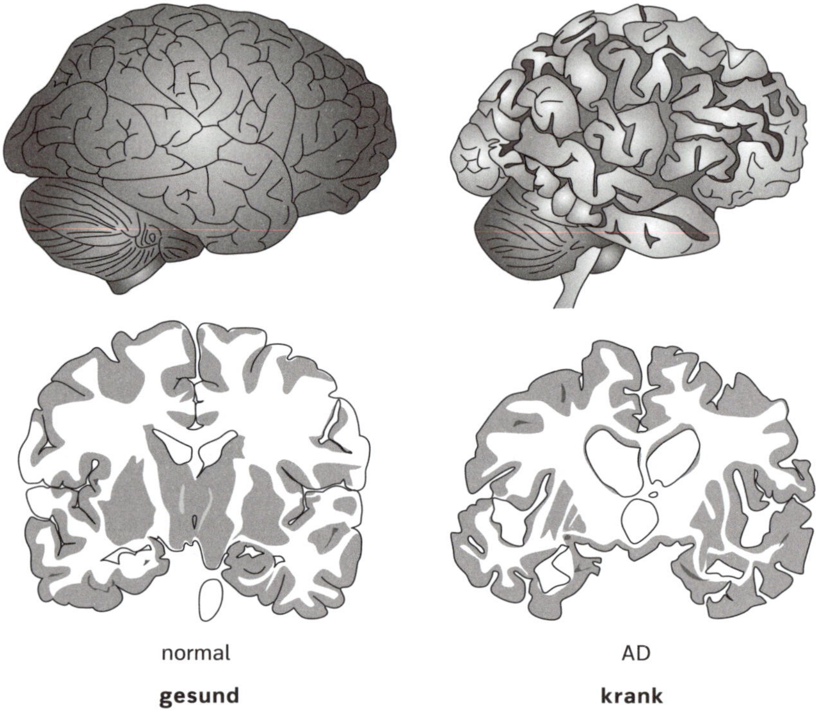

M 1 Veränderung im Gehirn bei Morbus Alzheimer (AD = Alzheimer's disease)

M2 Nachweis des tau-Proteins mittels Positronen-Emissions-Tomographie (PET)

Ein Forschungsteam an der Tohoku-Universität in Sendai (Japan) arbeitet am Nachweis von Morbus Alzheimer mittels Positronen-Emissions-Tomographie (PET).
Bei dieser bildgebenden Methode, die bisher hauptsächlich zur Krebsdiagnostik angewandt wurde, wird dem Patienten ein radioaktiver „Tracer" gespritzt. Dieser Tracer ähnelt natürlich im Körper vorkommenden Stoffen, ist jedoch mit einem schnell zerfallenen radioaktiven Stoff markiert. Der Tracer wird daher auch im Rahmen von Stoffwechselvorgängen auf natürlichem Wege verarbeitet und reichert sich so z. B. in bestimmten Geweben an.
Ungefähr 10 bis 90 Minuten nach Injektion des Tracers erfolgt die Untersuchung im PET-Scanner, bei dem die entstehende Gammastrahlung nachgewiesen werden kann. So entstehen funktionelle Schnittbilder, in dem z. B. die Stoffwechselaktivität im lebenden Organismus dargestellt werden kann.

Das Forschungsteam um NOBUYUKI OKAMURA aus Japan hat nun den Tracer ^{18}F-THK5105 entwickelt, der die Blut-Hirn-Schranke überwinden kann und sich selektiv an Teile des Tau-Proteins anlagert. Die Ergebnisse einer vergleichenden Untersuchung aus der Studie zeigt Abbildung 2.

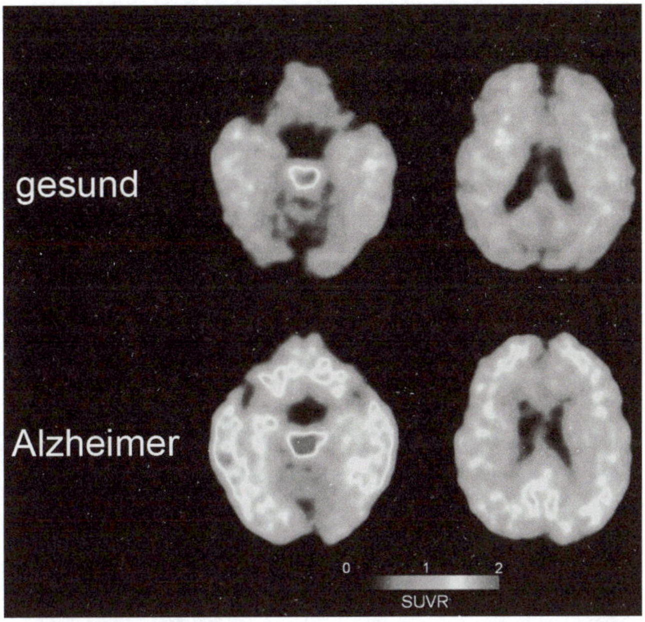

M2 60 bis 80 Minuten nach Injektion des Tracers (^{18}F-THK5105) aufgenommene PET-Bilder des Gehirns eines 72-jährigen gesunden Patienten und eines 68-jährigen Patienten mit Morbus Alzheimer (Horizontalschnitt)

M3 Nachweis der Gehirnaktivität mittels funktioneller Magnetresonanztomographie (fMRT)

Schon seit über einem Jahrzehnt gibt es Ansätze zum Nachweis von Morbus Alzheimer mittels funktioneller Magnetresonanztomographie. Die beiden Abbildungen zeigen die Gehirnaktivität bei gesunden und erkrankten Menschen.

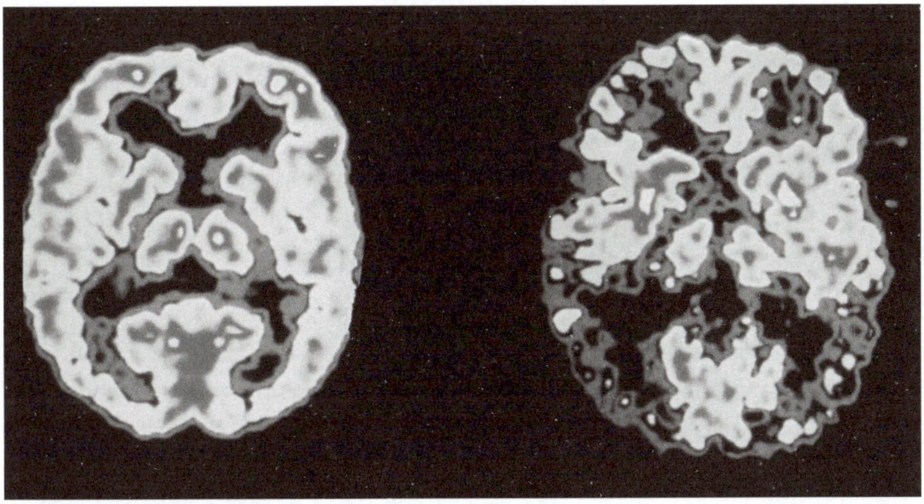

M3 Bilder der Gehirnaktivität eines gesunden (links) und eines an Morbus Alzheimer (= AD) (rechts) erkrankten Menschen

M4 Nachweis der Aktivität der Acetylcholinesterase (AChE) im Gehirn mittels Positronen-Emissions-Tomographie (PET)

Ein zu niedriger Acetycholinspiegel in bestimmten Gehirnbereichen ist ein typisches Symptom für Morbus Alzheimer, da bei Alzheimer in besonderem Maße Neurone betroffen sind, die den Neurotransmitter Acetylcholin produzieren.
Daher besteht ein weiterer Ansatz zur Frühdiagnostik von Morbus Alzheimer im Nachweis der Aktivität der Acetylcholinesterase mittels eines speziellen Tracers in Synapsen des Gehirns (M 4).

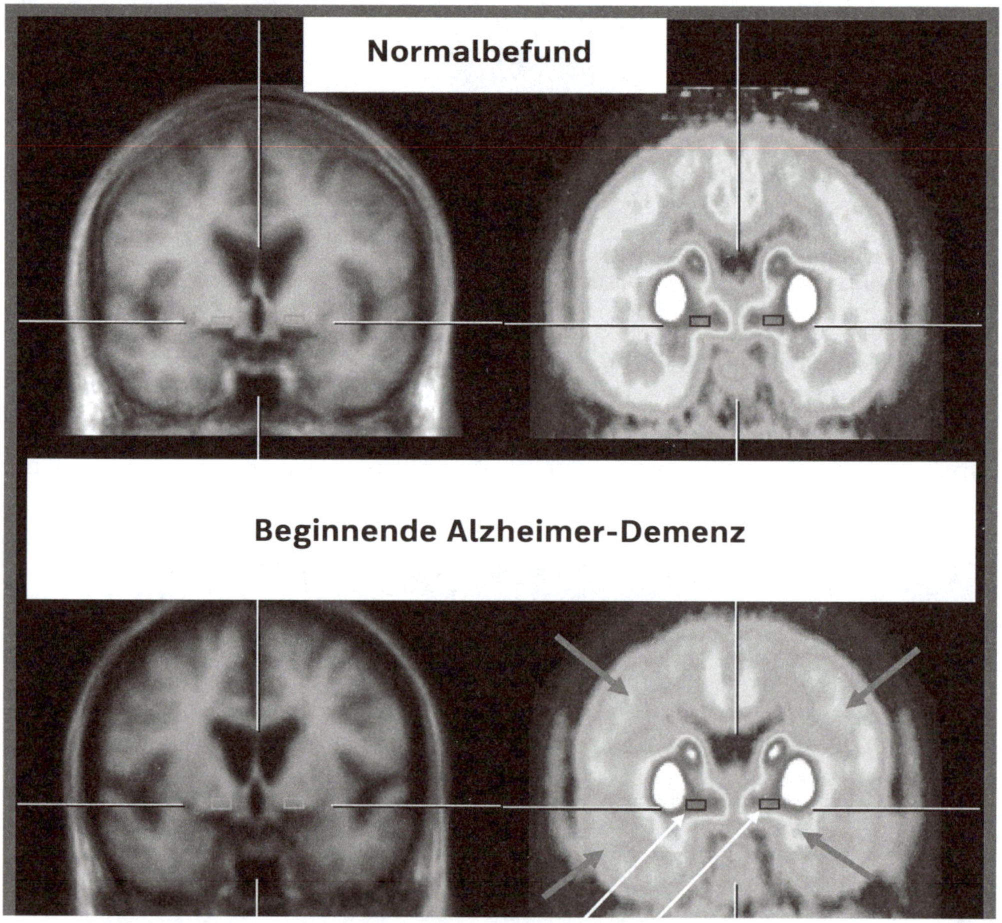

M4 PET-Bild der Acetylcholinesteraseaktivität im Normalbefund und bei beginnender Alzheimer-Demenz

Lösungen

1. Degenerative Hirnerkrankungen führen zum langsam fortschreitenden Untergang der Nervenzellen im Gehirngewebe, wobei Morbus Alzheimer einen Großteil der Erkrankungen ausmacht. Bei dieser Erkrankung häufen sich zwei Typen von Proteinen im Gehirn an, die zum Untergang der Zellen führen.
   Amyloid-ß-Proteine lagern sich zu den sogenannten senilen Plaques zusammen, die zur Störung der Mitochondrien führen, womit die Energieversorgung der betroffenen Zellen zusammenbricht.
   Zusammenschlüsse des Tau-Proteins bilden Neurofibrillen-Bündel, die das Transportsystem der betroffenen Zellen verstopfen und somit zu dessen Zusammenbruch führen (s. Basiskompetenten S. 52).
   Abbildung 2 zeigt diese im Vergleich zum gesunden Gehirn deutlich erhöhte Produktion des Tau-Proteins im Gehirn eines 68-jährigen Alzheimer-Patienten. In der Abbildung finden sich die Bereiche, die auf eine erhöhte Aktivität des Tracers und damit auf eine Anhäufung von Tau-Proteinen schließen lassen, bei Morbus Alzheimer im gesamten Gehirn in deutlich höherem Maße als bei der gesunden Kontrollperson.
   Durch das stetige Absterben von Gehirnzellen, wobei Acetylcholin produzierende Zellen in besonderem Maße betroffen sind, kommt es neben einer verminderten Produktion dieses Neurotransmitters zu einer Hirnatrophie, d. h. zu einer fortschreitenden Abnahme der Hirnmasse.
   Dieser Vorgang wird in Abbildung 1 deutlich. Die Furchen im Cortex treten beim Alzheimer-Patienten deutlich hervor. Im Schnitt zeigt sich, dass das Absterben der Neuronen sogar zu einer Reihe von großen Löchern im Gehirngewebe geführt hat.

2. Wenn Nervenzellen im Gehirn aktiv sind, benötigen sie in höherem Maße Sauerstoff als Nervenzellen im Nachbargewebe, die nicht so aktiv sind. Dies führt in den aktiven Bereichen zu einer Weitung der Blutgefäße, sodass verstärkt sauerstoffreiches Blut in die aktive Region fließen kann. Der Unterschied im Sauerstoffgehalt zu den Nachbarregionen wird mittels funktioneller Magnetresonanztomografie (fMRT) gemessen, die hierfür den BOLD-Effekt ausnutzt. Auf den entstehenden Bildern wird das Niveau der Aktivierung in einer abgestuften Farbskala dargestellt.
   In Abbildung 3 wird deutlich, dass die Gehirnaktivität bei dem untersuchten Patienten insbesondere im Bereich des gesamten Cortexes stark nachgelassen hat. Darüber hinaus finden sich im Gehirn des gesunden Patienten z. T. scharf abgegrenzte Bereiche mit sehr niedriger und sehr hoher Aktivität. Diese Extreme erscheinen im Gehirn der von Morbus Alzheimer betroffenen Person nicht mehr. Sowohl die Bereiche mit sehr niedriger als auch die Bereiche mit sehr hoher Aktivität scheinen dauerhaft verloren zu gehen.

3. Wenn ein Aktionspotenzial das Endknöpfchen erreicht, öffnen sich spannungsabhängige Calciumionen-Kanäle kurzzeitig und Calciumionen können in das Endknöpfchen einströmen.
   Daraufhin verschmelzen synaptischen Vesikel, welche den Neurotransmitter Acetylcholin enthalten, mit der präsynaptischen Membran. Acetylcholin diffundiert durch den synaptischen Spalt und besetzt die Rezeptoren ligandengesteuerter Natriumionenkanäle in der postsynaptischen Membran, woraufhin sich diese Ionenkanäle öffnen und Natriumionen in die postsynaptische Zelle strömen.
   Die einströmenden Natriumionen führen zur Depolarisation der postsynaptischen Membran.
   Der Neurotransmitter Acetylcholin wird im synaptischen Spalt vom Enzym Acetylcholinesterase in Acetat und Cholin gespalten und somit unwirksam. Anschließend werden die Bestandteile aktiv in die Endknöpfchen aufgenommen und recycelt.
   Somit lässt die Aktivität der Acetylcholinesterase direkte Rückschlüsse auf den Acetylcholinspiegel in diesen Synpasen zu, wobei eine hohe Aktivität des Enzyms auf einen hohen Spiegel schließen lässt und umgekehrt.
   Abbildung 5 zeigt schon bei beginnender Alzheimer-Demenz eine über nahezu das gesamte Gehirngewebe verteilte sinkende Aktivität der Acetylcholinesterase. Besonders deutlich wird im Bereich des Hippocampus und auch in diesem Fall wieder im Cortex. Damit bestätigt diese Abbildung das klassische Symptom eines sinkenden Acetylcholinspiegels bei Morbus Alzheimer.
   Um dieser Entwicklung und ihren Folgen für die betroffenen Personen entgegenzuwirken, ist als Therapie die Erhöhung des Acetylcholinspiegels ein mögliches Mittel.
   Dies wäre z. B. durch medikamentöse Hemmung der Acetylcholinesterase möglich, was zu einem längeren Verbleib der Acetylcholinmoleküle im synaptischen Spalt und an den Rezeptoren der ligandengesteuerten Ionenkanäle führen würde.
   Weitere Möglichkeiten bestünden z. B. darin, die Öffnungswahrscheinlichkeit der Calciumionenkanäle in der präsynaptischen Membran zu erhöhen oder medikamentös die Verschmelzung der Vesikel mit der präsynaptischen Membran zu unterstützen. Diese Methoden würden die Menge des Neurotransmitters Acetylcholin im synaptischen Spalt erhöhen und somit die Symptome lindern.

4. Grundsätzlich ist jede Methode zu begrüßen, die eine Diagnose von Morbus Alzheimer in einem möglichst frühen Stadium ermöglicht, um frühzeitig Maßnahmen zur Verhinderung oder Verlangsamung der Hirnatrophie einzuleiten.
   Die Darstellung des Tau-Proteins und der Acetylcholinesteraseaktivität erfolgen mittels PET. Hier ist der Nachteil, dass dem Patienten ein schwach radioaktiver Tracer gespritzt werden muss, um die gewünschten Bilder anfertigen zu können.
   Bei der Darstellung der Gehirnaktivität mittels fMRT ist keinerlei Eingriff von außen notwendig.
   Allerdings können bei der Darstellung der Gehirnaktivität mittels fMRT erst Anzeichen für Morbus Alzheimer aufgedeckt werden, wenn das Absterben des

Gehirngewebes bereits begonnen hat und soweit fortgeschritten ist, dass es schon zu Aktivitätsminderungen kommt.
Gleiches gilt auch für die Darstellung der Aktivität der Acetylcholinesterase. Anzeichen sinkender Aktivität treten erst auf, wenn Acetylcholin produzierender Zellen betroffen sind.
Aus diesen Gründen scheint die Darstellung des Tau-Proteins mittels PET die vielversprechendste Methode zu sein, da hier ggf. schon Anzeichen der Erkrankung erkannt werden können, bevor Gehirngewebe in nennenswertem Umfang abzusterben beginnt.

Selbstdiagnosebogen

Aufgabe Nr.	Kernkompetenzen	AFB	Punkte	erreicht	Förderung
1	Darstellung Morbus Alzheimer Auswertung der Abbildung 2 Auswertung der Abbildung 1	I II II	6 4 3		Degenerative Erscheinungen bei der Alzheimer Krankheit (S. 35) Umgang mit Abbildungen (S. 51)
2	Darstellung fMRT Auswertung der Abbildung 4	I II	4 5		Funktionelle Magnetresonanztomografie (S. 43)
3	Darstellung Erregungsübertragung an einer Synapse Auswertung Abbildung 5 Hypothese therapeutischer Ansatz	I/II II III	10 4 7		Synapsenvorgänge (S. 37) Umgang mit Hypothesen (S. 68)
4	Beurteilung der Methoden	III	7		

Gesamtpunkte: 50, davon AFB I: Punkte 15 (30 %); AFB II: Punkte 21 (45 %); AFB III: Punkte 14 (25 %)

Materialgrundlage:

Herholz, Karl & Heiss, Wolf-Dieter: Frühdiagnostik neurodegenerativer Erkrankungen zur Bekämpfung der Demenz – Forschungsbericht 2004 – Max-Planck-Institut für Stoffwechselforschung

Herholz, K., et al.: PET measurement of cerebral acetylcholine esterase activity without blood sampling. Eur J Nucl Med 2001; 28: 472 – 477

Herholz, K. et al.: In-vivo Study of Acetylcholine Esterase in Basal Forebrain, Amygdala and Cortex in Mild to Moderate Alzheimer disease. in: Neuroimage 2004; 21(1): 136 – 14

Nobuyuki Okamura et al.: Non-invasive assessment of Alzheimer's disease neurofibrillary pathology using 18F-THK5105 PET – in: Brain – A Journal of Neurology, Volume 137, Issue 6, Pp. 1762 – 1771 – DOI: http://dx.doi.org/10.1093/brain/awu064 1762-1771 First published online: 28 March 2014

Zündorf G, et al.: PET functional parametric images of acetylcholine esterase activity without blood sampling. In: Senda M, Kimura Y, Herscovitch P, editors. Brain imaging using PET. San Diego, Ca.: Academic Press, 2002: 41 – 46

Untersuchungen in einem Hochmoor: Standortbeurteilung mithilfe von Zeigerwerten und Angepasstheiten an die Feuchtigkeit bei Pflanzen

Aufgabe 9: Abiotische Faktoren eines Hochmoors; Angepasstheit einer Hochmoorpflanze

Einleitung

Vegetationsaufnahmen erfassen die unterschiedlichen Pflanzenarten in ihrem Deckungsgrad an einem bestimmten Standort. Meist folgt man dabei der Methode nach BRAUN-BLANQUET. Die so ermittelten Pflanzenarten bilden mit ihrem Deckungsgrad die Pflanzengesellschaft dieses Standortes. Trifft man auf eine solche Pflanzengesellschaft in der Natur, lassen sich daraus Schlüsse auf die spezifischen Umweltfaktoren des jeweiligen Standorts ziehen.

Aufgabenstellung

1. Aus dem in M1 dargestellten Flachmoor kann sich unter bestimmten Bedingungen ein Hochmoor entwickeln. **Erläutern** Sie diese Bedingungen (M2). **Beschreiben** Sie typische Umweltbedingungen eines Hochmoors und stellen Sie diese denen eines Flachmoors gegenüber. Nutzen Sie dazu die Angaben in M1 bis M4 sowie den Text in M6.
2. In einem Hochmoor führte man u.a. an zwei Standorten Vegetationsaufnahmen durch (M2). Dann wurden die entsprechenden Zeigerwerte F, R und N hinzugefügt (M3). **Ermitteln** Sie die gewichteten Zeigerwerte für beide Standorte (mit Rechenweg), und beschreiben Sie deren Umweltfaktoren aufgrund der ermittelten Daten. Nutzen Sie dazu die Tabelle aus M4. **Begründen** Sie sodann die Zuordnung dieser Standorte zu den Bildern M4 a und M4 b.
3. **Benennen** Sie die Blattstrukturen 1 bis 5 der Krähenbeere in M6 b. Erläutern Sie die Besonderheiten im Blattaufbau der Krähenbeere und erklären Sie deren Vorteile für die Pflanze.
4. Erklären Sie den Widerspruch zwischen dem sehr feuchten Standort des Hochmoores und der typischen Blattstruktur der Krähenbeere als Angepasstheit an das Hochmoor, indem Sie dazu **Hypothesen aufstellen.**

Material

M1 Flachmoor

Die Abbildung M1 verdeutlicht die Entstehung eines Flachmoors, die vor allem mit der Verlandung eines Sees, z. B. aufgrund der Ablagerung von Seekreide, einhergeht. Als Seekreide bezeichnet man das Sediment eines Sees, das einen Kalkgehalt von über 95 % aufweist. Solches Sediment entsteht am Grunde von Gewässern, die von kalkreichem Grundwasser gespeist werden. Die im See lebenden fotosynthetisch aktiven Pflanzen (z. B. Armleuchteralgen) entziehen dem Wasser das Kohlenstoffdioxid, sodass Calciumcarbonat ausgefällt wird und sich am Seeboden anreichert.

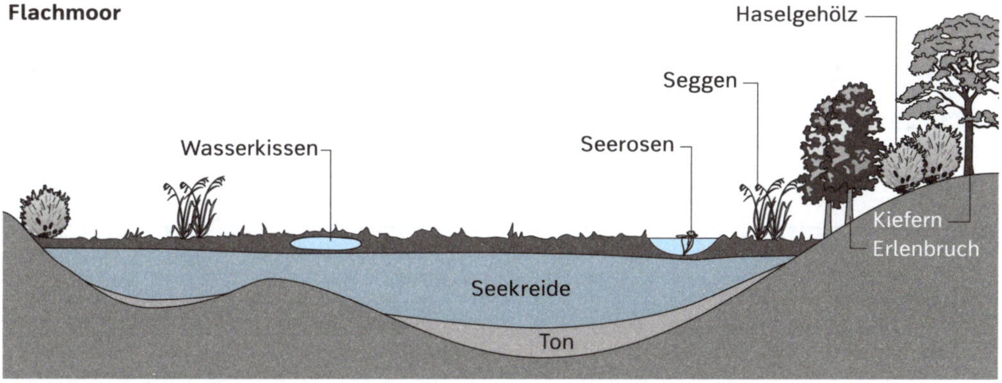

M1 Schnitt durch ein Flachmoor.

M2 Torfmoose

Wenn in einem Gebiet mehr Niederschlag fällt, als abfließen kann, kann sich das Torfmoos in Schlenken (vgl. M4) ansiedeln und in seinen Speicherzellen Wasser einlagern. Durch Abgabe von Hydroxonium-Ionen sorgt es für einen sauren Standort, an dem es nur an der Oberfläche weiter in die Höhe wächst. Der untere Teil der Pflanze stirbt allmählich ab, wird aber durch Einlagerung von Sphagnol gut konserviert, sodass aus diesen Pflanzenresten Torf entstehen kann.

M2 a Torfmoos in einer Schlenke (s. M4)

M2 b einzelnes Torfmoos

M3 Standortbeurteilung mit Hilfe von Zeigerwerten

ELLENBERG hat die in Europa vorkommenden Blütenpflanzen in Tabellen erfasst und ihnen aufgrund ihrer Umweltansprüche Zeigerwerte von jeweils 1 bis 9 zugeordnet (bei der Feuchtezahl erweitert um 10 bis 12 für Pflanzen, die im Wasser stehen oder auch ganz untergetaucht sind). Folgende Standortfaktoren hat er für jede Pflanze ermittelt: Lichtangebot (L), Kontinentalität (K), Feuchte (F), Temperatur (T), Säuregehalt (R) und Stickstoffgehalt (N).
An zwei Standorten eines Hochmoores hat man jeweils die folgenden Vegetationsaufnahmen vorgenommen und dazu die entsprechenden Zeigerwerte für Feuchte (F), Säuregehalt (R) und Stickstoffgehalt (N) angegeben:

Standort 1:

Pflanzenart	Deckungsgrad	Zeigerwerte F	R	N
Moorbirke	2*	x	3	3
Heidekraut	+	x	1	1
Heidelbeere	1	x	2	3
Preiselbeere	1	4	2	2
Krähenbeere	1	6	x	2
Pfeifengras	3	7~	x	2
Zarte Binse	1	6	5	5

~ zeigt starken Wechsel in der Feuchtigkeit an
***nur Sträucher bis zu einer Höhe von 5 m**

Standort 2:

Pflanzenart	Deckungsgrad	Zeigerwerte F	R	N
Moorbirke	2*	x	3	3
Graue Segge	1	9	3	2
Grönlandporst	1	9	2	2
Glockenheide	1	8	1	2
Scheiden-Wollgras	2	8	2	1

***nur Sträucher bis zu einer Höhe von 5 m**

M4 Abbildungen zweier Standorte in einem Hochmoor

In den früheren Zeiten des Torfabbaus ließ man zwischen den Flächen, auf denen Torf gestochen wurde, schmale Streifen des Hochmoorrückens frei. Über diese Streifen führte der Weg ins Moor. Hier wurden auch Karren mit Torfziegeln gefüllt, die von Pferden aus dem Moor gezogen wurden. Diese Wege wurden deshalb als Abfahrten bezeichnet. Sie wurden mit der Zeit immer fester.

M4 a Weg auf einer sogenannten Abfahrt eines Hochmoors

Die Torfabbauflächen zwischen diesen Wegen füllten sich alsbald mit Regenwasser und bildeten Moorseen, in denen sich, falls auf eine Entwässerung verzichtet wurde, erneut das Torfmoos ansiedeln konnte. So entstanden also wieder Regenerationsflächen des Hochmoors mit Bulten (kleine Hügel aus Torfmoosen und Sauergräsern) und Schlenken (nasse, meist wassergefüllte Vertiefungen).

M4 b Regenerationsgebiet auf einer ehemaligen Torfabbaufläche mit Bulten und Schlenken, aber auch mit einigen Moorbirken

M5 Bedeutung der Zeigerwerte (vereinfacht)

Wert	Feuchtezahl (F)	Reaktionszahl (R)	Stickstoffzahl (N)
1	sehr trockener Standort	stark saurer Boden	stickstoffärmster Standort
2	sehr trocken bis trocken	stark saurer bis saurer Boden	zwischen 1 und 3
3	trockener Standort	saurer Boden	stickstoffarmer Standort
4	trocken bis frisch	stark sauer bis mäßig sauer	zwischen 3 und 5
5	mittelfeuchter Standort	mäßig saurer Boden	mäßig stickstoffreich
6	mittelfeucht bis feucht	mäßig sauer bis schwach sauer	zwischen 5 und 7
7	gut durchfeuchtet, nicht nass	schwachsauer- bis schwachbasisch	stickstoffreicher Standort
8	gut durchfeuchtet bis nass	schwachsauer- bis schwachbasisch bis basisch und kalkreich	sehr stickstoffreich
9	durchnässter Boden	kalkreicher Boden	übermäßig stickstoffreich

M6 Angepasstheit der Krähenbeere

Die Krähenbeere ist ein immergrüner Zwergstrauch, der maximal 50 cm hoch wird. Sie gehört zu den Mykorrhiza bildenden Heidekrautgewächsen, den Ericaceen, Die Blätter werden bis 6 mm lang und 2 mm breit.

M6 a Krähenbeere

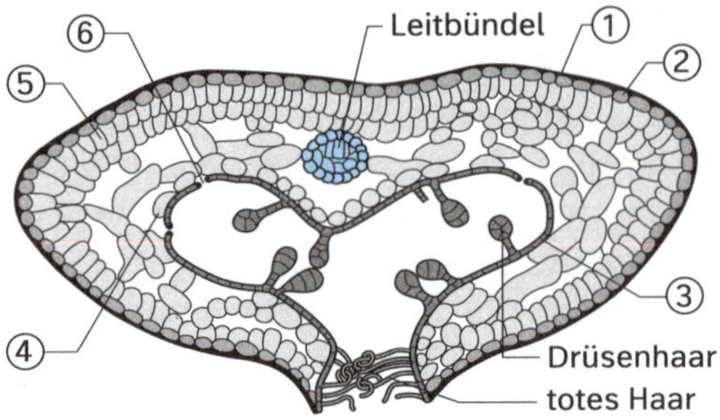

M6 b Blattquerschnitt der Krähenbeere

Lösungen

1. Das Flachmoor kann nur bis zum Grundhorizont mit mineralstoffreichem Grundwasser gespeist werden. Damit an dieser Stelle aus dem Flachmoor ein Hochmoor entstehen kann, muss mehr Regen fallen, als aus dem Moor abfließen kann. Dabei bilden sich Bulten und Schlenken (M4), in denen sich das Torfmoos ansiedeln und in seinen Speicherzellen Wasser zurückhalten kann. Das Moos breitet sich aus, wächst weiter in die Höhe und aus den konservierten absterbenden Pflanzenresten entsteht allmählich der Torf.
   Die Materialien charakterisieren das Hochmoor als einen säurereichen, stickstoffarmen und sehr feuchten Standort (M3), an denen sich z. B. Ericaceen ansiedeln können, die sich über Mykorrhiza-Wurzeln (M6) vor allem mit dem im Untergrund fehlenden Stickstoff versorgen. Der Standort ist ebenso kalkarm, denn durch die Säure im Torfboden würden Kalkreste sogleich zersetzt und ausgespült werden.
   Das Flachmoor ist dagegen sehr kalkreich (Seekreide) und bei der Verlandung von vielen toten organischen Resten aufgefüllt worden. Es ist daher ein sehr nährstoffreicher und aufgrund der Grundwasserzufuhr sehr feuchter Standort.

2. Berechnung der gewichteten Zeigerwerte
Standort 1

Art (x wird nicht berücksichtigt)	Deckungsgrad (+ = 1)	Feuchte		Säuregehalt		Stickstoff	
		Feuchtezahl	Produkt	Reaktionszahl	Produkt	Stickstoffzahl	Produkt
Faulbaum	1	7	7	2	2	x	7
Moorbirke	2	x	-	3	6	3	6
Heidekraut	+	x	-	1	1	1	1
Heidelbeere	1	x	-	2	2	3	3
Preiselbeere	1	4	4	2	2	2	2
Krähenbeere	1	6	6	x	-	2	2
Pfeifengras	3	7	21	x	-	2	6
Zarte Binse	1	6	6	5	5	5	5
Summe	**7(F), 7(R), 10(N)**		**45**		**18**		**25**

Die Summe der Produkte wird durch die Summe der Deckungsgrade der zu berücksichtigenden Arten geteilt.
Feuchtezahl (F):45 : 7 = rund **6,4**
Dieser Feuchtewert von 6,4 zeigt aufgrund der Tabelle M5 einen recht feuchten Standort an.
Reaktionszahl (R): 18 : 7 = rund **2,6**
Diese Reaktionszahl von 2,6 zeigt einen recht sauren Boden an.
Stickstoffzahl (N): 25 : 10 = **2,5**
Diese Stickstoffzahl von 2,5 zeigt einen stickstoffarmen Untergrund an.

Standort 2

Art (x wird nicht berücksichtigt)	Deckungsgrad (+ = 1)	Feuchte		Säuregehalt		Stickstoff	
		Feuchtezahl	Produkt	Reaktionszahl	Produkt	Stickstoffzahl	Produkt
Moorbirke	2	x	-	3	6	3	6
Graue Segge	1	9	9	3	3	2	2
Grönland-porst	1	9	9	2	2	2	2
Glockenheide	1	8	8	1	1	2	2
Scheiden-Wollgras	2	8	16	2	4	1	2
Summe	**5(F), 7(R), 7(N)**		**42**		**16**		**14**

Die Summe der Produkte wird durch die Summe der Deckungsgrade der zu berücksichtigenden Arten geteilt.
Feuchtezahl (F): 42 : 5 = **8,4**
Dieser Feuchtewert von 8,4 zeigt aufgrund der Tabelle M5 einen nassen Standort an.
Reaktionszahl (R): 16 : 7 = rund **2,3**
Diese Reaktionszahl von 2,3 zeigt einen stark sauren bis sauren Boden an.
Stickstoffzahl (N): 14 : 7 = 2,0
Diese Stickstoffzahl von **2,0** zeigt einen stickstoffarmen bis stickstoffärmsten Untergrund an.

Die Abfahrt auf Bild M4 a hat aufgrund des verdichteten Bodens mit seinem höheren Niveau im Vergleich zum Regenerationsgebiet einen viel trockeneren Untergrund. Dadurch, dass über die Wege durch die Moorbesucher auch Mineralien ins Moor eingetragen werden, ist davon auszugehen, dass M4 a ein wenig stickstoffreicher und auch weniger sauer ist als M4 b.
Aus diesen Gründen ist der nasse, stickstoffärmere und säurereichere Standort 2 der Abbildung M4 b und somit Standort 1 der Abbildung M4 a zuzuordnen.

3. 1 Cuticula, 2 obere Epidermis, 3 untere Epidermis, 4 Zelle des Schwammgewebes, 5 Palisadenzelle, 6 Spaltöffnung
   Besonderheiten im Aufbau: Die kleinen nadelförmigen Blätter der Krähenbeere haben die Form eines Rollblattes. Die mit toten Haaren besetzten Blattränder stoßen so aneinander, dass die gesamte Blattunterseite zum Röhreninnern liegt. Die Transpiration über die in der unteren Epidermis liegenden Spaltöffnungen wird dadurch erheblich herabgesetzt, ebenso die cuticuläre Transpiration über die Blattunterseite. Die Feuchtigkeit in der Blattröhre kann nämlich nicht ungehindert die toten Haare passieren. Die Cuticula der oberen Epidermis ist relativ dick und vermindert die Transpiration über die Blattoberseite. Diese xeromorphen Besonderheiten ermöglichen der Pflanze, auch an einem trockenen Standort gut zu gedeihen.
   Ein weiterer Vorteil der Blattform besteht darin, dass das Palisadengewebe rundum direkt unter der gesamten Blattoberfläche liegt und das für die Fotosynthese nötige Licht gut ausgenutzt wird.

4. Die in Lösung der Aufgabe 3 beschriebenen xeromorphen Strukturen würde man eher bei einer Pflanze erwarten, die an einem trockenen Standort wächst. Die Zeigerwerte weisen dagegen für die Krähenbeere einen feuchten Standort aus. Dies könnte an folgenden Gründen liegen.
   Hypothese 1: Der in Form der Abfahrten übriggebliebene Hochmoorrücken kann in Trockenperioden leicht austrocknen. Eine Feuchtpflanze (Hygrophyt) könnte diese Zeiten als Zwergstrauch nur überdauern, wenn sie dann ihre Blätter abwerfen würde.
   Hypothese 2: Die Krähenbeere ist immergrün. Die Frosttrocknis im Winter verhindert die Wasseraufnahme. Deshalb ist es von Vorteil, wenn die Blätter über xero-

morphe Strukturen verfügen, die die Transpiration erheblich herabsetzen (analog zu den Rundblättern der immergrünen Nadelbäume).
Hypothese 3: Der mineralstoffarme und saure Untergrund des Hochmoors liefert zu wenig Baustoffe für die Pflanze, sodass eine Kümmerform mit nur kleinen runden Blättern ausgebildet werden kann.

Selbstdiagnosebogen

Aufgabe Nr.	Kernkompetenz	AFB	Punkte	erreichte Punkte	Förderung
1	Beschreibung der Hochmoorentwicklung Gegenüberstellung der Umweltbedingungen von Flach- und Hochmoor aufgrund der Materialien	I I II	4 5 4		Sukzession Flachmoor – Hochmoor; Umgang mit Tabellen und Abbildungen (S. 51)
2	Berechnung der gewichteten Zeigerwerte der Standorte 1 und 2 Zuordnung der Standorte zu M4 a und M4 b	II III	8 3		Berechnung gewichteter Zeigerwerte (Kap. 4, S. 61); Umgang mit Abbildungen (S. 51)
3	Benennung der Blattstrukturen Beschreibung der Blattmerkmale der Krähenbeere und deren Vorteile	I II	3 8		Blattmerkmale der Xerophyten und Funktion xeromorpher Strukturen (S. 47)
4	Entwicklung der Hypothesen zu den Blattmerkmalen der Krähenbeere	III	5		Umgang mit Hypothesen (S. 68)

Gesamtpunkte: 40, davon AFB I: Punkte 12 (30 %); AFB II: Punkte 20 (50 %); AFB III: Punkte 8 (20 %)

Materialgrundlage:

Aschemeier, Chr. und D. Ikemeyer (1999): Moore und Heiden des westfälischen Münsterlandes. In: LÖBF-Mitteilungen 2/99. Recklinghausen, S. 73–78
Hegi G (1984): Illustrierte Flora von Mittel-Europa Band I Teil 1. Dritte Aufl., herausgegeben von KU Kramer. Berlin, Hamburg, Paul Parey.
http://www.lwl.org/LWL/Kultur/Westfalen_Regional/Naturraum/Umwelt_Naturschutz/Venner_Moor/
http://www.botanikus.de/Beeren/Kraehenbeere/kraehenbeere.html
http://www.ex-situ-erhaltung.de/pflanzenarten/e/empetrum-nigrum/

Ökologische Nische, Wechselbeziehungen, Populationsdynamik, Beziehungen zwischen Populationen

Aufgabe 10: Der Einfluss der Aga-Kröte (*Bufo marinus*) als Neozoon in Australien auf einheimische Arten

Einleitung

Die Aga-Kröte wurde 1935 an der Ostküste Australiens (Queensland) vom Menschen eingeführt, um die Verbreitung der Larven eines Zuckerrohrschädlings, dem Käfer *Lepidoderma albohirtrum*, zu reduzieren. Heute stellt die Aga-Kröte eine Gefahr für zahlreiche einheimische Arten dar. Eine im Jahr 2008 publizierte wissenschaftliche Studie der Universität Sydney zeigt den Einfluss der Aga-Kröte auf Populationen einheimischer Süßwasser-Krokodile in der Region des Victoria River im Nordwesten Australiens (Northern Territory).

Aufgabenstellung

1. **Erläutern** Sie die Nahrungsbeziehungen im Ökosystem des Victoria River (M1). Gehen Sie dabei insbesondere auf die verschiedenen Trophieebenen ein.
2. **Analysieren** Sie mithilfe der Ihnen vorliegenden Materialien die Beziehungen zwischen Zuckerrohrkäfer und Aga-Kröte sowie der Aga-Kröte und dem Süßwasser-Krokodil.
3. **Stellen** Sie auf Basis der Materialien **Hypothesen auf**, wie sich die Populationsdichten von Aga-Kröte und Süßwasser-Krokodil in den verschiedenen Flussabschnitten des Victoria River (M4) voraussichtlich entwickeln werden und inwiefern es zu Veränderungen der Körpergrößenstruktur der Süßwasser-Krokodile kommen könnte.
4. Der für die Einführung der Aga-Kröte in Australien verantwortliche Reginald Mungomery wurde 1936 folgendermaßen zitiert: *„Die Ansiedlung in Queensland erfolgte nach einer sorgfältigen Abwägung der Pros und Contras und nachdem das Verhalten der Kröte bis heute keinen Anlass zur Befürchtung gibt, dass wir uns in unserem Urteil über sie getäuscht haben."*
   Nehmen Sie mithilfe der Materialien begründet **Stellung** zu dieser Aussage hinsichtlich der Auswirkungen, die das Aussetzen der Kröte (langfristig) auf das Ökosystem hat und **erörtern** Sie, ob diese Auswirkungen – entgegen der Einschätzung R. Mungomerys – vor dem Aussetzen der Kröte absehbar gewesen wären.

Material

M1 Nahrungsnetz der Aga-Kröte im Victoria River

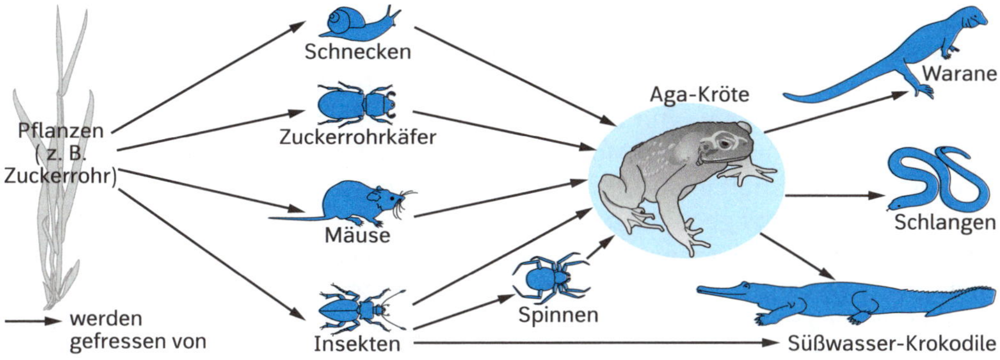

M2 Basisinformationen zur Aga-Kröte

Die Aga-Kröte (*Bufo marinus*) gehört zur Familie der echten Kröten (Bufonidae). Ausgewachsene Tiere sind bis zu 25 cm lang und 1,5 kg schwer. Als besonderes Merkmal besitzt die Aga-Kröte zwei Giftdrüsen, die sich an ihrem Kopf befinden. Das dort produzierte, giftige Sekret setzt die Aga-Kröte zu ihrer Verteidigung ein. Das ursprüngliche Verbreitungsgebiet ist Südamerika. Dort existieren neben spezialisierten Parasiten, die eine Ausbreitung der Aga-Kröte reduzieren, weitere Fressfeinde der Kröte. So ist z. B. der Breitschnauzenkaiman, ein Krokodil, gegen das Gift der Kröte resistent. Seit der Einführung von einigen Tausend Aga-Kröten an die Ostküste Australiens (Region um Cairns) im Jahr 1935 hat sich der Bestand der Aga-Kröte in Australien Schätzungen zufolge auf über 200 Millionen Tiere vergrößert. Im Jahr 2005 sind erstmals Exemplare im Becken des 3000 km entfernten Victoria River (Northern Territory) gesichtet worden. Die Aga-Kröte wurde 1935 von Mitarbeitern einer landwirtschaftlichen Versuchsanstalt in Cairns mit dem Ziel eingeführt, die Larven des Zuckerrohrkäfers *Lepidoderma albohirtrum* zu dezimieren. Die Kröten erwiesen sich aber nicht als Räuber des Schädlings, was durch die verschiedenen Lebensräume der beiden Arten zu erklären ist: Während die Aga-Kröte auf dem Boden lebt und jagt, klettern die Larven des Zuckerrohrkäfers die Zuckerrohrpflanzen hoch. Adulte Käfer können fliegen. Die Aga-Kröten in Nord-Ostaustralien hatten somit keinen Einfluss auf die Population des Zuckerrohrschädlings.

M3 Informationen zum Lebensraum am Victoria River

Der Victoria River ist mit 547 km der längste Fluss im Northern Territory Australiens. Das Klima ist semiarid. In den Monaten Dezember bis März ist es sehr heiß und feucht, von April bis November sind ebenfalls hohe Temperaturen zu verzeichnen, es ist aber auch sehr trocken. Am Zusammenfluss von Victoria River und Wickham River (Victoria River and Wickham River Junction) übersteigt die durchschnittliche Temperatur an 286 Tagen 30 °C. Während der Victoria River in den feuchten Monaten durch Monsunregen einen sehr hohen Wasserstand hat, trocknet das Flussbett in der Trockenzeit an einigen Stellen vollständig aus. Das Flussbett ist durchzogen von zahlreichen Wasserlöchern, die durch Sandbänke und Gesteinsbrocken voneinander getrennt sind. Die durchschnittliche Niederschlagsmenge variiert auch innerhalb einzelner Flussabschnitte des Victoria River noch stark. So fallen an der „Victoria River Gorge" (Gorge = Schlucht/Klamm) mit 802 mm pro Jahr die höchsten Niederschläge, während es in „Longreach Lagoon" mit 582 mm pro Jahr deutlich weniger regnet. Verteilt über den Flusslauf nehmen die Niederschlägen von Norden nach Süden ab. Bedingt durch diese besonderen klimatischen Bedingungen sind viele Tierarten (u. a. auch die Aga-Kröte) gezwungen, Wasserlöcher zur Wasseraufnahme aufzusuchen, sodass sich diese Tiere überwiegend in Flussnähe aufhalten.

M4 Geografische Lage des Victoria River im Northern Territory (AU)

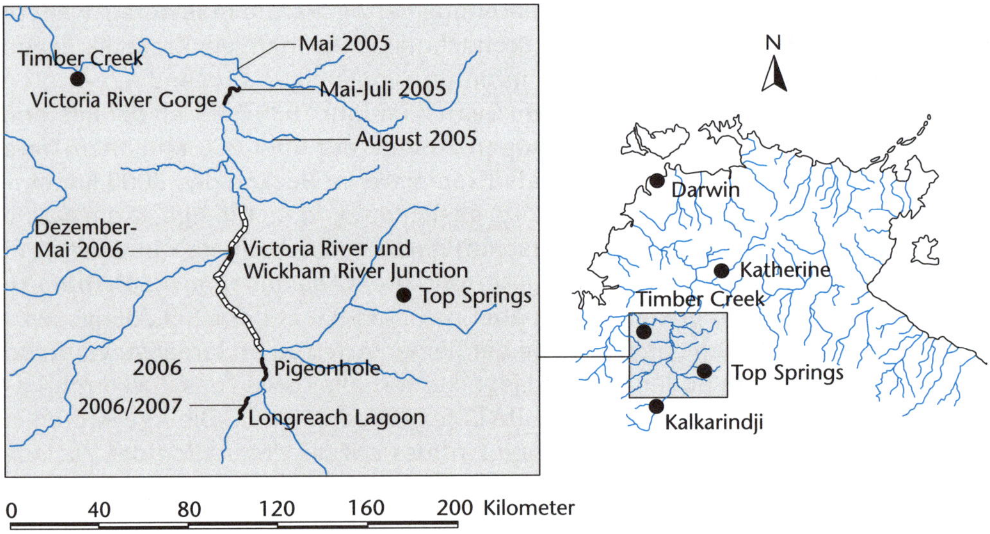

M4 Ankunftszeiten der Aga-Kröte an verschiedenen Untersuchungsstandorten

M5 Daten zur Populationsdichte der Süßwasser-Krokodile in Abhängigkeit zum Vorhandensein der Aga-Kröte

Im Rahmen einer biologischen Feldstudie der Universität Sydney wurden an verschiedenen Flussabschnitten des Victoria River die Entwicklungen der Populationen der Süßwasser-Krokodile der Art *Crocodylus johnstoni* durch nächtliche Bootsfahrten mit Scheinwerfern und Luftbeobachtungen erfasst. Untersucht wurden die Anzahl toter und lebend gesichteter Krokodile und deren Körpergröße. Die Ergebnisse der Untersuchung sind in den folgenden Diagrammen dargestellt.

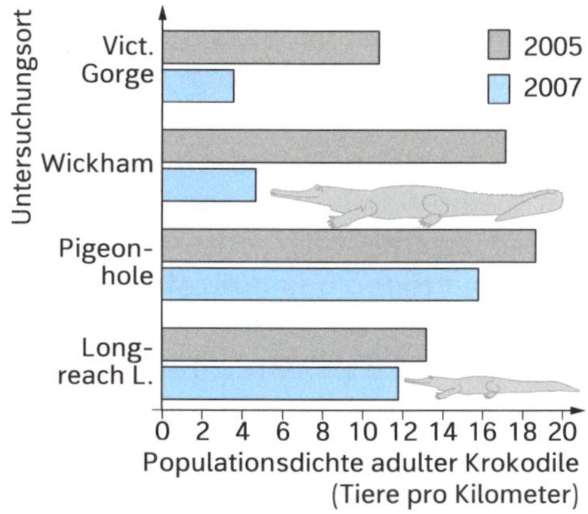

M5 a Populationsdichte erwachsener Krokodile in den Jahren 2005 und 2007

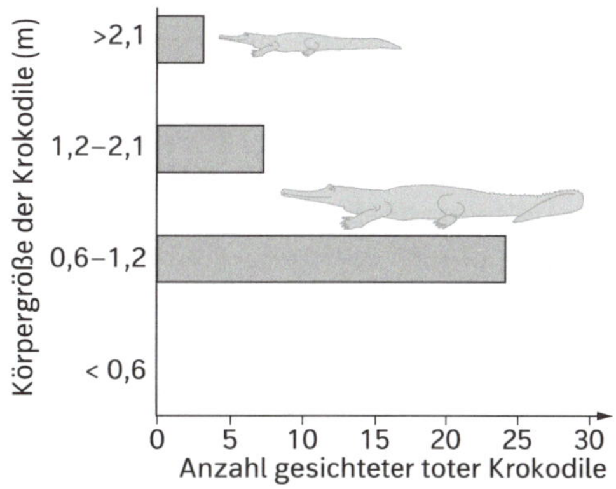

M5 b Anzahl und Größe gesichteter toter Krokodile nach Ankunft der Aga-Kröte

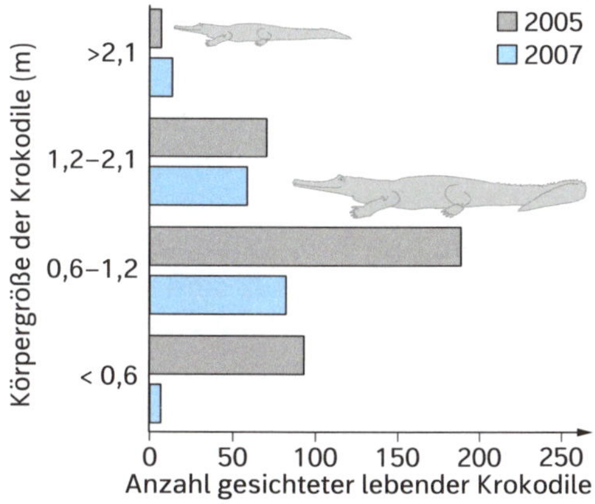

M5 c Anzahl und Größe gesichteter lebender Krokodile in den Jahren 2005 und 2007

Lösungen

1. Pflanzen wie z. B. das Zuckerrohr werden von Schnecken, Zuckerrohrkäfern, Mäusen und Insekten gefressen, Insekten wiederum von Spinnen, Aga-Kröten und Süßwasser-Krokodilen. Die Aga-Kröte ernährt sich von Insekten, Mäusen, Spinnen, Zuckerrohrkäfern und Schnecken. Zu den Fressfeinden der Aga-Kröte zählen Süßwasser-Krokodile, Warane und Schlangen. Warane, Schlangen und die Krokodile stehen am Ende des Nahrungskette.
   Pflanzen sind die Produzenten und stellen die erste Trophieebene dar. Schnecken, Käfer, Mäuse und Insekten stellen dadurch, dass sie sich von den Produzenten ernähren, die Konsumenten erster Ordnung dar. Spinnen, die sich von Insekten als Konsumenten erster Ordnung ernähren, sind die Konsumenten zweiter Ordnung. Die Aga-Kröten haben sowohl Konsumenten erster als auch Konsumenten zweiter Ordnung als Nahrungsquelle und können somit als Konsumenten zweiter oder dritter Ordnung bezeichnet werden. Warane und Schlangen stellen als Fressfeinde der Aga-Kröte demnach Konsumenten dritter oder vierter Ordnung dar. Süßwasser-Krokodile stellen je nach Betrachtungsebene Konsumenten zweiter, dritter oder vierter Ordnung dar. Warane, Krokodile und Schlangen sind Endkonsumenten.

2. Die Aga-Kröte ist ursprünglich zur biologischen Schädlingsbekämpfung der Zuckerrohrkäfer in Australien ausgesetzt worden. Das Aussetzen der Aga-Kröte hat jedoch keinen Einfluss auf die Populationsdichte der Zuckerrohrkäfer. Grund dafür sind unter anderem die unterschiedlichen Lebensräume der beiden Arten. Während die Aga-Kröte sich am Boden aufhält, klettern die Larven der Zuckerrohrkäfer die Pflanzen hinauf, adulte Tiere können sogar fliegen. Ein weiterer Grund liegt darin, dass es sich bei der Aga-Kröte um einen Nahrungsgeneralisten (M1) handelt. Sie ist daher nicht auf den Zuckerrohrkäfer als Hauptnahrungsquelle angewiesen. Dadurch konnte sich die Aga-Kröte sehr schnell und erfolgreich ausbreiten: Aus einigen tausend Tieren im Jahre 1935 sind Schätzungen zufolge über 200 Millionen geworden. Auch die geografische Ausbreitung ist enorm: von der Ostküste Australiens bis zum 3000 km entfernten Victoria River. Ein weiterer wichtiger Grund für die Ausbreitung der Kröte ist die Tatsache, dass sie aufgrund ihres Giftes kaum Fressfeinde zu befürchten hat.
   Am Victoria River hat das Eindringen der Aga-Kröte in das Ökosystem weitreichende Konsequenzen für die Populationsentwicklung der dort lebenden Süßwasser-Krokodile. Die Untersuchungen zeigen, dass die Populationsdichte der Krokodile genau nach dem Eintreffen der Aga-Kröte drastisch zurückgegangen ist (M5). Die Anzahl der adulten Krokodile am Flussabschnitt „Victoria Gorge" lag 2005 - vor der Ankunft der Aga-Kröte - bei ca. 10 Tieren pro Kilometer, 2007 nur noch bei 3 Tieren pro km. Bei „Wickham" waren es 2005 17 gesichtete Tiere, zwei Jahre später 5. In den beiden anderen Flussabschnitten, in denen Zählungen durchgeführt wurden, sank die Dichte der Krokodile lediglich von 19 auf 16 bzw. von 13 auf 12 Tiere pro km. In diesen Abschnitten hat sich die

Aga-Kröte später angesiedelt. Der Rückgang der Krokodilpopulation lässt sich dadurch erklären, dass sich die Krokodile von den Kröten ernähren und dann durch das Gift der Aga-Kröte sterben.

3. Die Population der Aga-Kröte wird aller Voraussicht nach weiter ansteigen, da nahezu keine Feinde der Kröte existieren und die Tiere, die die Kröte zur Beute haben, durch das Gift der Kröten getötet werden. In den Regionen des Oberlaufs des Flusses (Norden) wird die Populationsdichte der Süßwasser-Krokodile noch weiter sinken, da sich durch die klimatischen Bedingungen die Aga-Kröte häufig an den Wasserlöchern in der Nähe der Krokodile aufhalten wird und so von diesen erbeutet werden kann. Dem Lauf des Flusses nach Süden folgend, wird ein Anstieg der Krötenpopulation noch gravierendere Folgen für die Population der Krokodile haben, da durch die noch geringeren Niederschläge (582 mm pro Jahr bei „Longreach Lagoon" im Vergleich zu 802 mm bei „Victoria Gorge") die Notwendigkeit der Kröten, zum Rehydrieren die Wasserlöcher aufzusuchen, noch größer ist. Damit steigt die Wahrscheinlichkeit eines Aufeinandertreffens von Krokodil und Kröte stark an.
   Besonders betroffen von der Ankunft der Aga-Kröte sind die Krokodile mit einer mittleren Körpergröße von 0,6 bis 1,2 m (M5). Nach der Ankunft der Kröten wurden in dieser Größenkategorie 25 tote Tiere gesichtet und die Anzahl lebend gesichteter Tier ging von 2005 bis 2007 von knapp 200 auf ca. 80 Tiere zurück. Krokodile der Größe von 1,2 bis 2,1 m waren schon deutlich seltener betroffen, sodass in dieser Größenkategorie kaum ein Rückgang zu verzeichnen ist. Bei Krokodilen mit einer Körpergröße von über 2,1 m stieg die Populationsdichte im Untersuchungszeitraum sogar leicht an. Die Daten lassen die Vermutung zu, dass größere Tiere (ab 2,1 m) gegen das Gift der Kröte immun sind. Folglich wird sich die Körpergrößenstruktur der Krokodile zugunsten der größeren Krokodile verändern, während die Populationsdichte der mittelgroßen Tiere sehr stark abnimmt.

4. Die Materialien zeigen deutlich, dass die Vor- und Nachteile einer Aussetzung der Aga-Kröte in Australien nicht genügend abgewogen wurden. Ausmaß und Geschwindigkeit der Ausbreitung von 1935 bis heute legen den Schluss nahe, dass es sich bei der Aga-Kröte um einen r-Strategen handelt. Das Nahrungsnetz und die Beziehungen zu anderen Lebewesen wurden nicht gründlich genug untersucht. Die Nahrungsbeziehungen hätten z. B. in einem künstlich angelegten Ökosystem mit möglichst realen Bedingungen untersucht werden können. Dabei wäre aufgefallen, dass es sich bei der Aga-Kröte um einen Nahrungsgeneralisten handelt, der nicht auf den Zuckerrohrkäfer oder seine Larven als Beute angewiesen ist. Untersuchungen der Lebensräume hätten gezeigt, dass die Aga-Kröte am Boden lebt, während die Larven des Zuckerrohrschädlings die Pflanzen emporklettern. Zusätzlich muss bedacht werden, dass eine erfolgreiche Untersuchung in einem bestimmten Ökosystem keine Garantie für eine erfolgreiche Ansiedlung in anderen Ökosystemen garantiert. So stellt die Aga-Kröte z. B. in ihrem ursprünglichen Lebensraum in Südamerika keine Gefahr für Krokodile dar, da diese gegen das Gift der Kröte resistent sind. Für die Süßwasser-Krokodile am Victoria River hingegen ist das Gift tödlich. Die Untersuchungen zeigen deutlich, dass in den Regionen am Victoria River, in denen sich die Aga-Kröte angesiedelt hat, der Bestand der Krokodile drastisch zurückgegangen ist. Das Beispiel macht deutlich, wie komplex ein Ökosystem ist, und dass bei der Aussage R. Mungomerys dieser Umstand nicht genügend Berücksichtigung fand. Das Urteil Mungomerys, die Kröten hätten keine negativen Auswirkungen auf bestehende Ökosysteme, ist zu voreilig getroffen worden und falsch.

Selbstdiagnosebogen

Aufgabe Nr.	Kernkompetenzen	AFB	Punkte	erreicht	Förderung
1	Analyse eines Nahrungsnetzes	I	12		strukturierte Beschreibung einfacher Nahrungsnetze: Konzept der Trophieebenen und Aufbau von Ökosystemen (S. 44 ff.)
	Einordnung der Organismen in die verschiedenen Trophieebenen	II	12		
2	Beschreibung der Beziehung zwischen Aga-Kröte und Zuckerrohrkäfer	I	7		Beziehungen zwischen Populationen beschreiben
	Beschreibung der Ausbreitung der Aga-Kröte (Nahrungsgeneralist und Vermehrungsstrategie)	II	8		Nahrungsgeneralisten K- und r-Strategen
	Analyse der Auswirkungen der Aga-Kröte auf die Population der Krokodile am Victoria River	II	12		Auswertung von Diagrammen und Abbildungen und die Analyse der Ergebnisse (S. 51)
3	Hypothesenbildung zur Entwicklung der Populationen von Aga-Kröte und Süßwasser-Krokodilen an den verschiedenen Flussabschnitten	II	12		strukturiertes Einüben der Hypothesenbildung bei vorheriger Materialanalyse (Belege im Text oder den Abbildungen nennen)
	Hypothesenbildung zur Entwicklung der Körpergrößenstruktur der Krokodile	III	5		
4	Stellungnahme zur Aussage R. Mungomerys	III	12		Erörterung zu verschiedenen biologischen Themen oder Fragestellungen verfassen

Gesamtpunkte: 80, davon AFB I: 19 Punkte (24 %); AFB II: 44 Punkte (55 %); AFB III: 17 Punkte (21 %)

Materialgrundlage:

Letnic M., Webb J.-K., Shine R. : Invasive cane toads (Bufo marinus) cause mass mortality of freshwater crocodiles (Crocodylus johnstoni) in tropical australia In: Biological Conservations 141 (2008) S. 1773 – 1782. Elsevier Ltd. 2008

Neobiota, Schädlingsbekämpfung, Populationsdynamik, Bezie-hungen zwischen Populationen, Lotka-Voltera-Regeln, nachhal-tige Nutzung und Erhaltung von Ökosystemen

Aufgabe 11: Neobiota in Kalifornien

Einleitung

Pflanzen und Tiere haben immer neue Lebensräume besiedelt, z. T. sogar erobert. Diese Fähigkeit zur Ausbreitung und Anpassung an veränderte Lebensbedingungen stellt eine überlebenswichtige Eigenschaft dar. Die vielfältigen Formen der Samenverbreitung sind hierfür ebenso ein Beispiel wie die unterschiedlichsten Mechanismen zur Bewegung in Wasser, auf dem Land und in der Luft.
Seit der Mensch begonnen hat, Verkehrswege anzulegen, Waren zu verschiffen und selbst zu reisen, haben natürliche Barrieren wie Ozeane, Wüsten und Bergketten ihre Wirksamkeit verloren.
So gilt unter Naturschützern die Einwanderung oder Einschleppung neuer Arten mittlerweile als großes ökologisches Problem. Denn wenn fremde Organismen in neuen Lebensräumen erscheinen, kann sich ein Ökosystem gravierend verändern.

Aufgabenstellung

1. **Nennen** Sie eine Definition für den Begriff Neobiota. **Erläutern** Sie für alle im Material aufgeführten Neozoen Ursachen für deren Populationsentwicklung. **Diskutieren** Sie, ob es sich bei den aufgeführten Neozoen um invasive Arten handelt.
2. **Beschreiben** Sie **zusammenfassend** die Veränderungen in der Populationsdichte von Wollschildlaus und Marienkäfer (Abb. 3). und **erklären** Sie die möglichen Ursachen der Schwankungen.
3. **Nennen** Sie die 1. und 2. LOTKA-VOLTERRA-Regel und **diskutieren** Sie, ob diese ein geeignetes Erklärungsmodell für die Beziehung zwischen Marienkäfer und Wollschildlaus darstellen.
4. **Überprüfen** Sie die Effektivität des Einsatzes von DDT, indem Sie die Folgen des Gifteinsatzes für die Populationen von Wollschildläusen und Marienkäfern **erläutern**.

Material

M1 Basisinformationen

Die Australische Wollschildlaus erreicht als ausgewachsener Imago eine Körperlänge von bis zu 15 Millimetern. Dabei ist der weiße, längsgerillte Eisack, den die Weibchen mit sich tragen, für die Länge ausschlaggebend, da er mehr als zweimal länger als das Weibchen ist. Die Anzahl der Eier im Eisack beträgt zwischen 100 und 1500. Es werden durchschnittlich drei Generationen pro Jahr erzeugt.

Da die Weibchen Zwitter mit der Fähigkeit zur Selbstbefruchtung sind, die wiederum nur Weibchen hervorbringen, sind Männchen sehr selten.
Die Schildläuse saugen Pflanzensaft. In ihrem ursprünglichen Verbreitungsgebiet findet man sie vor allem auf Akazien und auf anderen derblaubigen, immergrünen oder holzigen Pflanzen.
Ein Befall mit Wollschildläusen verursacht Verfärbungen und Missbildungen und kann bis zur Vertrocknung der Pflanze führen. Die Sekundärschädigung liegt in der Absonderung zuckerhaltiger Ausscheidungsprodukte durch die Wollschildläuse, dem so genannten Honigtau, Wollschildläuse fördern eine Besiedlung mit Rußtaupilzen, die zu einer weiteren Schädigung der Wirtspflanze führen.

M2 Biologische Bekämpfung der australischen Wollschildlaus

In Kalifornien gab es bereits Mitte des 19. Jahrhunderts ausgedehnte Plantagen für Zitrusfrüchte wie Orangen und Zitronen. Im Jahr 1868 oder 1869 wurde die australische Wollschildlaus vermutlich mit einer Lieferung Akazien nach Kalifornien eingeschleppt. Es stellte sich heraus, dass die Läuse Pflanzen der Gattung Citrus sogar noch stärker als die Akazien bevorzugen. 1886 standen die kalifornischen Zitrusfarmer durch die explosionsartige Vermehrung der australischen Wollschildlaus vor dem Ruin.
Erst ein Jahr zuvor hatte der amerikanische Forscher CHARLES RILEY Australien als Ursprungsland der Schildlaus entdeckt. Auf mehreren Expeditionen entdeckte der vom Kongress beauftragte FRAZER CRAWFORD die parasitische Fliege *Cryptochaetum iceryae*, die in Australien natürlicher Feind der Schildlaus ist.
Nach einer ersten kleineren Lieferung dieser Fliegen verschickte CRAWFORD im Herbst 1888 12.000 Exemplare nach Kalifornien. In dieser Lieferung befanden sich ebenfalls 129 Marienkäfer, auf die CRAWFORD während einer Exkursion anlässlich der Weltausstellung 1888 in Melbourne aufmerksam geworden war. Die Fliegen wurden sorgfältig auf die einzelnen Plantagen verteilt, die Marienkäfer lediglich unter einem Baum freigelassen.
Ein Jahr später konnte die parasitische Fliege nur noch in geringer Zahl vorwiegend in Küstenregionen wiedergefunden werden, die Käferpopulation war geradezu explodiert. Die Ernte hatte sich innerhalb dieses Jahres verdreifacht und die australische Wollschildlaus stellte für die nächsten 60 Jahre in Kalifornien kein Problem mehr dar.
Da aus den kalifornischen Zitrusplantagen keine statistischen Daten zur Populationsgröße von Wollschildläusen und Marienkäfern im ausgehenden 19. Jahrhundert vorliegen, haben Biologen und Mathematiker des Studienseminars Koblenz den Versuch unternommen, die Populationsgrößen beider Arten in einem abgegrenzten Bereich unter Zuhilfenahme von Computerprogrammen modellhaft nachzubilden.

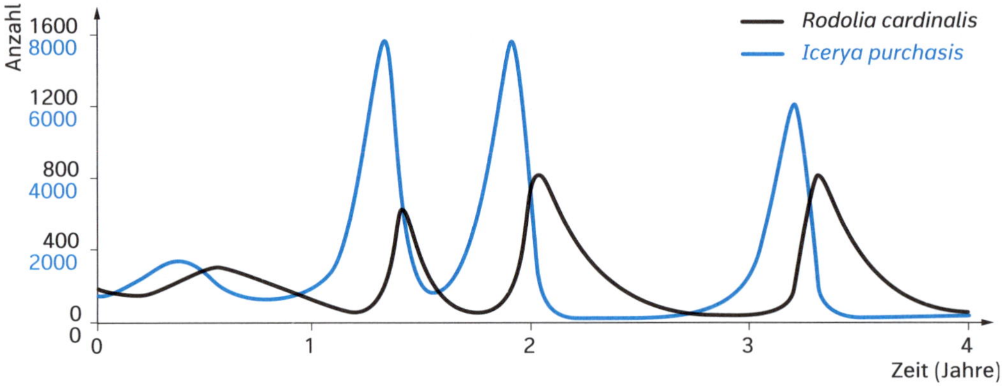

M2 Populationsentwicklung von australischer Wollschildlaus (*Icerya purchasi*) und Marienkäfer (*Rodolia cardinalis)* auf einer Zitrusplantage in Kalifornien in den ersten vier Jahren nach Einführung des Marienkäfers (Computermodell)

M3 Chemische Bekämpfung der australischen Wollschildlaus

Ab dem Jahr 1947 wurde in den kalifornischen Zitrusplantagen erstmalig das Insektizid DDT eingesetzt. Aufgrund seiner Unspezifität und seines hohen Wirkungsgrades – DDT tötet nahezu alle Insekten und oft über 99 % der Population – galt DDT als „Wundermittel“ gegen jegliche Art von Schadinsekten.
Die Populationsgrößen der Wollschildlaus und damit die Schäden für die Plantagenbesitzer stiegen in den Folgejahren jedoch enorm, obwohl immer wieder neue Marienkäfer ausgesetzt und verstärkt DDT eingesetzt wurde. Erst mit dem Verbot von DDT in den USA im Jahre 1972 sanken die Populationsgrößen der Wollschildlaus auf die Werte zu Beginn des Jahrhunderts.

Lösungen

1. Unter dem Begriff Neobiota werden alle Arten zusammengefasst, die seit 1492 durch direkten oder indirekten Einfluss des Menschen in Regionen kommen, in denen sie nicht beheimatet waren, und dort neue Lebensräume für sich erschließen.
   Im vorliegenden Fall sind mit der australischen Wollschildlaus, der auf ihr parasitierenden Fliege *Cryptochaetum iceryae* und dem Marienkäfer *Rodolia cardinalis* drei Arten von Neozoen nach Kalifornien gebracht worden.
   Die australische Wollschildlaus muss bei ihrer Einschleppung im Jahre 1868/1869 abiotische und biotische Faktoren vorgefunden haben, die ihr Überleben in Kalifornien begünstigt haben. Das Fehlen natürlicher Feinde dürfte die von Natur aus sehr hohe Vermehrungsrate (Selbstbefruchtung, mehrere Generationszyklen pro Jahr, Vielzahl an Eiern pro Zyklus) noch gefördert haben. Durch die Erschließung der Monokulturen der Zitrusplantagen als Lebensraum herrschte nahezu keine intraspezifische und interspezifische Konkurrenz um Ressourcen wie Nahrung und

Lebensraum, so dass es zur beschriebenen Massenvermehrung der Wollschildlaus und den von ihr verursachten Schäden in den kalifornischen Plantagen kam. Mit dieser Massenvermehrung herrschte für die als natürliche Feinde eingeführte parasitische Fliege *Cryptochaetum iceryae* und den Marienkäfer *Rodolia cardinalis* ebenfalls ein enormes Nahrungsangebot. Während die Fliege in den Plantagen jedoch nur in einigen Küstenregionen überlebte, obwohl sie mehrfach gezielt ausgesetzt wurde, vermehrte sich der Marienkäfer „explosionsartig".
Nach dem Konzept der ökologischen Nische sind neben der Nahrung eine Vielzahl von weiteren biotischen und abiotischen Umweltfaktoren auch Evolutionsfaktoren für das Leben bzw. Überleben einer Art in einem Ökosystem von Bedeutung. In den Zitrusplantagen muss für die Fliege zumindest einer dieser Faktoren außerhalb ihres Toleranzbereiches gelegen haben, so dass ein Überleben dort nicht möglich war.
Invasive Neobiota verdrängen einheimische Arten aus ihrem Lebensraum. Da sich *Cryptochaetum iceryae* offensichtlich nicht dauerhaft etablieren konnte, kann es sich bei ihr nicht um eine invasive Art handeln. Bei der australischen Wollschildlaus handelt es sich hingegen um ein invasives Neozoon, da sie die Überlebensfähigkeit der Zitruspflanzen stark beeinträchtigt und zu einer Veränderung der Lebensraumbedingungen im Ökosystem führt, die auch weitere Arten betreffen muss. Der Marienkäfer Rodolia cardinalis etabliert sich als natürlicher Feind der Wollschildlaus und vermindert letztendlich aber die Folgen der Einschleppung der Wollschildlaus. Daher ist er nach der Definition nicht als invasive Art anzusehen.

2. Abbildung M2 zeigt die Veränderungen in der Populationsgröße von Wollschildlaus und Marienkäfer über einen Zeitraum von vier Jahren.
   Die Populationsgröße der Wollschildlaus schwankt dabei stark, zwischen ca. 100 und 8.000, wobei die Maxima am Beginn und Ende des zweiten und am Beginn des vierten Jahres liegen.
   Die Populationsgröße des Marienkäfers schwankt ebenfalls stark, zwischen ca. 50 und 800, wobei die Maxima Mitte des zweiten Jahres, zu Beginn des dritten und Mitte des vierten Jahres liegen.
   Da sich die Marienkäfer in den Plantagen vor allem von Wollschildläusen ernähren, schwankt ihr Populationsmaximum um einige Monate zeitversetzt zu dem der Wollschildläuse.
   Eine hohe Zahl an Räubern (Marienkäfer) sorgt wiederum für eine Dezimierung der Beutepopulation, die wiederum zeitversetzt zu einer Verminderung der Räuberpopulation aufgrund von Nahrungsmangel führt.

3. 1. LOTKA-VOLTERRA-Regel: Die Individuenzahlen von Räuber und Beute schwanken periodisch; Maxima und Minima folgen einander phasenverzögert.
   2. LOTKA-VOLTERRA-Regel: Die Mittelwerte beider Population bleiben langfristig konstant.
   Die LOTKA-VOLTERRA-Regeln scheinen ein Erklärungsmodell für den gegebenen Fall sein, da sie auf die in M2 B dargestellten Entwicklungen der Populationszahlen zutreffen. Auch die Voraussetzungen der Regel, nämlich die wechselseitige Beein-

flussung (Beutezahl reguliert die Räuberzahl, Räuberzahl reguliert die Beutezahl) scheint unter den speziellen Bedingungen auf den Zitrusplantagen gegeben zu sein.

4. Mit dem Einsatz des Breitbandinsektizids DDT in den kalifornischen Zitrusplantagen stiegen die Schäden durch die Wollschildlaus wieder an. Diese Schäden konnten auch durch einen verstärkten DDT-Einsatz (führte zu Kostensteigerung, Belastung der Böden) nicht kompensiert werden, so dass es zu Einnahmeausfällen gekommen sein dürfte. Da sich die Zahl der Wollschildläuse erst mit dem Verbot von DDT wieder normalisierte, kann der Einsatz von DDT nur als äußerst ineffektiv beurteilt werden.
Die biologischen Ursachen für dieses Phänomen liegen in der Unspezifität des DDT. Da es nahezu die gesamten Populationen aller Insekten vernichtet, werden neben den Wollschildläusen auch ihre „natürlichen" Feinde, die Marienkäfer, getötet. Aufgrund der deutlich höheren Vermehrungsrate der Wollschildläuse und des fehlenden Nahrungsangebotes für die Marienkäfer, erholt sich die Population der Wollschildläuse – nahezu ohne natürlichen Feind – deutlich schneller (3. LOTKA-VOLTERRA-Regel) und führt zu den beschriebenen Schäden in den Plantagen.

Selbstdiagnosebogen

Aufgabe Nr.	Kernkompetenzen	AFB	Punkte	erreicht	Förderung
1	Definition Neobiota Darstellung der Faktoren, die zur Massenvermehrung der Wollschildlaus beitragen Erläuterung der kurz- und langfristigen Folgen Erläuterung der Populationsentwicklung von Marienkäfer und Fliege Beurteilung der Neozoen als invasive Arten	I I II II III	4 3 3 6 6		Neobiota; Texterfassung; dichteabhängige Faktoren (S. 72) Konzept der ökologischen Nische u. Kompetenz (S. 44)
2	Beschreibung der Populationsentwicklung von Wollschildlaus und Marienkäfer Erläuterung der Wirkmechanismen	I II	6 6		Umgang mit Diagrammen und Abbildungen (S. 51 ff.); Beziehungen zwischen Populationen (S. 47 ff.)

3	LOTKA-VOLTERRA-Regeln (1+2) Überprüfung der Anwendbarkeit auf den vorliegenden Fall	I II	6 4		Beziehung zwischen Populationen: LOTKA-VOLTERRA-Regeln (1+2) (S. 47 ff.)
4	Erläuterung der Folgen des DDT-Einsatzes Beurteilung des Einsatzes von DDT	II III	5 4		Maßnahmen zur Schädlingsbekämpfung, LOTKA-VOLTERRA-Regeln (3) (S. 47 ff.)

Gesamtpunkte: 53, davon AFB I: 19 Punkte (35 %); AFB II: 24 Punkte (45 %); AFB III: 11 Punkte (20 %)

Materialgrundlage:

Böhmer, H.J., Heger, T., Trepl, L.: Fallstudien zu gebietsfremden Arten in Deutschland – Case studies on Alien Species in Germany. – Texte 13, Umweltbundesamt, 2001

Cerutti, H.: Von Tieren – die göttlichen Serienkiller; in NZZ – Folio 03/2000

Geiter, O., Homma, S., Kinzelbach, R.: Bestandsaufnahme und Bewertung von Neozoen in Deutschland, Forschungsbericht 296 89 901/01 für das Bundesministeriums für Umwelt, Naturschutz und Reaktorsicherheit, Berlin 2002

Groenert, H., Leisen J.: Modellbildung und Modellbildungssysteme in den mathematisch-naturwissenschaftlichen Fächern – Skript zum Wahlpflichtkurs

Hoddle, M.S.: Biological Control of Icerya purchasi with Rodolia cardinalis in the Galapagos Islands; auf: http://www.biocontrol.ucr.edu

Hoy, M. A.: Biological Control in U.S. Agriculture: Back to the future. American En-tomologist 1993: 140 – 150

Michels, C.: Auswirkungen invasiver Neobiota auf die heimische Flora und Fauna, – Natur in NRW 2/2008, S. 60 – 63

Sawyer, R.C.: To Make a Spotless Orange: Biological Control in California, Ames, 1996

Mensch und Ökosysteme: Selbstreinigung Fließgewässer; Eutrophierung; Biogasanlage; Umgang mit Diagrammen

Aufgabe 12: Abwasserpilze im Fließgewässer

Einleitung

Abwasserpilz breitet sich aus
Mehrere Zeitungen machten 2016 auf Probleme mit einem gefährlichen Abwasserpilz in Bächen aufmerksam. In den ländlichen Regionen rund um Münster hatten Angler und Bewohner eine Ausbreitung der schädlichen Bakterien beobachtet. Überall dort, wo zu viel organischer Müll das Wasser belastete, breitete sich der Pilz aus. Als mögliche Ursache wurden beispielsweise Sickerwasser aus Maissilage oder Gärsäfte aus der Landwirtschaft diskutiert, die über einen nachlässigen Umgang mit Abwässern in die Bäche gelangten. Verantwortlich waren also vermutlich Betreiber von Biogasanlagen oder Viehbauern. Es wurde gemeldet, dass manche Abwasserbecken bei Regen einfach überliefen, andernorts die Silo-Haufen nicht richtig abgedichtet waren. Die Verschmutzung nahm von Jahr zu Jahr zu, Fischlaich und Kleinstlebewesen waren akut gefährdet sind. Abhilfe sollte eine regelmäßige Prüfung der Bäche und Gräben rund um Biogasanlagen bringen.

Aufgabenstellung

1. **Begründen** Sie mithilfe von M1 und M2, warum der Abwasserpilz einerseits schädlich für die Kleinstlebewesen eines Baches ist, andererseits zur Selbstreinigung eines Baches beitragen kann. **Erläutern** Sie dabei mögliche Stoffwechselendprodukte des Abwasserpilzes, die sich unter verschiedenen Bedingungen in den Gasblasen auf der Gewässeroberfläche bilden.
2. **Stellen** Sie **Hypothesen auf**, wie es zur Ausbreitung des Abwasserpilzes in den Bächen des Münsterlandes kommen konnte. **Werten** Sie dazu die Materialien M4 und M5 **aus**. Gehen Sie in diesem Zusammenhang auf die Ausbringung von Gülle auf gefrorenen Böden ein (Vorteile für den Landwirt/Nachteile für die Umwelt).
3. **Begründen** Sie mithilfe von M3 und M4, inwieweit die Befürchtung der Angelvereine berechtigt war, dass die Gefährdung des Fischlaichs in den Gewässern zunimmt. Erläutern Sie in diesem Zusammenhang die Produktion von Methan in Biogasbehältern und ihr wirtschaftliche Bedeutung.
4. **Stellen** Sie einige begründete Maßnahmen **vor**, die Ihrer Meinung nach die Gefährdung des Fischlaichs herabsetzen könnten.

Material

M1 Der Abwasserpilz

Abwasserpilz ist eine irreführende, aber übliche Bezeichnung für das Bakterium *Sphaerotilus natans*. Die stäbchenförmigen Zellen befinden sich meist in langen verzweigten Röhren, die zu langen, an einem Ende festsitzenden Fäden auswachsen. Diese bilden dicke weißliche Überzüge oder dicke Flocken und erinnern an Pilzmycelien. In und an den gallertartigen Röhren sitzen häufig noch andere Bakterien. Der Abwasserpilz kann bei sehr geringem Sauerstoffgehalt wachsen. Er tritt auch zusammen mit echten Abwasserpilzen auf, die mit ihm gemeinsam zur Massenentwicklung kommen können.

M1 a *Sphaerotilus natan* hat eine dicke gallertartige Schicht auf den Steinen und an der Oberfläche des Baches gebildet.

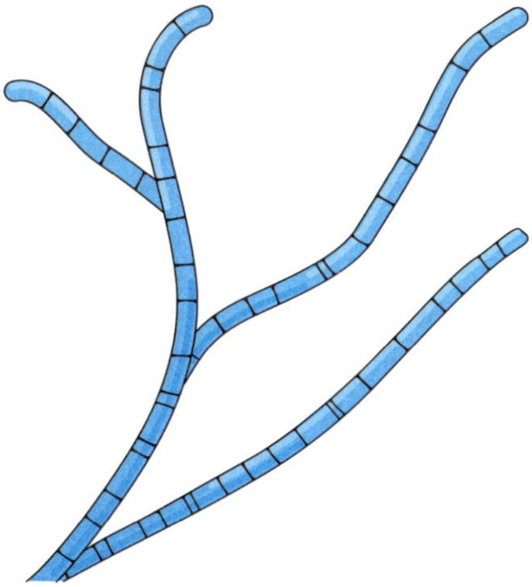

M1 b zusammenhängende Bakterienfäden des Abwasserpilzes *Sphaerotilus natan*

Sphaerotilus natan tritt dort auf, wo Gülle aus Tierzuchtbetrieben oder Gärsäfte aus Silagen oder Biogasanlagen in Gräben, Bäche und Flüsse gelangen. Zunächst entsteht eine gallertartige Masse, die als „biologischer Rasen" den Grund bedeckt und bald auch an der Oberfläche zu finden ist. Zudem können auf der Wasseroberfläche große mit Gas gefüllte Blasen aus langen Fäden entstehen. Platzen diese Blasen, entweicht faulig stinkendes Gas.

M2 Inhaltsstoffe der flüssigen Gärreste (Gärsäfte) einer Biogasanlage

Gesamt-Stickstoff (N)	Ammoniumanteil am Gesamt-N	Phosphate	Kaliumionen	Verhältnis Kohlenstoff : Stickstoff
5	50 %	3	3,5	5 : 1

M2 Durchschnittswerte in kg/m³ Gärsaft. Die Inhaltsstoffe können je nach Beschickung der Anlage mit Gülle oder Silage voneinander abweichen.

M3 Biogasanlagen

Biogasanlagen werden häufig mit Gülle, aber z. B. auch mit Maissilagen o. ä. beschickt, um Methan zu produzieren. Das Biogas aus der Anlage muss noch aufbereitet werden, bevor eine Einspeisung in das Erdgasnetz erfolgen kann. U. a. muss Wasserdampf, Schwefelwasserstoff (H_2S) und Kohlenstoffdioxid (CO_2) entfernt werden, um einen möglichst hoher Anteil an Methan zu gewährleisten. Wegen des hohen technischen Aufwands lohnt sich die Aufbereitung und Einspeisung derzeit nur für überdurchschnittlich große Biogasanlagen.

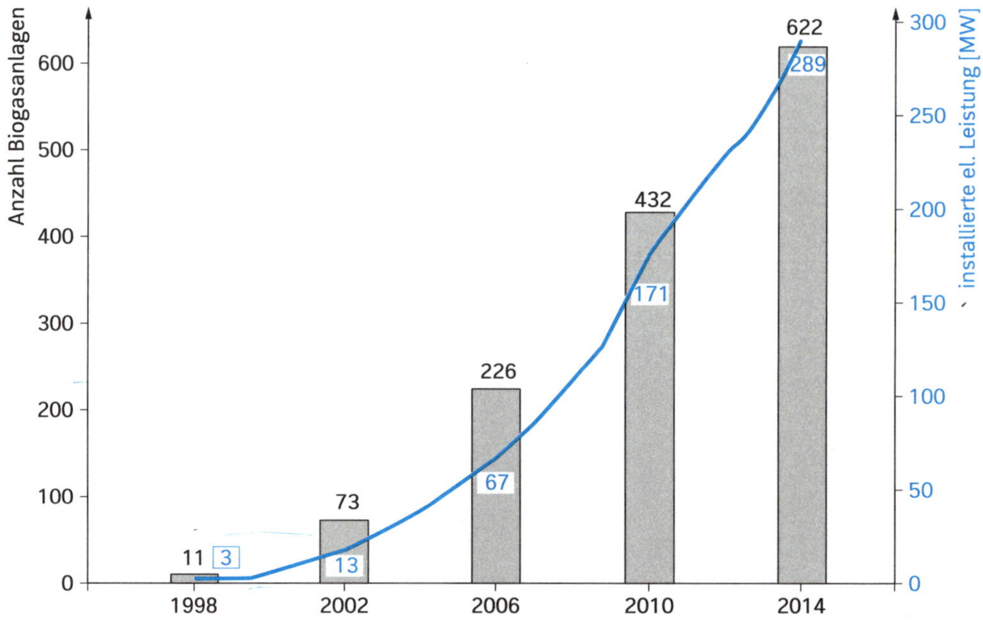

M3 a Anzahl und installierte elektrische Leistung der Biogasanlagen in NRW in den Jahren 1998 bis 2014

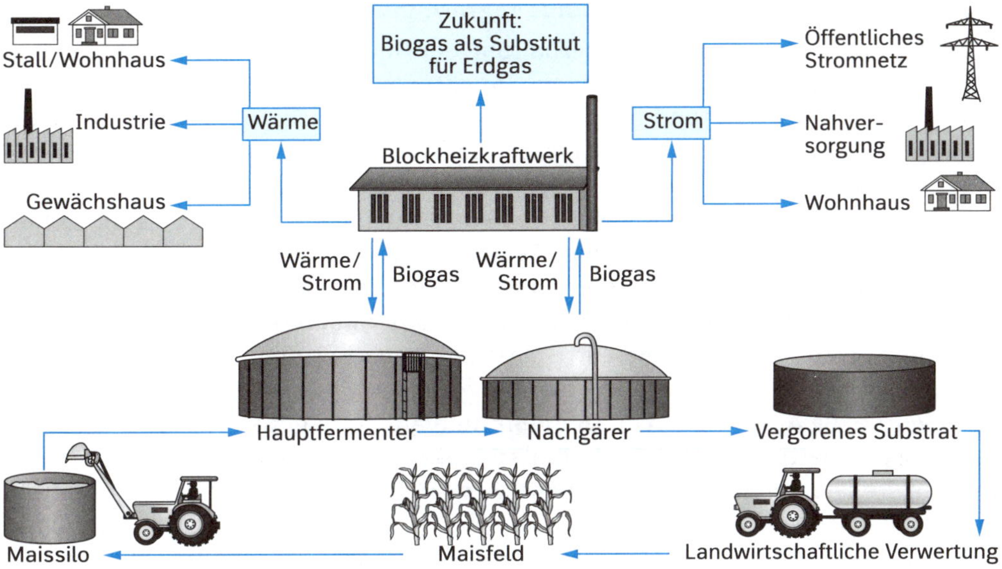

M3 b Funktion einer Biogasanlage

M4 Der BSB_5-Wert

Der Biochemische Sauerstoffbedarf (BSB) gibt die Menge an Sauerstoff in mg/l an, die von Bakterien und anderen Organismen benötigt wird, um die in einer Abwasserprobe enthaltenen organischen Stoffe aerob abzubauen. Beim BSB_5 wird der Sauerstoffverbrauch angegeben, der in einer abgedunkelten Probe innerhalb von fünf Tagen bei 20 °C gemessen wird. Sein Wert kann zur Beurteilung von Gewässerverschmutzungen herangezogen werden.

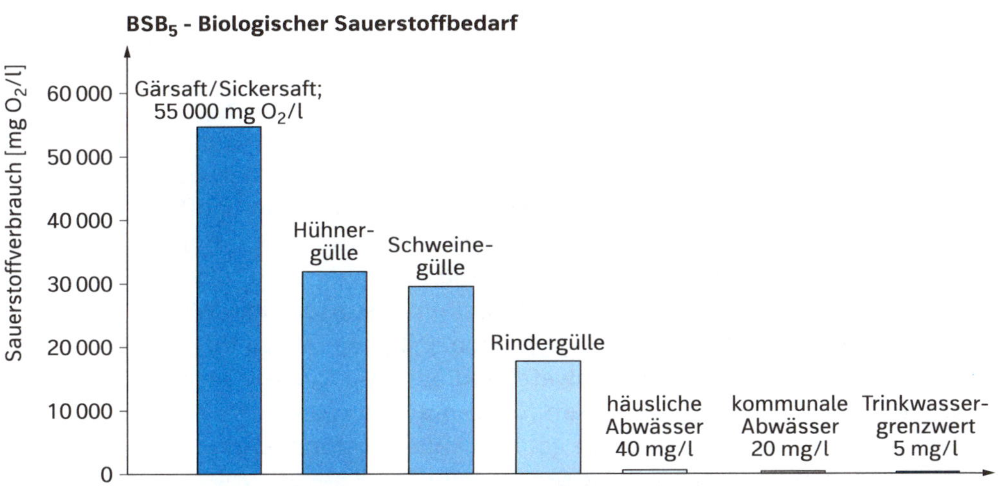

M4 Typische BSB_5-Werte von Gärsaft aus Biogasanlagen und Gülle, die zur Düngung der Äcker genutzt wird sowie Sickerwasser aus Silagen und anderen Abwässern.

M5 Die Düngeverordnung des Bundesagrarministeriums

Die Düngeverordnung hat die Reinerhaltung der Gewässer zum Ziel. Sie regelt u.a. die Düngung mit Gülle und Gärresten. Sie enthält z. B. Vorschriften zur Ausbringung im Winterhalbjahr und bestimmt die maximale Stickstoffmenge pro Hektar (170 kg/a). Weiterhin gibt es eine Einarbeitungspflicht für Gülle und bestimmte Abstandsregelungen zu Gewässern. Ungenaue Formulierungen in der Düngeverordnung von 2006 und die damit verbundene laxe Auslegung führten zu zahlreichen Verstößen gegen diese Verordnung. Deshalb reichte eine EU-Kommission Klage beim Europäischen Gerichtshof ein. Aus Sicht der Kommission bestanden zahlreiche unzureichende Regelungen: So wurde das Ausbringen von Düngemitteln in Bezug auf Menge, Zeiträume und Sperrfristen unzureichend begrenzt. Das Fassungsvermögen von Behältern zur Lagerung von Dung war oft zu gering ausgelegt. Auch wurde die Ausbringen von Düngemitteln auf stark geneigten Flächen sowie auf wassergesättigten, überschwemmten, gefrorenen oder schneebedeckten Böden unzureichend geregelt. Das gleiche galt für die Ausbringen von Düngemitteln in der Nähe von Wasserläufen.Aufgrund eines Vertragsverletzungsverfahrens hat Deutschland die Düngegesetzgebung im Düngegesetz vom 05. Mai 2017 und in der Düngeverordnung vom 26. Mai 2017 neu gefasst.
Dennoch bleiben viele Probleme bestehen: In der Zeitung kann man Überschriften finden wie „Schweinegülleabgabe so teuer wie nie zuvor“ oder auch „Bauern verzweifelt. Sie wissen nicht, wohin mit den Exkrementen ihrer Tiere. Sie spritzen soviel Gülle auf ihre Felder, dass sie damit sogar Brunnen verseuchen.“

Lösungen

1. Beim Abwasserpilz handelt es sich um ein röhrenbildendes Bakterium, das die organischen Abfälle wie Gülle, Gär- und Sickerwasser, die in ein Gewässer gelangen, durch Massenvermehrung häufig zusammen mit anderen Bakterien abbaut. Dazu benötigt er den gelösten Sauerstoff, der durch die Tätigkeit der Bakterien ständig abnimmt und kommt dann noch mit wenig Sauerstoff aus. Der niedrige Sauerstoffgehalt lässt die Kleinstlebewesen des Baches absterben. Die Stoffwechselendprodukte des Abwasserpilzes sind beim aeroben Abbau Kohlenstoffdioxid (Oxidation des organisch gebundenen Kohlenstoffs) und Wasser (Oxidation des organisch gebundenen Wasserstoffs). Diesen aeroben Abbau bezeichnet man auch als biologische Atmung:
   Kohlenwasserstoffe + Sauerstoff $\longrightarrow$ Kohlenstoffdioxid + Wasser + Energie
   Mithilfe weiterer Bakterien wird Ammonium (NH_4^+-Ionen) zu Nitrat (NO_3^--Ionen) und Schwefelwasserstoff zu Schwefel und Sulfaten oxidiert. Kalium- und Phosphorverbindungen aus Gärsäften fördern als Mineralstoffe die Vermehrung der Bakterien. Ist der in Wasser gelöste Sauerstoff aufgebraucht, werden unter anaeroben Bedingungen Gärprozesse in Gang gesetzt, die z. B. „stinkende Gase“ wie Schwefelwasserstoff als Reduktionsprodukt in den Gasblasen an der Wasseroberfläche entstehen lassen können.
   Der Abwasserpilz leistet einen Beitrag zur Selbstreinigung des Gewässers. An den auf den Steinen festsitzenden Bakterienfäden werden organische Stoffe

abgebaut und die Stoffwechselendprodukte mit dem fließenden Wasser abgeführt, Nährsalze werden aufgenommen. So nimmt die Eutrophierung flussabwärts ab, auch durch die ständige Verdünnung des Wassers. Das Wasser wird wieder sauberer und ist weniger trüb, sodass wieder genug Licht für die Fotosynthese der Algen zur Verfügung steht und Sauerstoff angereichert werden kann. Kleinstlebewesen können wieder gedeihen.

2. Material 4 vergleicht die BSB5-Werte verschiedener Abwässer aus unterschiedlichen Abfallprodukten. Da der biochemische Sauerstoffbedarf ein Maß für den Grad der Belastung mit organischen Substraten ist, geht aus M4 hervor, dass im Vergleich zum Trinkwasser häusliche Abwässer etwa 4-mal, kommunale Abwässer 8mal, Gülle 4500- bis 8000-mal, flüssige Gärreste aus Biogasanlagen und Sickersaft aus Silagen 15000-mal so viel abbaubare organische Stoffe enthalten. Kommunale Abwässer gelangen i. d. R. nach dem Durchlauf durch eine Kläranlage über Abwasserrohre in die Bäche und Flüsse. Wie die übrigen erwähnten Stoffe die Bäche erreichen, kann nur vermutet werden. Denkbar, dass ein Teil des Sickerwassers aus Silagen, die zu nahe an Gräben oder Bächen aufgestellt sind und evtl. zu klein ausgelegt sind, direkt in diese abfließt. Auch Gärsäfte aus den landwirtschaftlichen Biogasanlagen können über Abflüsse zusammen mit dem Regenwasser in die Bäche gelangen.
   Material 5 legt nahe, dass beim Aufbringen von Düngemitteln auf den landschaftlichen Nutzflächen die Düngemittelverordnung nicht immer korrekt eingehalten wurde. Diese Verordnung soll u. a. die Eutrophierung von Gewässern durch Düngung von Ackerflächen verhindern. Es ist davon auszugehen, dass auch in NRW beim Düngen der Ackerflächen Düngemittel mehr oder weniger direkt in Gräben, Bäche und Flüsse gelangten. Besonders stark wirkt sich dann die Düngung mit Gärsaften aus Biogasanlagen aus, weil deren BSB5-Wert besonders hoch ist. Zudem wird es wohl auch zu Verstößen gegen die Düngeverordnung gekommen sein. Angesichts der hohen Preise für die Gülleentsorgung ist es profitabel, wenn Gülle auf landwirtschaftlichen Großflächen ausgebracht wird, vor allem, wenn sich im Winter die Gülle in den Behältern immer mehr ansammelt. Einerseits fehlen die Kulturpflanzen, die den Dünger aufnehmen könnten, andererseits können Mikroorganismen in den gefrorenen Böden nicht für eine Mineralisierung der organischen Stoffe sorgen. Zudem kann die Gülle kaum in den Boden eindringen und bei Tauwetter vom Regen leicht in die Gräben gespült werden. So werden die Böden weniger belastet, Gewässer und das Grundwasser jedoch umso mehr.

3. Nach M3 hat die Zahl der Biogasanlagen von 11 im Jahre 1998 bis auf 622 im Jahr 2014 rasant zugenommen. Bis zum Jahr 2011 stieg ihre Anzahl noch exponentiell. Das ist damit zu erklären, dass der Einsatz alternativer Energien gerade auch in NRW politisch gewollt ist. Zudem kann so ein Großteil der Gülle auch noch zur Energiegewinnung genutzt werden. Dabei wird der Kohlenstoff aus organischen Substraten (meist Kohlenhydraten) in großen Gärbehältern von Methanbakterien zu Methan (CH_4) reduziert. Werden dann die Gärreste mit ihren

besonders hohen BSB_5-Werten für die Düngung eingesetzt, nimmt die Gefahr einer Eutrophierung der Bäche und der Ausbreitung des Abwasserpilzes zu. Durch den dann einsetzenden hohen Sauerstoffmangel sterben Kleinstlebewesen und auch Fischlaich ab. Die von Angelvereinen geförderten Fischbestände haben so weniger natürliche Nahrung und weniger Nachkommen.

4. Kontrollen müssen verstärkt werden, um zu überprüfen, ob die Düngeverordnung eingehalten wird. Beim Bau von Biogas- und Silageanlagen sollten die nun strengeren Umweltschutzregeln wie zum Beispiel größere Behälter für den Dung möglichst schnell umgesetzt werden. Nachhaltigere Einrichtungen sollten subventioniert werden, damit weniger Gärreste in die Gewässer gelangen. Diese Umweltschutzeinrichtungen sollten zudem strenger/häufiger überprüft werden. Darüber hinaus können alle Maßnahmen zur Verringerung des Nährstoffeintrages in Fließgewässer genannt werden, z. B. Brachflächen in unmittelbarer Umgebung, Extensivierung der Landwirtschaft, Reduzierung der Fleischproduktion bei gleichzeitiger Aufklärung und Werbung für eine fleischärmere und pflanzenreichere gesunde Kost, Senkung des Nährstoffgehaltes in bestimmten Gewässern durch Eintrag von Eisenchlorid, ...

Selbstdiagnosebogen

Aufgabe Nr.	Kernkompetenzen	AFB	Punkte	erreicht	Förderung
1	Eutrophierung und aerober Abbau, Selbstreinigung	II I	7 7		Eutrophie und Oligotrophie (S. 59 ff.)
2	Umgang mit Diagrammen Hypothesenbildung selbstständig begründete Vermutungen	I II III	4 12 4		Umgang mit Diagrammen und Hypothesen (S. 51, 68)
3	Umgang mit Diagrammen, Eutrophierung	I II	4 6		Umgang mit Diagrammen (S. 51)
4	Beurteilung eines biologischen Sachverhalts	III	6		Operator „beurteilen" (S. 12)

Gesamtpunkte: 50, davon AFB I: Punkte 15 (30 %); AFB II: Punkte 25 (50 %); AFB III: Punkte 10 (20 %)

Materialgrundlage

Gerken, R.: Rückkehr der Abwasserpilze!? Landessportfischerverband Niedersachsen e.V. Abwasserkolloquium Hamburg am 23.9.2014

Kauffelt, S. u. S. Werdeling: Abwasser lässt den Laich verfaulen. Westfälische Nachrichten am 21.02.2016

Lohmann, L.: Biogas in NRW. www.landwirtschaftskammer.de/landwirtschaft/ technik/biogas/veroeffentlichungen/biogas-in-nrw.htm vom 24.09.2015

LNW (Landesdienst Nordrhein Westfalen, dpa) Münster: Angler warnen: Abwasserpilz breitet sich aus. Grafschafter Nachrichten 24.01.2016

Evolution und Verhalten: Beurteilung von Verhaltensweisen auf der Basis der Synthetischen Theorie und der Fitnessmaximierung

Aufgabe 13: Vom Teilen

Einleitung

Bei den Menschen wird der moralische Wert des Teilens schon früh z. B. in Kinderbüchern vermittelt: „Teilen macht Spaß“. Sprichwörter unterstreichen den Wert des Teilens: „Geteiltes Leid ist halbes Leid, geteilte Freude ist doppelte Freude“.
Gibt es diese Verhaltensweise des Teilens z. B. von Beute, Schlaf- oder Nistplätzen auch bei Tieren, und wie ist solch ein Verhalten zu bewerten?

Aufgabenstellung

1. **Erläutern** Sie am Beispiel von M1, wie sich ein altruistischer Mensch im Vergleich zu einem kooperativen und einem egoistischen Mensch verhält.
2. **Vergleichen** Sie das Verhalten des Teilens in den Materialien 1 bis 4 miteinander, indem Sie die grundlegenden Unterschiede in den Verhaltensweisen herausarbeiten.
   Analysieren Sie die Kosten und den Nutzen für die jeweils beteiligten Individuen.
   Beschreiben Sie in diesem Zusammenhang Abb. M2 b und werten Sie sie aus.
3. **Begründen** Sie das Verhalten in M2, M3 und M4 evolutionsbiologisch und ordnen Sie es fachterminologisch ein.
4. **Bewerten** Sie abschließend die Verhaltensweisen M1 bis M4 im Vergleich miteinander.

Material

M1 Sankt Martin

Einer Überlieferung zufolge teilte ein römischer Soldat, der später zum Bischof geweiht und dann unter dem Namen Sankt Martin als Schutzheiliger der Armen und Bettler verehrt wurde, seinen Mantel mit einem Bettler, der in Lumpen am Straßenrand saß. An seinem Namenstag finden heute noch vielerorts Laternenumzüge statt, auf denen die Szene des Mantelteilens nachgestellt wird.

M2 Futterteilen unter Geschwistern afrikanischer Bienenfresser

M2 a Weißstirnspint

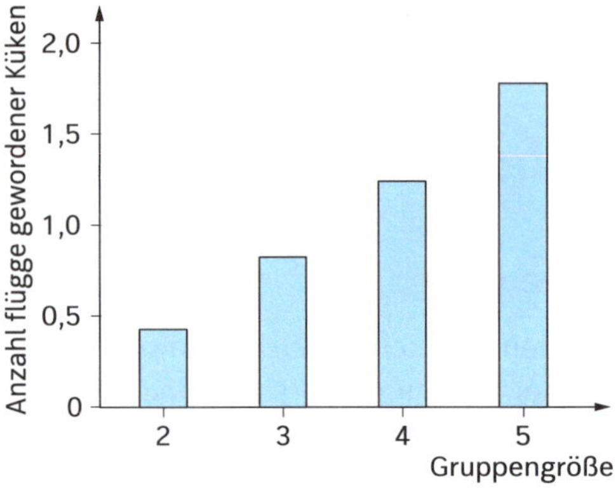

M2 b Anzahl flügge gewordener Küken in Abhängigkeit von der Anzahl erwachsener Vögel pro Nest

Der Weißstirnspint gehört zur Gruppe der afrikanischen Bienenfresser. Gegen Ende des ersten Lebensjahres wird er geschlechtsreif. Die Vögel leben monogam. Sie legen nach der Paarung im April bis zu fünf Eier und brüten in Kolonien bis in den August. Häufig helfen die Nachkommen der letzten Brut bei der Aufzucht des Nachwuchses und schaffen Futter, meist Bienen, aber auch andere Insekten herbei, die sie im Flug erbeuten. Das Nest ist eine über ein Meter lange Erdröhre, die meist an Steilhängen im weichen Material gegraben wird. Am Bau der Röhre sind beide Geschlechter beteiligt. Bleiben die Nachkommen des letzten Jahres unverpaart, so helfen auch sie beim Bau der Röhre mit. Sie können sechs Jahre alt werden. Es wird pro Jahr nur eine Brut aufgezogen.

M3 Teilen der Blutmahlzeit bei Vampirfledermäusen

M3 Schnauze einer Vampirfledermaus

Die mittelamerikanische Vampirfledermaus fliegt nachts zu Rindern und Pferden und saugt deren Blut; bei Tagesanbruch zieht sie sich an ihren Schlafplatz zurück, wo sie in Gruppen von acht bis zwölf Tieren bis zur folgenden Nacht ruht. Die nächtlichen Ausflüge sind nicht immer erfolgreich. Findet die Vampirfledermaus drei Nächte lang keine Nahrung, verhungert sie. Am Schlafplatz würgen die erfolgreichen Fledermäuse oft etwas von dem Beuteblut hervor und teilen es mit dem hungrigen Nachbarn, auch dann, wenn dieser nicht verwandt ist. Die Vertrautheit mit der hungrigen Fledermaus genügt. Man konnte nachweisen, dass Vampirfledermäuse sich dann die Blutmahlzeit teilen, wenn sie in mindestens 60 % der Fälle den gleichen Schlafplatz aufsuchen. Eine Teilung der Nahrung mit wenig bekannten Nachbarn findet nicht statt.

M4 Teilen von Nistplätzen bei Sturmschwalben

Die Azoren sind eine Inselgruppe im Atlantik, die ca. 1400 km westlich vom europäischen (Portugal) und rund 4400 km östlich vom nordamerikanischen Festland liegt.

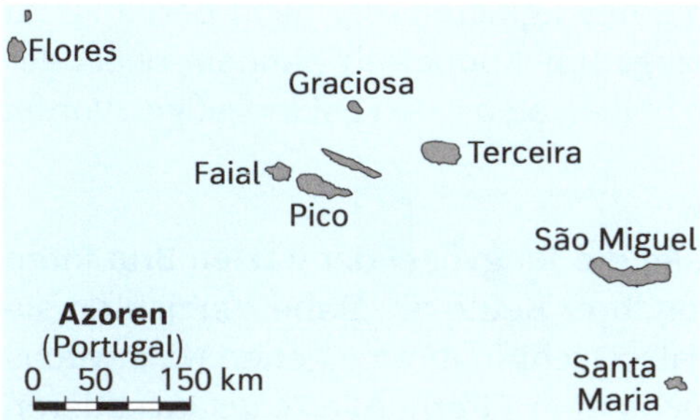

M4 a Azoren

M4 b Grants Sturmschwalbe

Im Jahre 2008 beobachteten Wissenschaftler dort auf Graciosa die endemische Sturmschwalbe *Oceanodroma monteiroi* (Monteiros Sturmschwalbe), von denen es hier noch etwa 200 Paare gibt.
Die meisten Vögel nutzen ihr Nest ausschließlich selbst. Bei dieser Sturmschwalbenart teilt sich dagegen ein Vogelpärchen ihr Nest mit anderen. Ihre Nester befinden sich in Höhlen, die auf kleineren Inseln in sandige Abhänge gegraben werden.
Die Höhlen werden nacheinander von unterschiedlichen Vogelpaaren genutzt. Das erste Paar zieht ein und bleibt darin bis die Jungen flügge werden, dann wird die Höhle von einem anderen Pärchen bezogen, das ebenfalls seine Jungen aufzieht und wieder verschwindet. Dann kehrt das erste Paar wieder zurück und der Wohnungstausch beginnt von neuem.
Diese Vogelpärchen, die sich äußerlich ähneln und im gleichen Nest zu unterschiedlichen Zeiten brüten, unterscheiden sich genetisch allerdings in wenigen DNA-Abschnitten. Deshalb hat man vorgeschlagen, die Sturmschwalben, die im Winter brüten, als Grants Sturmschwalbe zu bezeichnen.
Grants Sturmschwalben brüten also im Winter auf den Azoren und werden dann im Frühjahr von einem Pärchen der Monteiros Sturmschwalben abgelöst, die die gleichen Höhlen bis zum Sommer benutzen. Die ersten Grants Sturmschwalben kehren dann wiederum im Herbst zu ihren Nestern zurück, die oft noch für kurze Zeit von Monteiros Sturmschwalben zusammen mit ihren Jungen mitbenutzt werden.

Lösungen

1. Sankt Martin teilt seinen Mantel mit dem Bettler aus Nächstenliebe, also uneigennützig, ohne selbst einen Nutzen daraus zu ziehen. Dies bezeichnet man als altruistisch im Gegensatz zum Verhalten eines Egoisten, der nicht bereit ist zu teilen oder ohne Gegenleistung etwas abzugeben. Kooperativ handeln zwei oder mehr Individuen, wenn sie sich gleichzeitig helfen, also einen beiderseitigen Vorteil daraus ziehen.

2. Bei den afrikanischen Bienenfressern geben die Jungvögel der letzten Brut ihren ein Jahr jüngeren Geschwistern etwas von ihrer Beute ab. Dabei verzichten sie auf eigenen Nachwuchs. Sie investieren also nicht in ihren eigenen Nachwuchs (direkte Fitness), sondern in den Nachwuchs ihrer Eltern. Allerdings investieren sie dabei auch in ihre eigenen Gene, da sie mit ihren Geschwistern mit einem Verwandtschaftsgrad von r (Verwandtschaftskoeffizient) = 0,5 verwandt sind (indirekte Fitness). Den gleichen Verwandtschaftsgrad haben die Eltern mit ihren Kindern.
   Abb. M2 b beschreibt die Abhängigkeit flügge gewordener Küken von der Anzahl der Helfer (erwachsener Geschwister) am Nest. Werden die Jungen von den Eltern alleine groß gezogen (Gruppengröße 2), werden pro Nest im Schnitt nur 0,4 Jungen flügge. Bis zu einer Gruppengröße von 5 wird die Anzahl flügger Küken pro Helfer um 0,4 gesteigert. Ziehen Eltern ihre Brut alleine groß, geben sie ihre Gene mit 0,4 (flügge Küken pro Nest) x 0,5 (Verwandtschaftsgrad) = 0,2 pro Jahr an die nächste Generation weiter, solange sie keine weiteren Helfer am Nest haben. Mit steigender Gruppengröße steigt ihre Fitness, denn bei einer Gruppengröße von 5 geben sie schon 1,6 x 0,5 = 0,8 ihrer Gene pro Jahr an die nächste Generation weiter. Der Helfer am Nest gibt mit 0,4 (flügge Küken pro Nest und Helfer) x 0,5 (Verwandtschaftsgrad) = 0,2 seiner Gene pro Jahr an die nächste Generation weiter. Für einen afrikanischen Bienenfresser lohnt es sich also, solange er unverpaart bleibt und noch kein eigenes Nest besitzt, in eigene Geschwister zu investieren und somit seine indirekte Fitness zu steigern. Da vermutlich dabei die Kosten geringer sind als bei den Eltern (für den Nestbau und für die Eiablage), ist seine Lebenserwartung und damit seine Gesamtfitniss sogar größer. An einem Nest kann die Anzahl flügger Küken durch zusätzliche Helfer nicht ins Endlose gesteigert werden, da die Eltern nie mehr als 4 bis 5 Eier pro Nest legen. Daher ist es je nach Situation der Populationszusammensetzung oft auch günstiger, eigene Nachkommen zu haben.
   Das Teilen der Blutmahlzeit bei den Vampirfledermäusen kann nicht die indirekte Fitness steigern. Die Kosten der Nahrungsteilung erhält der Geber wieder zurück, wenn sich der Nehmer genauso verhält. Dazu müssen Fledermäuse ihre Nachbarn individuell erkennen können.
   Das Teilen der Nistplätze geschieht bei den Sturmschwalben nicht im Sinne von Nehmen und Geben. Die Vögel nutzen ihre Nester nur zu unterschiedlichen Zeiten und gehen sich somit aus dem Wege.

3. Das uneigennützige Helfen am Nest (altruistisches Verhalten) wird durch Selektion begünstigt, indem der Fortpflanzungserfolg von Verwandten erhöht wird. Hier spricht man von Verwandtenselektion, die somit auch die Weitergabe der eigenen Gene fördert (Genegoismus).
   Das Teilen der Blutmahlzeit mit den Nachbarn beruht bei den Fledermäusen auf Gegenseitigkeit. In der Soziobiologie nennt man dies Tit for Tat-Strategie. Man spricht hier vom reziproken Altruismus. Der reziproke Altruismus (bzw. die Gene dafür) kann sich in einer Population ausbreiten, wenn er von dem Hilfeempfänger erwidert wird und damit die Überlebenschancen aller Beteiligten steigert.
   Die Sturmschwalben der Azoren haben sich sympatrisch in zwei Rassen aufgetrennt, die durch Annidation Konkurrenz vermeiden. Sie haben zwei voneinander getrennte ökologische Nischen in Form der zeitlich verschiedenen Nutzung ihrer Nistplätze herausgebildet.

4. Nur in M1 handelt es sich um ein ethisch wertvolles uneigennütziges Verhalten, das freiwillig gegenüber einem Hilfsbedürftigen geleistet wird.
   Das altruistische Verhalten der Helfer am Nest steigert die reproduktive Fitness des afrikanischen Bienenfressers. Es bleibt erhalten, wenn die Gesamtfitness durch Verwandtschaftsselektion zunimmt. Es kann nicht als uneigennützig gewertet werden.
   Der reziproke Altruismus bleibt auch nur erhalten, solange er erwidert wird, insofern ist auch er nicht uneigennützig.
   Das Teilen der Nistplätze kann nicht als altruistisch bezeichnet werden und kommt nur durch Annidation zustande.

Selbstdiagnosebogen

Aufgabe Nr.	Kernkompetenzen	AFB	Punkte	erreicht	Förderung
1	Definition Altruismus, Egoismus, Kooperation	I	5		Soziobiologie
2	Beschreibung M2 b Auswertung M2 b Berechnung Fitness Stints Helfer versus Eltern Situationsabhängigkeit der Fitness Bei Vampirfledermaus keine Verwandtenselektion Beschreibung der Annidation bei Schwalben	I II II III II II	5 1 5 2 2 2		Umgang mit Diagrammen (S. 52) Direkte und indirekte Fitness (S. 84)

Aufgabe Nr.	Kernkompetenzen	AFB	Punkte	erreicht	Förderung
3	M2 Verwandtenselektion bzw. Genegoismus M3 reziproker Altruismus/Tit for Tat/Überlebenschance M4 Sympatrische Rassenbildung/Beschreibung der ökologischen Nischen	II II II	3 2 1 2		Soziobiologie Synthetische Theorie (S. 74), Artbildung (S. 80 ff.)
4	Bewertung M1 bis M4	III	6		

Gesamtpunkte: 36, davon AFB I: 10 Punkte (28 %); AFB II: 18 Punkte (50 %); AFB III: 8 Punkte (22 %)

Quellen:

Sturmschwalben
http://www.g-o.de/wissen-aktuell-7395-2007-11-15.html
http://creagrus.home.montereybay.com/bfow-storm-petrels/BRSP-gr13Jun09Hatt_7002w.jpg
Weißstirnspint
http://tierdoku.com/index.php?title=Bild:Wei%C3%9Fstirnspint-1312.jpg
http://behav.zoology.unibe.ch/sysuif/uploads/files/ZoolVorlVerh5SozVerh2010.pdf
Vampirfledermäuse
Diskurs und Reflexion: Wolfgang Kuhlmann zum 65. Geburtstag. Wulf Kellerwessel, Wolfgang Kuhlmann - 2005: books.google.de/books?isbn=3826031490

Evolution des Menschen: Einordnung von fossilen Hinweisen; Datierungsmethoden

Aufgabe 14: Einordnung von Hominiden in einen Stammbaum

Einleitung

Fossilien der Vorfahren des Menschen wurden im Laufe der letzten zwei Jahrhunderte gezielt gesucht, mit immer besseren Methoden datiert und analysiert. Dabei wurde gleichzeitig versucht, einen Stammbaum des Menschen zu konstruieren. Mit der Zunahme der Funde wurde dieser Stammbaum immer differenzierter und exakter. Dennoch lassen sich auch heute noch bestimmte Funde nicht genau im Stammbaum unterbringen, sodass er immer noch als hypothetisch anzusehen ist. Bei gleichem Kenntnisstand konkurrieren sogar mehrere hypothetische Stammbäume miteinander, wenn Fossilien unterschiedlich interpretiert werden.

Aufgabenstellung

1. **Stellen** Sie aufgrund der Angaben in M1 die grundsätzlichen Unterschiede zwischen den beiden hypothetischen Stammbäumen heraus.
2. **Vergleichen** Sie aufgrund von M3 Schädel und Unterkieferknochen bzw. Zahnbögen von Schimpanse und *Homo erectus* und ordnen Sie auch aufgrund der Tabelle M2 die abgebildeten Fossilien von *Homo erectus* zeitlich korrekt im Stammbaum des Menschen (M1) ein.
3. **Analysieren** Sie den Schädel von *Australopithecus africanus* (M4) hinsichtlich menschen- bzw. schimpansenähnlicher Merkmale und beschreiben Sie die dazu passenden typischen Eigenschaften.
4. **Vergleichen** Sie die drei Hominidenschädel aus M5 und **begründen** Sie die Einordnung der Fossilien in den Stammbaum des Menschen. Nehmen Sie aufgrund Ihrer Überlegungen Stellung dazu, welcher der beiden hypothetischen Stammbäume der geeignetere ist.
5. **Beschreiben** Sie im Vergleich zu den anderen abgebildeten Schädeln den Hominidenfund aus M6 und **begründen** Sie seine Einordnung im Stammbaum.
6. **Begründen** Sie, auch mithilfe des Diagramms M7, welcher Datierungsmethode Sie bei der zeitlichen Einordnung des unbekannten Hominidenfundes aus M6 den Vorzug geben würden.

Material

M1 Hypothetische Stammbäume des Menschen

Die beiden hypothetischen Stammbäume stellen Hypothesen zum Ablauf der Evolution dar. Die Gattungsnamen der Hominiden sind mit *H.* für *Homo* und *A.* für *Australopithecus* angegeben. *H. s.* steht für *Homo sapiens, H. e.* für *H. erectus* und *H. n.* für *H. neanderthalensis*. Die Balken im Stammbaum geben die Zeitspanne an, die die Datierung der entsprechenden Fossilien ausgewiesen hat.

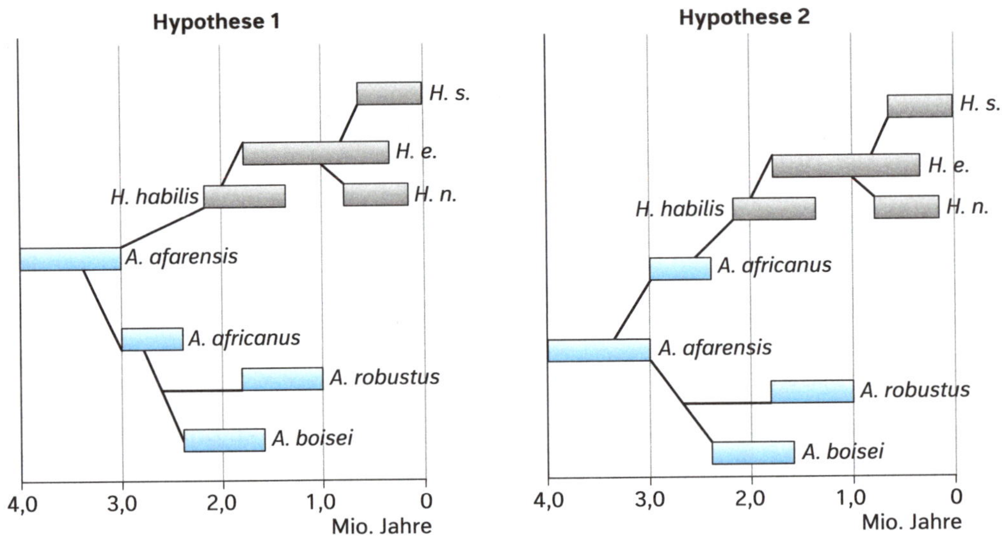

M1 Zwei Hypothesen zum Stammbaum des Menschen

M2 Hirnvolumina ausgewählter Hominiden

Art	Hirnvolumen [ml]
Homo sapiens sapiens	1100 – 2000
Schimpanse	320 – 470
Australopithecinen	400 – 550
Homo habilis	550 – 700
Homo erectus	650 – 1250

M3 Schädel- und Unterkieferknochen von Schimpanse und *Homo erectus*

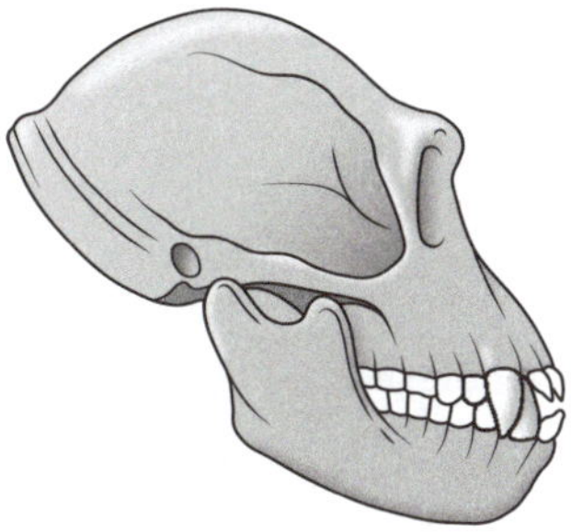

M3 a Schimpanse (Hirnvolumen 390 ml)

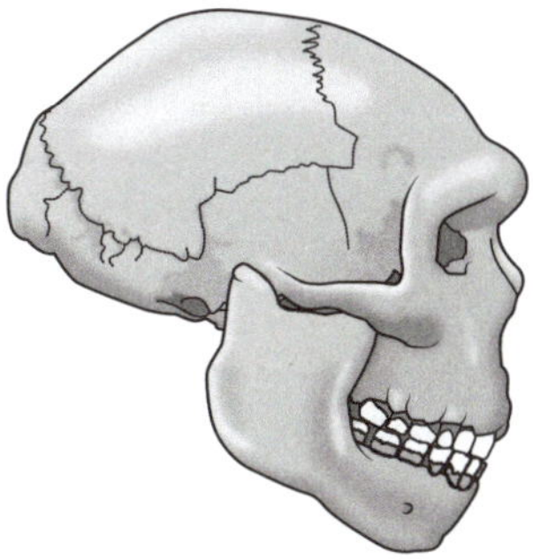

M3 b H. heidelbergensis (1200 ml; später H. erectus)

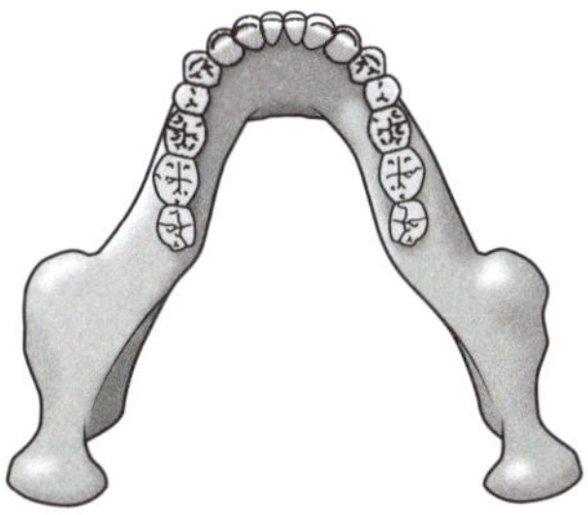

M3 c Unterkiefer *H. erectus*

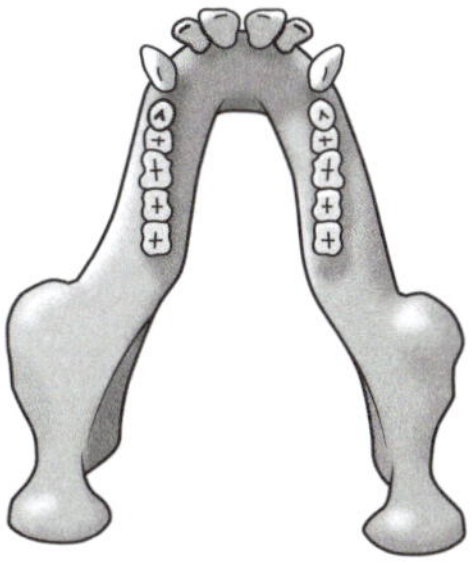

M3 d Unterkiefer *Schimpanse*

M4 Schädel von *Australopithecus africanus* aus Südafrika

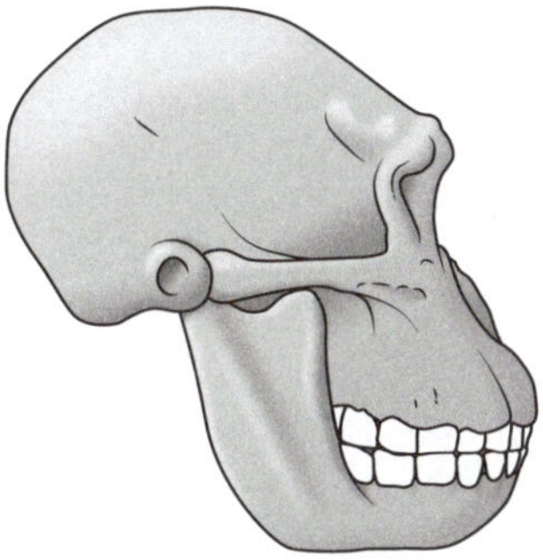

M4 *A. africanus* (Hirnvolumen 500 ml)

M5 Schädel dreier Hominiden mit Angabe des Hirnvolumens in ml

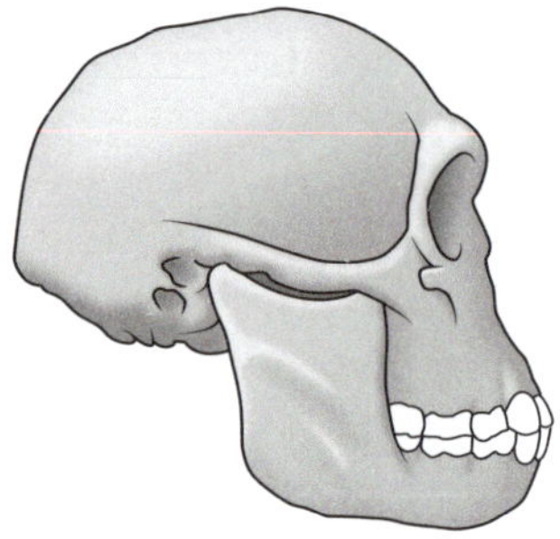

M5 a ***H. habilis*** **(650 ml)**

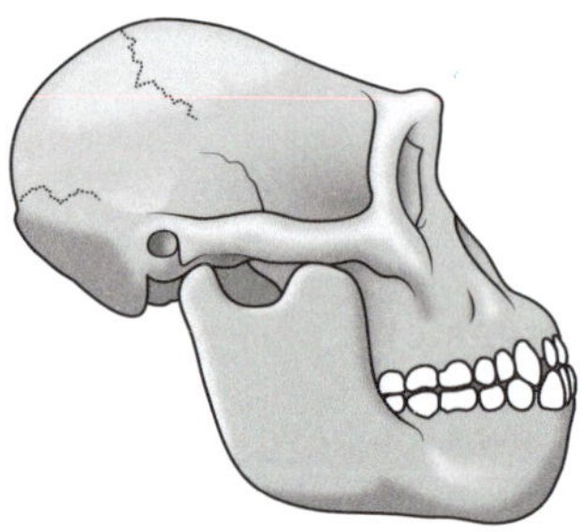

M5 b ***A. afarensis*** **(490 ml)**

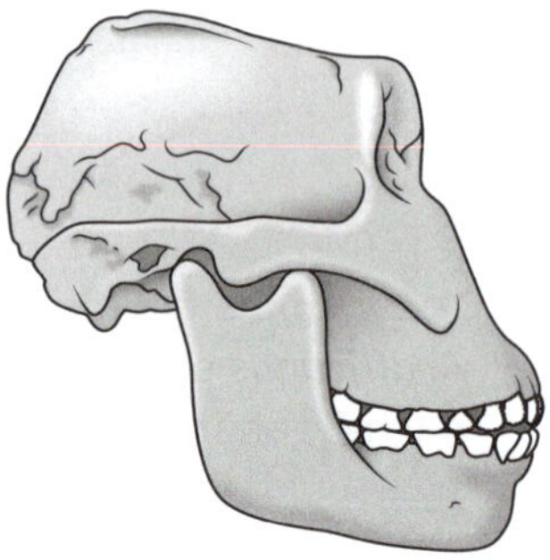

M5 c ***A. boisei*** **(450 ml)**

M6 Schädel eines unbekannten Hominidenfossils aus Afrika

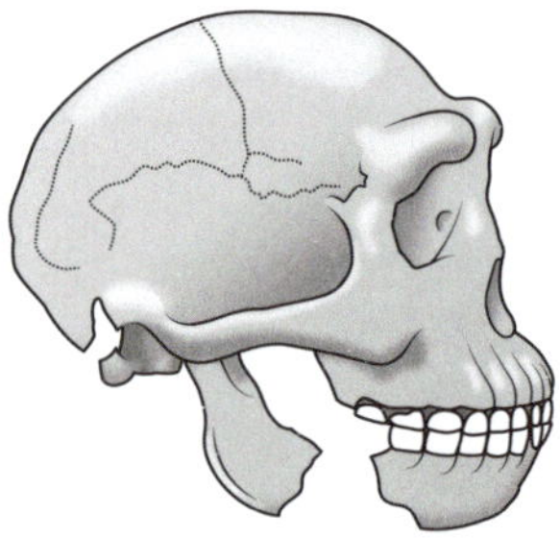

M6 Fossiler Hominidenschädel aus Afrika (Hirnvolumen 900 ml)

M7 Radioaktiver Zerfall von ^{14}C

^{14}C in Prozent

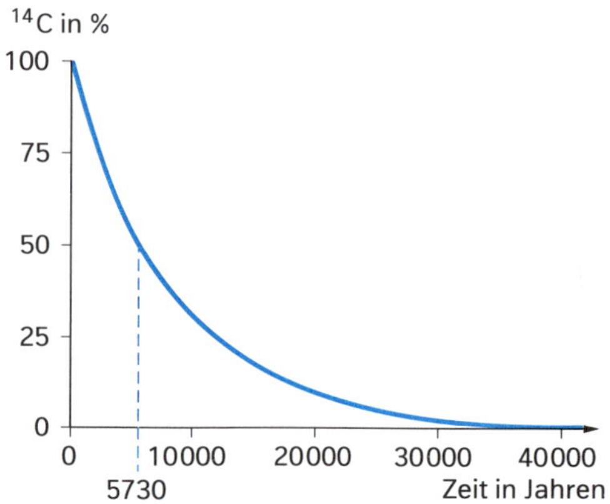

M7 Radioaktiver Zerfall von ^{14}C in Prozent bezogen auf den Anfangsgehalt, d.h. ursprünglich in der Atmosphäre enthaltenen Anteil an ^{14}C

Lösungen

1. Der grundsätzliche Unterschied zwischen den beiden hypothetischen Stammbäumen liegt in der Einordnung des *Australopithecus africanus* in den Stammbaum des Menschen. Alle übrigen Fossilienfunde des Menschen werden genau gleich eingefügt. Laut Hypothese 1 ist *A. africanus* direkter Vorfahr der zeitlich späteren Australopithecinen, z. B. von *A. boisei* und *A. robustus*. Hypothese 2 ordnet *A. africanus* als direkten Vorfahren von *Homo habilis* ein. Nach Hypothese 1 ist *A. africanus* somit einer ausgestorbenen Seitenlinie des *Homo sapiens* zuzuordnen, nach 2 gehört er zur Linie der direkten Vorfahren des heutigen Menschen.

2. Material 3 verdeutlicht folgende typische Merkmale des Schimpansenschädels:
   - relativ kleiner Gehirnschädel verglichen mit dem großen Gesichtsschädel, der eine starke Schnauzenbildung aufweist
   - Hirnvolumen verglichen mit anderen Hominiden recht klein, 390 ml
   - Zahnbogen im Unterkiefer U-förmig
   - Zahnlücken in Ober- und Unterkiefer, die die großen Eckzähne aufnehmen können („Affenlücken“)
   - stark ausgebildete Überaugenwülste

   Ebenso können folgende menschenähnliche Merkmale bei *H. heidelbergensis* erkannt werden:
   - relativ großer Gehirnschädel, Schnauzenbildung kaum festzustellen
   - Hirnvolumen relativ groß, 1200 ml
   - Unterkiefer bzw. Zahnbogen parabolförmig
   - keine Zahnlücken, Eckzähne klein
   - Überaugenwülste wenig ausgebildet

   Die Tabelle von M2 weist für *H. erectus* ein Hirnvolumen von 650–1250 ml aus. Aus M1 geht hervor, dass *H. erectus* vor 1,8 Millionen bis vor 400 000 Jahren lebte. Anzunehmen ist, dass in diesem Zeitraum das Hirnvolumen von *H. erectus* immer größer geworden ist. Der *H. erectus*-Fund in M3 dürfte daher nur etwa 500 000 Jahre alt sein.

3. Material 4 zeigt die Schädelmerkmale von *Australopithecus africanus.*
   Eher schimpansenähnlich:
   - relativ kleiner Gehirnschädel verglichen mit dem großen Gesichtsschädel, der eine deutliche Schnauzenbildung aufweist
   - deutliche Überaugenwülste
   - massiger Unterkiefer

   Eher menschenähnlich:
   - Hirnvolumen verglichen mit anderen Hominiden noch recht klein, aber größer als das des Schimpansen, 500 ml
   - keine Zahnlücken in Ober- und Unterkiefer, Eckzähne ähnlich groß wie Schneidezähne

4. Vergleich der drei Hominidenschädel:

Merkmal	*H. habilis*	*A. afarensis*	*A. boisei*
Schnauzenbildung	gering	stark	deutlich
Überaugenwülste	leicht ausgeprägt	stark ausgeprägt	stark ausgeprägt
Hirnvolumen	650 ml	490 ml	450 ml
Zahn(„Affen"-)lücke	nicht erkennbar	deutlich	nicht erkennbar
Scheitelkamm	nein	nein	vorhanden

A. afarensis ist die älteste der drei Hominidenformen. Die nahe Verwandtschaft mit den affenähnlichen Vorfahren wird vor allem mit der Schnauzenbildung, der Affenlücke und den starken Überaugenwülsten begründet. Das deutlich vergrößerte Gehirnvolumen zeigt die Verwandtschaft zu den direkten Vorfahren des Menschen. Im Vergleich dazu sind die menschenähnlichen Merkmale bei *A. boisei* insgesamt weniger stark ausgebildet. Die kräftige Schnauze im Vergleich zum kleinen Gehirnschädel, der Schädelkamm und die Tatsache, dass *A. boisei* später als afarensis, aber zur gleichen Zeit wie *H. habilis* lebte, verdeutlichen aber, dass dieser Australopithecine einer Seitenlinie des Menschenstammbaums zuzuordnen ist.
Die in der Tabelle verglichenen Merkmale sind bei *H. habilis* dagegen durchweg menschenähnlich, sodass dieser der Linie der direkten Vorfahren von *H. sapiens* zugerechnet werden kann.
Für den hypothetischen Stammbaum 1 sprechen die schimpansenähnlichen Merkmale von *A. africanus,* die er mit *A. afarensis* und *A. boisei* gemeinsam hat. Für die Hypothese 2 sprechen seine menschenähnlichen Merkmale, die er mit *H. habilis,* aber nicht mit *A. boisei* gemeinsam besitzt. Zeitlich liegt *A. africanus* genau zwischen *A. afarensis* und *H. habilis.* Gewichtet man die Befunde, sprechen sie insgesamt gegen Hypothese 1 und für den zweiten hypothetischen Stammbaum. Allerdings ist es auch denkbar, dass *A. africanus* zu einer weiteren Seitenlinie des Stammbaums gehört und nicht unmittelbarer Vorfahre von *H. habilis* ist.

5. Der Hominidenfund aus Afrika in M6 zeigt leichte Überaugenwülste und leichte Schnauzenbildung, Affenlücke und Zahnbogenform lassen sich nicht eindeutig erkennen. Sein Gehirnvolumen mit 900 ml ist recht groß. Aufgrund der Daten von Tabelle M2 stellt er eine frühe Form von *H. erectus* dar (die als erste in Afrika entstand).

6. Aufgrund des Hirnvolumens und der Angaben in den Stammbäumen ist zu vermuten, dass der Schädel aus M6 zwischen 1,6 und 1 Millionen Jahre alt ist. Die Radiocarbon- bzw. ^{14}C-Methode aus M7 eignet sich zur Altersbestimmung von Fossilien jedoch nur für Funde, die nicht älter als etwa 40 000 Jahre alt sind. Mit zunehmendem Alter wird, wie in der Abbildung M7 dargestellt, der Prozentsatz an radioaktivem Kohlenstoff sehr klein und liegt schon nach 40 000 Jahren weit unter einem Prozent. Das ist so wenig, dass dies kaum noch zu messen ist und andererseits kleinste Messfehler eine zu große Abweichung bei der absoluten Altersbestimmung darstellen. Die Kalium-Argon-Methode wäre hier der Radiocarbonmethode vorzuziehen, weil sie für Gesteinsproben, die älter als 100 000 Jahre sind (bis etwa 4,5 Milliarden Jahre), gut eingesetzt werden kann.

Selbstdiagnosebogen

Aufgabe Nr.	Kernkompetenz	AFB	Punkte	erreichte Punkte	Förderung
1	Vergleich zweier konkurrierender Stammbäume	II	3		Stammbaum des Menschen (S. 89 ff.)
2	Kenntnis und Analyse bestimmter Schädeleigenschaften bei Mensch und Schimpanse Analyse der Daten zu *H. erectus* zur begründeten Einordnung in einen Stammbaum	I II I II	5 2 2 3		Hominideneigenschaften versus Affeneigenschaften am Skelett (S. 87) Kennzeichen der drei wichtigsten Hominiden und ihre Aufeinanderfolge im Stammbaum
3	Analyse der Schädeleigenschaften des Hominiden *Australicopithecus africanus*	I II	1 3		Hominideneigenschaften versus Affeneigenschaften am Skelett; Umgang mit Abbildungen (S. 51 ff.)
4	Begründete Einordnung dreier fossiler Funde in einen Stammbaum	II III	6 6		Stammbaum des Menschen (S. 89 ff.)

Aufgabe Nr.	Kernkompetenz	AFB	Punkte	erreichte Punkte	Förderung
5	Analyse eines unbekannten Fossils und seine Einordnung	III	2		Stammbaum des Menschen (S. 89 ff.)
6	Kenntnis bestimmter Datierungsmethoden und Beurteilung ihrer Einsatzmöglichkeiten	I II	3 4		Datierung von Fossilien: Radiocarbon- und Kalium-Argon-Methode (S. 77); Umgang mit Diagrammen (S. 51 ff.)

Gesamtpunkte: 40, davon AFB I: Punkte 11 (28 %); AFB II: Punkte 21 (52 %); AFB III: Punkte 8 (20 %)

Quellen:

Lucy und ihre Kinder. München : Elsevier, Spektrum, Akad. Verl., 2006, 2. aktualisierte und erw. Aufl.
Linder Biologie Gesamtband. Schroedel-Verlag 2010

Grundlagen evolutiver Veränderung, Art und Artbildung

Aufgabe 15: Art und Artentstehung

Einleitung

Der Klimawandel, die Ausbreitung von Plastikinseln im Meer, zurückgelassene Fischernetze, der Handel mit Elfenbein und sonstigen Jagdtrophäen oder die Zerstörung der Regenwälder sind nur einige aktuelle Entwicklungen, die für viele Arten eine lebensbedrohliche Gefahr darstellen. In den Medien wird immer wieder berichtet, dass eine Art vor dem Aussterben bedroht ist oder gar ausgestorben ist.
Es entstehen aber auch neue Arten. Warum wird über diese Ereignisse aber im Vergleich so selten berichtet? Artbildung ist ein Prozess, der in der Natur schwer nachzuweisen ist, vor allem deshalb, weil es sehr lange dauert, bis eine Art sich in zwei Arten aufgespalten hat. Um diesen Prozess zu erforschen, sind aufwändige Langzeituntersuchungen nötig, die sich über viele Generationen hinziehen. Momentaufnahmen lassen dagegen einen großen Interpretationsraum zu.
Eine umfangreiche Untersuchung wurde bei der Fruchtfliege *Rhagoletis pomonella* durchgeführt. Sie belegt möglicherweise den Vorgang einer Artaufspaltung.

Aufgabenstellung

1. **Fassen** Sie anhand von M1 bis M2 Vorkommen und Lebensweise von *Rhagoletis pomonella* **zusammen**.
2. **Stellen** Sie mithilfe von M3 und M4 den Lebenszyklus von *Rhagoletis pomonella* schematisch **dar** und **erläutern** Sie die Unterschiede zwischen den Apfelliebhabern und den Weißdornliebhabern.
3. **Beschreiben** Sie allopatrische und sympatrische Artbildung in ihren Grundzügen.
4. **Beschreiben** Sie die Versuchsergebnisse aus M5. **Erörtern** Sie anhand von M1 – M5, ob bei *Rhagoletis pomonella* eine Artaufspaltung stattgefunden hat. Gehen Sie in diesem Zusammenhang auch auf die Situation der Hybride zwischen Apfel- und Weißdornliebhaber ein.
5. **Erläutern** Sie die Fragestellung des Dodd-Experiments und werten Sie es aus. **Diskutieren** Sie, inwiefern Dodds Experiment als wissenschaftliche Erklärungsgrundlage für eine Artbildung bei *Rhagoletis pomonella* dienen kann.

Material

M1 *Rhagoletis*

Die Gattung *Rhagoletis* umfasst verschiedene Fruchtfliegen, deren unterschiedliche Artbezeichnung Rückschlüsse auf die Frucht zulässt, auf der sich die Larven entwickeln. So unterscheidet man beispielsweise *Rhagoletis cesaris* (Kirschfruchtfliege) von *Rhagoletis pomonella* (Apfelfruchtfliege). Die vor allem in Nordamerika vorkommende Apfelfruchtfliege trägt streng genommen aber einen falschen Namen, da sie ursprünglich nur die Früchte des Weißdorns oder der Hagebutte befallen hat. Die Europäer brachten Äpfel nach Nordamerika. So wurde 1864 erstmalig der Befall von Äpfeln durch *Rhagoletis pomonella* dokumentiert.
Die Fruchtfliegen legen ihre Eier auf die jeweilige Frucht. Die geschlüpften Larven entwickeln sich dort, indem sie sich von der Frucht ernähren. Auch die Verpaarung der Fliegen findet auf den jeweiligen Pflanzen während der Blütezeit statt. Es ist zu beobachten, dass die Apfelliebhaber und die Weißdornliebhaber sich trotz räumlicher Nähe kaum verpaaren. Die Vorlieben der einzelnen Fliegen für die jeweilige Frucht wirken sich direkt auf ihre Fitness aus, denn die verschiedenen Früchte stellen die Fliegen aufgrund der Reifezeit vor unterschiedliche Anforderungen. Eine Larve muss in zeitlicher Abstimmung zur Reife der Frucht schlüpfen. Der Zeitpunkt des Schlüpfens ist genetisch festgelegt. Untersuchungen des Genoms von Apfelliebhabern und Hagebuttenliebhabern haben gezeigt, dass diese sich genetisch unterscheiden.

M2 Lebensraum der Larven von *Rhagoletis pomonella*

Lebensraum der Larven	Weißdorn (*Crataegus spec.*)	Apfelbaum (*Malus spec.*)
Fruchtart	Apfelfrucht 0,7 – 2 cm groß	Apfelfrucht
Blütezeit	Mai – Juni	April – Mai
Fruchtreife	September	Mitte August – Oktober
Überlebensrate der Larven	54 %	27 %

M3 Lebenszyklus von *Rhagoletis*

Die Fliegen überwintern in einer Puppendiapause (Entwicklungsruhe mit herabgesetztem Stoffwechsel) im Boden und verlassen diesen im frühen Sommer als adultes Insekt. Sieben bis zehnTage danach erreichen die Insekten die Geschlechtsreife und verbringen 4 bis 6 Tage im Feld. Die Weibchen erkennen mithilfe ihres Seh-, Geruchs- und Tastsinns die Wirtspflanze. Die Männchen folgen denselben Signalen. Es kommt zur Verpaarung und anschließenden Eiablage durch die Weibchen. Der Ort, in diesem Fall die Frucht, der Larvenentwicklung wird durch die Eiablage festgelegt. Wenn die Frucht reif ist, fällt sie zu Boden. Die Larve verlässt diese und gräbt sich in den Boden ein, wo sie sich verpuppt.

M4 Zeitraum des Befalls bei Apfel und Weißdorn durch *Rhagoletis pomonella*

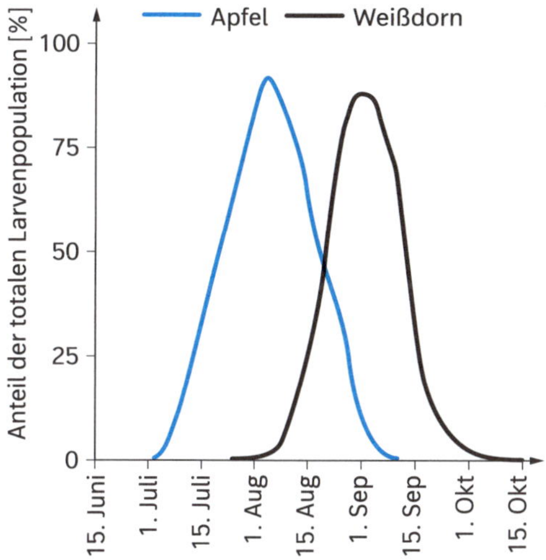

M4 a Larven befallen Apfel- oder Weißdornfrüchte

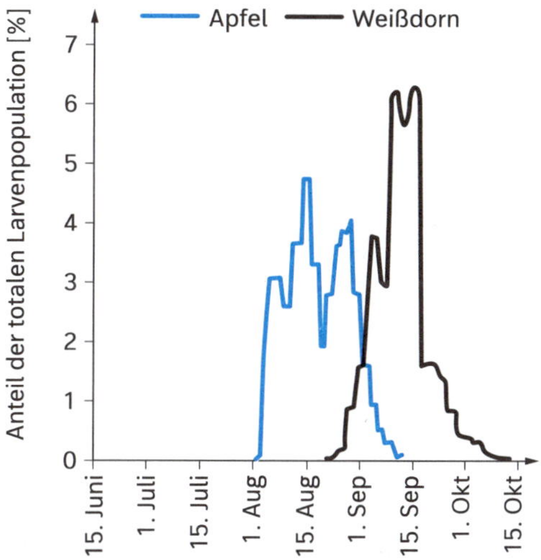

M4 b Larven verlassen Apfel- oder Weißdornfrüchte

M5 Immer der Nase nach?

Es ist noch nicht eindeutig geklärt, wie genau die Sinne der Fliegen bei der Erkennung der Wirtspflanze zusammenspielen. Zwischen 1999 und 2003 wurden verschiedene Experimente mit *Rhagoletis*-Fliegen durchgeführt, um zu klären, inwiefern der Geruch einer Frucht die Wahl der Wirtspflanze beeinflusst.
Zuvor hatte man sowohl Larven der Apfelliebhaber als auch solche der Weißdornliebhaber gesammelt. Diese entwickelten sich im Labor unter Standardbedingungen zu adulten Tieren. Nach Erlangen der Geschlechtsreife wurden die adulten Tiere, die bisher nicht mit dem Geruch der Apfel- oder Weißdornfrucht in Kontakt gekommen waren, in verschiedene Flugtunnel gesetzt. In verschiedenen Ansätzen befanden sich am Ende des Tunnels, gegen den Wind unterschiedliche synthetische Geruchsgemische auf Gummipropfen: 1. Duft der Apfelfrucht, 2. Duft der Weißdornfrucht, 3. kein Duft. Die Fliegen wurden in den Tunnel gesetzt und das Flugverhalten in Richtung der Geruchsquelle wurde beobachtet. Weder Fliegen der Apfel- noch der Weißdornliebhaber zeigten eine Flugreaktion in Richtung des geruchsneutralen Gummipropfens. Die Ergebnisse zeigten, dass sowohl die Apfel- als auch die Weißdornliebhaber ‚ihren' Geruch bevorzugten. Nur wenige Apfelliebhaber zeigten eine Flugreaktion im 2. Tunnel und bei den Weißdornliebhabern wurden nur vereinzelt Flüge in Richtung des Apfelgeruchs beobachtet.

M6 Dodds Experiment mit isolierten Taufliegenpopulationen

Diane Dodd züchtete zwei unterschiedliche Populationen von *Drosophila* und teilte diese in jeweils vier Gruppen auf. Die Fliegen, die sich normalerweise von faulenden Früchten ernähren, erhielten entweder Maltose oder Stärke. Beide Populationen waren also jeweils auf nur eine Form der Nahrung angewiesen.

Zunächst waren die Populationen klein und das Wachstum gering, aber mit der Zeit wurden die Populationen größer, d. h. die Anpassung der Fliegen an das neue Medium war erfolgreich.
Nach mehreren Generationen wurden die unterschiedlichen Gruppen der Populationen miteinander kombiniert (4 Stärke x 4 Maltose → 16 Paarkombinationen). Alle Paarungen wurden beobachtet, und es zeigte sich, dass deutlich mehr Verpaarungen innerhalb einer Population als zwischen den unterschiedlichen Populationen stattfanden.

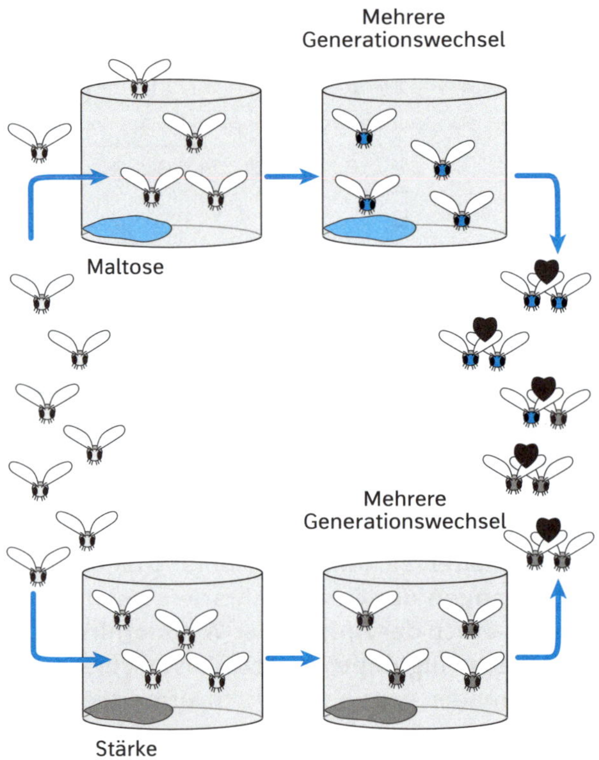

M6 Diane Dodd unterteilte eine Population von Taufliegen (*Drosophila pseudoobscura*) in zwei Populationen und isolierte diese. Nach mehreren Generationswechseln dokumentierte sie das Paarungsverhalten (♥: Verpaarung) der Taufliegen.

Lösungen

1. Die Fruchtfliegen der Art *Rhagoletis pomonella* kommen vorwiegend in Nordamerika vor. Die Fliegen paaren sich auf Blüten und legen ihre Larven auf Früchten ab, von denen sich diese dann ernähren. Ursprünglich befiel *Rhagoletis pomonella* nur die Früchte des Weißdorns oder der Hagebutte. Seit ca. 150 Jahren gibt es jedoch auch Fliegen, die die importierte Apfelfrucht befallen. Die Früchte unterscheiden sich in der Größe (Äpfel sind deutlich größer als die Weißdornfrucht), der Blütezeit (Apfel blüht eher als Weißdorn) und der Fruchtreife (Apfel von Mitte August bis Oktober, Weißdorn im September). Es überleben mehr Larven der Weißdornliebhaber als der Apfelliebhaber (54 % statt

27 %). Das Überleben der Larven hängt u. a. vom Zeitpunkt des Schlüpfens, das zeitlich auf die Fruchtreife abgepasst sein muss, ab.

2. Die Kurven in M4 a und M4 b machen die Unterschiede im Lebenszyklus zwischen den Apfel- und Weißdornliebhabern deutlich. Der Apfelbaum wird zwischen Anfang Juli und Anfang September von Larven befallen. Anfang August ist der prozentuale Anteil der totalen Larvenpopulation mit ca. 90 % am höchsten. Zu dieser Zeit setzt der Larvenbefall des Weißdorns, der bis Anfang Oktober anhält, ein. Anfang September haben etwa 85 % aller Larven die Früchte befallen.
   Die Unterschiede bezüglich des Zeitpunktes von Befall und Verlassen der Frucht wirken sich auf den Lebenszyklus der beiden Fliegen aus. Die Larven überwintern, nachdem sie die Frucht verlassen haben, im Boden. Die Verpuppung und anschließende Ruhephase findet bei den Apfelliebhabern eher statt. Es ist anzunehmen, dass die adulten Fliegen den Boden auch eher verlassen. Demnach treffen Fliegen der Apfelliebhaber eher aufeinander und paaren sich eher, die Larven schlüpfen eher und können folglich die Frucht auch eher befallen.

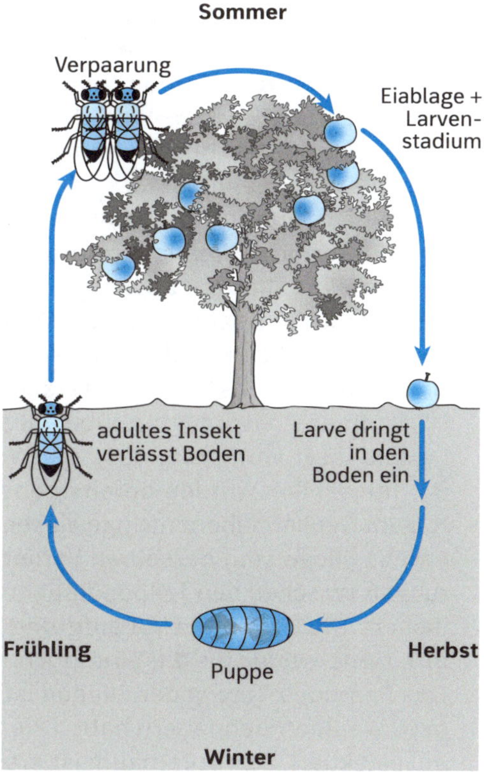

Skizze

3. Es kommt zu einer Artaufspaltung, wenn der Genfluss zwischen unterschiedlichen Populationen einer Art unterbrochen wird, d. h. dass sich Gruppen von Individuen, die einst einen gemeinsamen Genpool hatten, aufgrund von Isolation nicht mehr fortpflanzen können. Die Form der Isolation kann geografischer, ökologischer, ethologischer, genetischer oder mechanischer Natur sein. Es kommt zu einer Aufspaltung der Teilpopulation und als Folge unterschiedlicher Mutationen und Selektionen zur Veränderung der Genpools. Häufig ist die Fortpflanzungsschranke auf eine räumliche Trennung zurückzuführen. Diesen Vorgang bezeichnet man als allopatrische Artbildung. Wenn sich innerhalb eines Lebensraumes eine Fortpflanzungsbarriere herausbildet, spricht mach von sympatrischer Artbildung.

4. In dem Experiment wird der Frage nachgegangen, inwiefern die Wahl der Wirtspflanze bei *Rhagoletis*-Fliegen durch den Geruchssinn gesteuert wird.

Den Fliegen wurden in einem Flugtunnel in drei verschiedenen Ansätzen unterschiedliche synthetische Gerüche angeboten. Im ersten Ansatz wurden die Fliegen einem Apfelduft, im zweiten einem Weißdornduft ausgesetzt. Der dritte Ansatz war geruchsneutral. Das Flugverhalten der Fliegen wurde beobachtet und es zeigte sich, dass die Fliegen nur losflogen, wenn ihnen ein Fruchtgeruch angeboten wurde. Darüber hinaus flogen die Apfelliebhaber eher in Richtung des Apfeldufts und die Weißdornliebhaber in Richtung des Weißdornduftes. Die beobachteten Reaktionen belegen, dass der Geruchssinn die Wahl der Wirtspflanze beeinflusst.
Wie bereits erläutert haben sich bei *Rhagoletis pomonella* die Apfelliebhaber und die Weißdornliebhaber herausgebildet. Der Lebenszyklus der Fliegen ist von der Wirtspflanze abhängig, d. h. die o. g. Unterschiede zwischen Apfelbaum und Weißdorn begünstigen die Ausbildung der Teilpopulationen. Apfel- und Weißdornliebhaber wählen die Wirtspflanze nicht zufällig, sondern folgen dabei ihrem Geruchssinn. Die Tatsache, dass die Fliegen die namensgebende Wirtspflanze bevorzugten, obwohl sie zuvor keinen Kontakt mit dem Geruch hatten, lässt vermuten, dass die Wahl der Wirtspflanze genetisch festgelegt ist. Tatsächlich wurden bereits genetische Unterschiede zwischen Apfel- und Hagebuttenliebhabern nachgewiesen. Auch wenn Apfel- und Weißdornliebhaber jeweils Fliegen mit derselben Vorliebe bevorzugen, kommt es noch zu Verpaarungen zwischen den Teilpopulationen. Sie sind demnach noch nicht reproduktiv isoliert. Die Hybriden sind aufgrund ihrer Genmischung jedoch im Nachteil, da ihre Gene weder für die eine noch für die andere Wirtspflanze optimal sind. Das Paarungs-Timing der Fliegen ist gestört. Im Vergleich zu den reinen Apfel- bzw. Weißdornliebhabern haben sie folglich weniger Nachkommen und werden ausselektiert. Der Apfelbaum ist erst seit etwa 150 Jahren in Nordamerika heimisch, d.h. evolutionstechnisch gesehen, bildeten sich die Veränderungen in relativ kurzer Zeit heraus. Abschließend lässt sich sagen, dass bei *Rhagoletis* eine Artaufspaltung im Gang ist, diese jedoch noch nicht vollständig ist.

5. Fragestellung: Führt eine räumliche Isolation zweier Teilpopulationen einer Fruchtfliegenart zu einer Aufspaltung in zwei neue Arten, wenn beide Teilpopulationen unter unterschiedlichen Nahrungsbedingungen gehalten werden.
   Auswertung: Die zunächst langsame, dann aber gute Entwicklung der Teilpopulationen lässt vermuten, dass diese über Mutation und Selektion eine stoffwechselphysiologische Nahrungsspezialisierung auf ihre jeweilige Nahrungsquelle vollzogen haben. Interessant ist auch die Tatsache, dass nach dem Zusammenführen der beiden lange getrennt lebenden Teilpopulationen als Paarungspartner die Angehörigen der eigenen Teilpopulation bevorzugt werden. Gründe dafür können ethologische Auslöser sein wie Düfte, Verhaltensweisen, etc., die über zufällige Mutationen (Gendrift) oder z. B. auch über sexuelle Selektion in den lange getrennten Genpools der beiden Teilpopulationen angereichert wurden. In den beiden Teilpopulationen ist somit eine allopatrische Artaufspaltung in Gang gekommen, in deren Verlauf eine dynamische Selektion unterschiedliche Genpools zur Folge hatte. Wie sich allerdings nach dem Zusammenführen der

beiden Teilpopulationen zeigte, war dieser Prozess noch nicht abgeschlossen, da sich die Angehörigen der beiden Teilpopulationen wieder miteinander verpaaren, wenn auch weniger häufig. Wie die Entwicklung der beiden Teilpopulationen sympatrisch weitergeht, wird experimentell nicht weiter untersucht. Da die nicht nur auf eine Nahrungsquelle spezialisierten Hybriden der beiden Teilpopulationen keine Nachteile, sondern eher Vorteile haben, ist zu vermuten, dass die Genpools der beiden Teilpopulationen ganz durchmischt werden und zu einem einheitlichen Genpool verschmelzen.
Die Ergebnisse des Dodd-Experiments können insofern die Situation der Apfel- und Weißdornliebhaber von *Rhagoletis* erklären, weil auch hier die Unterschiede in der Nahrungsanpassung von Veränderungen des Paarungsverhaltens begleitet sind. Auch für *Rhagoletis* gilt, dass diese Anpassungen an die Nachkommen weitergegeben werden, sodass kaum Verpaarungen von Apfel- und Weißdornliebhabern zu beobachten sind (vgl. M1).
Die Unterschiede in der Anpassung haben sich jedoch hier ohne eine räumliche Abgrenzung herausgebildet, d. h. es vollzog sich eine sympatrische Artbildung, bei der die Hybriden im Gegensatz zu den experimentellen Verhältnissen bei den Taufliegen benachteiligt sind. Daher ist zu vermuten, dass sich dieser Prozess der sympatrischen Artbildung fortsetzen wird.

Selbstdiagnosebogen

Aufgabe Nr.	Kernkompetenzen	AFB	Punkte	erreicht	Förderung
1	Zusammenfassen von Fakten aus Text und Tabelle Vorkommen und Lebensweise von *Rhagoletis pomonella*	I	4		Operator zusammenfassen (S.13)
2	Bildliche Darstellung des Lebenszyklus auf der Basis von Informationen aus Text und Diagramm; Erläuterung von Unterschieden zwischen zwei Lebewesen	II II	6 6		Umgang mit Abbildungen und Diagrammen (S. 51 f.); Operator Erläutern (S.13)
3	Beschreibung sympatrischer und allopatrischer Artbildung	I	7		Art und Artbildung (S. 80 f.)

4	Beschreibung von Versuchsergebnissen; Erörterung von möglicher Artbildung an konkretem Beispiel; Erklärung von Besonderheiten bei Hybriden	I II III	4 8 5		Umgang mit Experimenten (S.68); Operator Erörtern (S.13); Art und Artbildung (S. 80 f.); Sexuelle Selektion (S. 85)
5	Fragestellung zu einem Experiment formulieren und erläutern; Diskussion der Anwendungsmöglichkeit eines Experiments als Erklärungsansatz für Artbildung bei einer anderen Art	II III	5 5		Umgang mit Experimenten (S.68); Art und Artbildung (S.80 f.) Operator Diskutieren (S.13)

Gesamtpunkte: 50, davon AFB I: Punkte 15 (30 %); AFB II: Punkte 25 (50 %); AFB III: Punkte 10 (20 %)

Materialgrundlage

Kenneth E. Filchak, Joseph B. Roethele & Jeffrey L. Feder (2000) Natural selection and sympatric divergence in the apple maggot Rhagoletis pomonella. Nature, Vol 407, S. 739 – 742
http://www.pnas.org/content/100/20/11490.full
http://evolution.berkeley.edu/evolibrary/article/evo_45
http://www.spektrum.de/news/ganz-schoen-waehlerisch/674263

Stichwortverzeichnis